成 本 会 计

（第 2 版）

主　编　李　兴　钟顺东　韩开军
副主编　何文琴　荣红涛
参　编　李利勤

北京理工大学出版社
BEIJING INSTITUTE OF TECHNOLOGY PRESS

内 容 提 要

为满足应用型本科院校的会计学、财务管理学、财政学、金融学等专业核心或基础教学需要，编写小组在吸收最新研究成果，并在最新法律法规的基础上，融合实践，结合自身长期于一线教学阵线的丰富经验而编写了本教材。

全书分 10 章，第 1 章为成本会计概述，主要介绍成本会计的含义、制度设计、工作组织方式和成本核算标准；第 2 至第 4 章主要介绍要素费用、辅助生产费用、制造费用和生产损失的核算；第 5 章介绍生产费用在完工产品与在产品之间的归集与分配；第 6 和第 7 章主要介绍产品成本计算的基本方法和辅助方法；第 8 章介绍其他行业的成本核算，以施工企业、商品流通企业和公立医院为研究对象，进行行业成本会计核算；第 9 章主要介绍成本控制与考核；第 10 章为成本报表与成本分析，主要介绍成本报表编制的要求和种类、主要成本报表的格式，同时还介绍了成本分析方法，并采用案例展开成本分析实训。

本书可作为普通高校会计、财政、财务管理、金融、经济管理和审计等相关专业的教学用书，也可作为在职会计人员培训或会计职称考试的辅导用书。

版权专有　侵权必究

图书在版编目（CIP）数据

成本会计 / 李兴，钟顺东，韩开军主编. --2 版
. -- 北京：北京理工大学出版社，2022.6
　　ISBN 978-7-5763-1331-4

Ⅰ. ①成… Ⅱ. ①李… ②钟… ③韩… Ⅲ. ①成本会计-高等学校-教材 Ⅳ. ①F234.2

中国版本图书馆 CIP 数据核字（2022）第 091282 号

出版发行 / 北京理工大学出版社有限责任公司
社　　址 / 北京市海淀区中关村南大街 5 号
邮　　编 / 100081
电　　话 / （010）68914775（总编室）
　　　　　　（010）82562903（教材售后服务热线）
　　　　　　（010）68944723（其他图书服务热线）
网　　址 / http：//www.bitpress.com.cn
经　　销 / 全国各地新华书店
印　　刷 / 北京昌联印刷有限公司
开　　本 / 787 毫米×1092 毫米　1/16
印　　张 / 16.5　　　　　　　　　　　　　　责任编辑 / 申玉琴
字　　数 / 388 千字　　　　　　　　　　　　文案编辑 / 申玉琴
版　　次 / 2022 年 6 月第 2 版　2022 年 6 月第 1 次印刷　　责任校对 / 刘亚男
定　　价 / 88.00 元　　　　　　　　　　　　责任印制 / 李志强

图书出现印装质量问题，请拨打售后服务热线，本社负责调换

本书是在北京理工大学出版社出版的《成本会计》（2017 年版）基础上修订的，为实现应用型大学本科的会计学、财务管理学和金融学等专业的培养目标量身定制，满足专业核心或专业基础课程教学要求。本书重在培养学生的专业知识，提升业务能力，同时兼顾成本控制的制度建设，综合考虑现实成本管理需要，由多位长期在高校一线教学岗位的教授级专业教师编写。

根据《教育部 国家发展改革委 财政部关于引导部分地方普通本科高校向应用型转变的指导意见》文件精神、会计法律法规、《企业产品成本核算制度（试行）》和"十四五"规划精神，《成本会计》修订版不仅汲取了原版针对性强、适用性广和内容新颖等优点，还做了如下更改。

（1）内容上强化"简易思维"，增加教材的可读性。在内容上强化成本会计的"管理功能"，改变成本会计只注重核算、分析的状况，加入成本计划、成本控制和考核等内容，且内容简单、案例真实，便于阅读。成本分析强调内在的逻辑性，并由工业专业跨越到施工企业和房地厂开发企业。

（2）增加了第 8 章"其他行业成本核算"，把第 9 章改成了"成本控制与成本考核"，其他章节的内容基本没有更改。但案例导入都是最新的，体现学科前沿问题，体现地区差异，立足于经济建设。

（3）增加了"知识结构导图"，便于引导学员学习。本书基本沿用了原版的框架，增加结构导图及部分知识科普，使趣味性和知识性更好结合。

本书的编写得到了广州理工学院等广东多所高校专业老师的鼎力支持，在此表示衷心的感谢。本书由李兴、钟顺东和韩开军担任主编，共同负责全书编写大纲、初稿修改和终稿审定；何文琴、荣红涛任副主编，协助主编编修。本教材的第 1 章、第 2 章、第 3 章和第 4 章由钟顺东编写；第 5 章、第 6 章由韩开军编写；第 7 章由何文琴编写；第 8 章、第 9 章和第 10 章由李兴编写；李利勤老师负责书中扩展资料的整理。

由于编者的水平有限，加上编写的时间仓促等，书中难免有疏漏和不妥之处，敬请同行专家和读者提出批评意见，以便今后改进。

《成本会计》编写组

目 录

第1章 成本会计概述

知识目标

1. 理解成本会计的含义及发展导向
2. 熟悉成本的开支范围
3. 掌握成本核算的一般程序

职业目标

1. 正确界定成本的开支范围
2. 熟练掌握账户设置
3. 熟悉成本会计的工作环节

知识结构导图

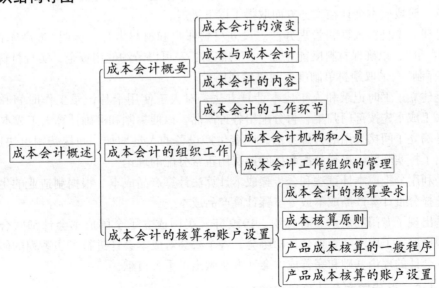

成本会计概述
- 成本会计概要
  - 成本会计的演变
  - 成本与成本会计
  - 成本会计的内容
  - 成本会计的工作环节
- 成本会计的组织工作
  - 成本会计机构和人员
  - 成本会计工作组织的管理
- 成本会计的核算和账户设置
  - 成本会计的核算要求
  - 成本核算原则
  - 产品成本核算的一般程序
  - 产品成本核算的账户设置

情景导入

　　早期的成本会计经历了以核算为中心到核算、控制并重的过程。到20世纪20年代，生产成本的概念得到重视，成本与费用的界限得到划分。到80年代，成本会计在吸收众多科学成果的基础上实现了由核算型向管理控制型的根本转变，成本控制成了成本会计的中心职能。

　　20世纪90年代初至今，以作业为基础的现代成本管理会计体系日渐形成，大量的成本概念出现，如质量成本、作业成本、价值链成本、时间成本等。此外，一些新的成本概念也进入管理会计领域，如交易成本、机会成本和社会成本等。

　　问题思考：在成本会计的发展历程中，其职能发生怎样的转变？转变原因是什么？

1.1　成本会计概要

1.1.1　成本会计的演变

　　成本会计先后经历了早期成本会计、近代成本会计、现代成本会计和战略成本会计四个阶段。成本会计的方式和理论体系，随着发展阶段的不同而有所不同。

1.1.1.1　早期成本会计阶段（1880—1920年）

　　成本会计起源于英国，后来传入美国及其他国家。这个时期的成本会计属于早期发展阶段，这一阶段成本会计在实务方面取得了以下进展。

　　一是建立了材料核算和管理办法。设立材料账户和材料卡片，标明"最高库存量"和"最低库存量"，以确保材料既能保证生产的需要，又可以节约使用资金，实行材料管理的"永续盘存制"，采取领料单制度控制材料耗用量。

　　二是建立了工时记录和人工成本计算方法。对人工使用卡片记录工作时间和完成产量，将人工成本先按部门归集，再分配给各种产品，以便控制和准确计算人工成本。

　　三是确立了间接费用的分配方法。随着生产设备的大量增加，间接费用也快速增长，先后提出了按实际数额进行分配和按间接费用正常分配的理论。

　　四是利用分批成本计算法和分步骤成本计算法计算产品成本。根据制造业的生产工艺特点，选择分批计算产品成本或分步骤计算产品成本。

　　五是出现了专门的成本会计组织。1919年，美国成立了全国成本会计师联合会，同年，英国也成立了成本和管理会计师协会。各个协会对成本会计进行了一系列的研究，为奠定成本会计的理论基础和完善成本会计方法做出了重大贡献。

1.1.1.2　近代成本会计阶段（1921—1945年）

　　成本会计的理论和方法在这一阶段得到了进一步完善与发展，成本会计有了以下方面的进展。

一是标准成本制度的实施。1906 年美国会计师 J. Whtmore 第一次提出的"标准成本"概念，为生产过程成本控制提供了条件。标准成本制度实施后，成本会计不只是事后计算产品的生产成本和销售成本，还要事先制定成本标准，并据以控制日常生产消耗与定期分析成本。这样，成本会计增加了事前控制的新职能，形成了管理成本会计的雏形，它标志着成本会计已经进入一个新阶段。

二是预算制度的完善。预算控制开始时采用的是固定预算方法，即根据预算期间某一业务量确定相应的预算数。1928 年，美国一家公司的会计师和工程师根据成本与产量的关系，设计了一种弹性预算方法，分别编制固定预算和弹性预算。

三是成本会计的应用范围更广泛。在近代成本会计的后期，《工厂成本》《标准成本》等著作的出版，使成本会计具备了完整的理论和方法，形成了独立的成本会计学科，成本会计进入销售环节。

1.1.1.3 现代成本会计阶段(1946—1980 年)

第二次世界大战以后，成本会计发展到一个新阶段，发展重点由如何事中控制成本、事后计算和分析成本转移到如何预测、决策和规划成本，形成了新型的注重管理的经营性成本会计。其主要表现有：一是开展成本预测与决策；二是实行目标成本管理；三是实施责任成本；四是推行质量成本；五是施行作业成本管理。美国会计学家在 20 世纪 80 年代后期提出了作业成本法，即以作业为基础的成本计算制度，施行作业成本管理。

1.1.1.4 战略成本会计阶段(1981 年以后)

20 世纪 80 年代以来，计算机技术的进步、生产方式的改变、产品生命周期的缩短，以及全球性竞争的加剧，大大改变了产品成本结构与市场竞争模式。英国学者西蒙首先提出了战略成本管理。成本管理的视角应由单纯的生产经营过程管理，扩展到与顾客需求及利益直接相关的、包括产品设计和产品使用环节的产品生命周期管理，更加关注产品的顾客可察觉价值。同时要求企业更加注重内部组织管理，尽可能消除各种增加顾客价值的内耗，以获取市场竞争优势。此时，战略相关性成本管理信息已成为成本管理系统不可缺少的部分。

1.1.2 成本与成本会计

1.1.2.1 成本的概念及作用

成本是一个价值范畴，是商品经济发展到一定阶段的产物。从马克思的劳动价值理论来讲，产品成本是企业在生产产品的过程中已经耗费的、用货币表现的生产资料价值(C)与劳动者为自己劳动所创造的价值(V)的总和。这种成本，通常称为产品的理论成本。

在实际工作中，成本开支的范围一般由国家统一规定，哪些费用应计入产品成本，哪些不应计入产品成本，国家通过相关的法规制度从宏观上加以调控。不同的国家，成本范围各有不同，如我国会计制度规定，产品的成本是指产品的生产成本，即制造成本，不是产品所耗费的全部成本。具体到工业企业，直接材料、直接人工、制造费用和废品损失等构成了产品的制造成本，而管理费用、财务费用和产品的销售费用不计入产品成本，作为期间费用处理。在西方有些国家，产品成本中与产品生产有关的变动成本、固定成本全部计入当期损益。

综上所述，成本是指企业为了生产一定种类、一定数量的产品所支出的各种生产费用之和，它是按一定的对象归集的费用，它是对象化了的费用。

界定成本的作用主要表现在以下几方面。

一，成本是弥补生产耗费的尺度。企业生产经营过程既是产出的过程，也是人力、物力、财力的耗费过程。企业再生产过程要顺利进行，生产经营中的各项耗费就必须得到补偿，否则，就难以保证企业的简单再生产。产品成本就是生产过程中消耗的物化劳动和活劳动，只有成本获得补偿，企业的再生产才能进行。因此，成本一方面以货币形式对生产耗费进行计量，另一方面为企业的简单再生产提出资金补偿的标准。在价格不变的情况下，成本越低，企业的利润越多，企业为社会和自身的发展创造的财富就越多。

二，成本是制定产品价格的重要因素。企业在决定产品价格时要比较产品成本这一重要依据，如果单位商品价格低于产品成本，则生产过程中的耗费难以得到补偿，企业必然发生亏损，再生产难以进行；只有单位商品价格高于产品成本，企业才有获利的可能，商品价格越高，企业获利空间越大。因此，成本是决定产品价格的重要因素。

三，成本是企业进行经营决策的重要依据。企业为了提高获利能力，在激烈的市场竞争中增强企业竞争力，必然要对生产经营各方面不断进行及时的决策和调整。在诸多考虑因素中，成本是一项重要因素。

四，成本是综合考核企业工作质量的重要指标。成本是对象化的生产费用，它同企业生产经营过程的各个方面、各个环节的工作质量和工作效能有着内在的联系。

1.1.2.2 成本会计的概念

成本会计是运用会计的基本原理和一般原则，采用专门的技术方法，对企业生产经营过程中所消耗的各项费用和产品(劳务)成本进行连续、系统、全面和综合的核算和监督的一种经济管理活动。成本会计是一种专业会计，现代成本会计是现代会计的重要分支。

现代成本会计在吸收了多学科成果的基础上由核算型向管理控制型的根本性转变，即成本控制成为成本会计中占主导地位的职能，而成本核算是基于成本控制展开的成本会计的基本职能之一。

成本会计的核算主要是对企业生产经营过程中发生的各项费用和成本进行计算。简而言之，成本会计是对成本、费用的计算，同时进行成本预测、决策、计划和控制等管理活动。基于特定服务对象考虑，这里采用狭义的成本会计含义，即进行产品成本的计算工作。

成本会计是基于商品经济条件，为求得产品的总成本和单位成本而核算全部生产成本和费用的会计活动。

(1)现代成本会计是为克服通货膨胀所引起物价变动导致的会计信息失真弊端，在物价变动情况下，以资产现行成本为计量属性，对相关会计对象进行确认、计量和报告的程序和方法。

(2)现代成本会计是以货币为主要计量单位，针对相关经济主体在产品生产经营过程中的成本耗费进行预测、决策、控制、核算、分析和考核的价值管理活动。

(3)现代成本会计是在继承传统成本会计基础上发展起来的一种新型会计理论，是传统成本会计在物价变动环境下的延伸和拓展，将成本核算与生产经营有效结合，具有不同于传统成本的会计程序和会计方法，可随经济环境的改变而及时反映资产价值变化，具有高度的决策相关性。

1.1.2.3　成本会计的作用

成本会计是企业成本核算和生产经营的有机结合,随着市场竞争程度日益加剧,成本会计的管理作用在企业中日渐凸显。

一是优化结构、降低成本。以产品成本核算为核心的传统成本会计的中心内容是帮助生产企业实现节约产品成本,优化产品结构。以成本控制为核心的现代成本会计亦强调降低生产成本的重要性。

二是提高企业运营效率。现代成本会计体系下,企业产品成本的结构发生了明显变化,间接费用在总成本中的费用比重及费用种类急剧增加,如在费用中出现作业成本、价值链成本和质量成本等。间接费用内容的扩展及新技术的出现推进了成本控制范围的扩大和程度的深化,生产企业日渐突破传统的节约产品成本、库存成本观念,从成本控制制度层面着手,全面、系统地提高企业运营效率,以达成本管理的目的。在这一体系下,成本会计也被广泛应用到生产企业以外的领域(包括非营利组织)。这一趋势大大促进了成本会计以成本控制为核心观念的发展,由此加强内控,提高企业运营效率成为各类企业的中心工作之一。

1.1.2.4　成本会计的职能和任务

1. 成本会计的职能

成本会计的职能,是指成本会计作为一种经济管理活动,在生产经营过程中所起的作用。为了圆满完成成本会计的任务,充分发挥成本会计应有的作用,现代成本会计应具有成本预测、成本决策、成本计划、成本控制、成本核算、成本考核和成本分析等七项职能。

(1)成本预测。成本预测可以为成本决策提供数据,有利于正确确定目标成本,正确编制成本计划,所以成本预测是正确进行成本决策、编制成本计划的前提。要制订正确的成本计划,就必须经过科学的实事求是的成本预测这一必不可少的阶段。

(2)成本决策。成本决策是在成本预测的基础上,拟定多种降低成本、费用的方案,对各种方案进行可行性研究,运用科学的决策理论,筛选出最佳成本方案,并确定目标成本。例如,零部件是自制合算还是外购合算,半成品是继续加工还是以成品销售,是手工生产还是机器生产等,都需要进行决策。决策不仅要考虑企业短期效益,还要考虑企业长期效益。

优化的成本决策和目标成本,是编制成本计划的前提,也是进行事前控制、提高经济效益的重要途径。

(3)成本计划。成本计划是根据成本决策所确定的目标成本,具体规定在计划期内为完成生产任务应发生的各种成本、费用,并提出为保证成本计划的完成所应采取的各种措施。成本计划的制订,不仅仅是成本会计人员和企业管理人员的职责,而且应充分调动企业各部门的积极性,共同献计献策,确定各车间部门成本降低的目标,然后确定企业的总体成本目标。

(4)成本控制。成本控制是根据成本计划对实际生产经营过程中发生的成本费用进行审核,并加以控制,将其限制在计划成本之内,防止超支、浪费和损失的发生,保证成本计划的执行。

成本控制是成本计划完成的关键。只有在费用发生时，审查各项费用是否符合标准，控制不合理费用的发生，计算实际成本费用和计划之间的差异，并分析形成差异的原因，才能达到降低成本的目的。

(5)成本核算。成本核算是指在生产经营过程中，对实际发生的成本费用进行归集和分配，从而确定各成本计算对象的总成本和单位成本，并进行相应的账务处理。

生产企业应客观、真实、完整地反映实际发生的各项成本、费用，采用科学、合理的成本计算方法，如实计算产品的实际成本。同时，成本、费用的开支范围要符合国家的规定。如果成本会计所提供的信息资料不够真实、不够客观，就会把决策者引入歧途，使决策失误，同时也会影响企业损益的客观性。成本核算所提供的资料，不仅可以反映成本计划的执行结果，而且能为下期乃至以后各期的成本预测提供有用资料，同时也是成本控制结果的事后反映。成本核算确定的产品实际成本，也是确定产品价格的依据。所以，成本核算是成本会计工作的核心。

(6)成本考核。成本考核是定期对成本计划及其有关指标的实际执行结果进行总结和评价，以监督和促使企业加强成本管理责任制，履行经济责任，提高成本管理水平。

企业为了实行成本考核，应建立相应的责任成本制度，各负责者(部门、单位、执行人)都是成本考核的对象。企业在编制成本计划时，应将各成本计划指标进行分解，落实到企业内部各单位和个人，以此责任成本作为考核各单位和个人的依据。成本考核一般应与一定的奖励制度结合起来，按责任的归属评价其工作成绩，并作为对各单位和个人奖惩的依据，以充分调动各考核对象努力完成目标成本。

(7)成本分析。成本分析主要是利用成本核算提供的资料，与目标成本、上年同期实际成本、本期计划成本或定额成本、历史先进水平以及国内外同行业的最好水平进行比较和分析，确定差异，了解成本费用水平情况及差异形成的原因，并查明成本超支的责任，以便采取措施，降低成本费用，提高经济效益。成本分析不仅可以为成本考核提供依据，而且可以为未来的成本预测、决策，以及编制新的成本计划提供资料。

综上所述，现代成本会计的各项职能是相互联系、互为条件的，并贯穿于企业生产经营活动的全过程，在全过程中发挥作用。在成本会计的各项职能中，成本核算是成本会计工作的核心，没有成本核算，成本会计的其他职能就无法履行；成本会计的其他职能，都是在成本核算的基础上，随着现代技术的发展和科学管理水平的提高，逐步发展起来的。成本核算是原始的成本会计，指狭义的成本会计；包含以上七项职能的成本会计是现代成本会计，指广义的成本会计，有时也称为成本管理会计。

2. 成本会计的任务

成本会计的任务是人们对成本会计的主观期望与具体要求。成本会计作为会计的一个重要分支，是企业经营管理的重要组成部分。在市场经济条件下，成本会计的根本任务是促使企业不断降低产品成本和费用，改进生产经营管理，提高经济效益。

在经济管理中，成本是一项重要的经济指标，正确、客观地提供成本会计信息资料，对企业正确进行决策和确定企业财务成果有着重要的意义。成本会计的任务主要取决于企业经营管理的要求，同时还受制于成本会计的对象和职能。根据企业经营管理的要求，结合成本会计的对象和职能，成本会计的主要任务包括以下几项。

（1）进行预测和决策、编制成本计划，为企业进行成本管理提供依据。

（2）正确、及时地核算企业的生产成本和期间费用，实行责任成本核算。

（3）进行成本分析，考核企业的经营成果。

（4）反映在产品的增减变动情况，使产品成本和损益计算更准确。

（5）实现全员、全过程的成本控制和管理，促进企业努力节约消耗，降低成本。

1.1.2.5　支出、费用与产品成本之间的关系

成本、费用与支出之间既有区别又有联系。

1. 成本、费用与支出的区别

《企业会计准则》中对费用的定义为：企业在日常活动中发生的、会导致所有者权益减少的、与向所有者分配利润无关的经济利益的总流出。费用只有在经济利益很可能流出从而导致企业资产减少或者负债增加，且经济利益的流出额能够可靠计量时才能予以确认。企业为生产产品、提供劳务等发生的可归属于产品成本、劳务成本的耗费与支出，应当在确认产品销售收入、劳务收入时，将已销售产品、已提供劳务的成本确认为费用，计入当期损益。企业发生的支出不产生经济利益的，或者即使能够产生经济利益但不符合或者不再符合资产确认条件的，应当在发生时确认为费用，计入当期损益。企业发生的交易或者事项导致其承担了一项负债而又不确认为一项资产的，应当在发生时确认为费用，计入当期损益。可见，从会计科目这个角度来看，费用应该包括主营业务成本、其他业务成本、营业税金及附加、销售费用、管理费用、财务费用、资产减值损失、营业外支出和所得税费用等科目。

支出是指企业在经济活动中的一切货币支出或对资产的耗费。企业的支出一般包括收益性支出（支出的效益只在当期发挥作用）、资本性支出（支出的效益可在几个连续的会计期间发挥作用）、偿债性支出和所有者权益性支出（支付利润、减资等）等多个方面。

成本、费用和支出是三个不同的概念。费用能导致所有者权益的减少或者负债的增加，而成本只是资产价值形态的一种转换，如生产中所耗费的原材料、以现金形式支付的职工薪酬等，都由原来的原材料、现金形态转化为产品形态，又如用货币资金购买固定资产，支出的货币资金形成了固定资产的成本，资金由货币形态转换为固定资产形态。费用是企业在获取收入的过程中发生的耗费与支出，是以期间为对象，按照与收入相配比的原则进行归集的；而成本是以一定种类和数量的资产为对象，按照受益原则（谁受益，谁负担；多受益，多负担；少受益，少负担）进行归集的；支出则是经济利益的流出，它所表现的是货币资金的支出或资产的耗费，不需要对象化或期间化，换句话说，支出不需要按对象归集，也不需要按期间进行归集。

2. 成本、费用与支出的联系

成本、费用与支出三者的联系主要表现在：支出是成本、费用形成的基础；成本是将支出以某项资产为对象按受益原则进行归集形成的；费用是将支出以期间为对象按配比原则进行归集形成的。企业为生产产品、提供劳务等发生的可归属于产品成本、劳务成本等的支出，在确认产品销售收入、劳务收入等时，将已销售产品、已提供劳务的成本等确认为费用，计入当期损益，这时，成本又转化为费用。

3. 企业成本会计对象的具体内容

工业企业成本会计对象可概括为：工业企业生产经营过程中发生的产品成本和期间

费用。

商品流通企业、交通运输企业、施工企业、农业企业、旅游饮食服务企业、物业服务公司等其他行业企业在生产经营过程中所发生的各种费用，部分形成各行业企业的生产经营业务成本，部分作为期间费用直接计入当期损益。

综上所述，成本会计的对象可以概括为各行业企业生产经营业务的成本和有关期间费用，简称成本、费用。因此，成本会计实际上是成本、费用会计。

1.1.3　成本会计的内容

成本会计的内容主要包括研究内容、开支范围等。

1.1.3.1　成本会计的研究内容

1. 健全原始记录

原始记录是指按照规定的格式，对企业的生产、技术经济活动的具体事实所做的最初书面记载。它是进行各项核算的前提条件，是编制费用预算、严格控制成本费用支出的重要依据。

2. 建立适合企业内部的结算价格

在生产经营过程中，企业内部各单位之间往往会相互提供半成品、材料、劳务等，为了分清企业内部各单位的经济责任，明确各单位工作业绩以及总体评价与考核的需要，应制定企业内部结算价格。

3. 健全存货的计量、验收、领退和盘点制度

为了保证入库材料物资数量与质量，必须做好计量与验收工作。准确的计量和严格的质量检测是保证原始记录可靠性的前提。为了保证领、退的材料物资准确无误，还必须及时办好领料和退料凭证手续，使成本中的材料费用相对准确。

4. 实施有效的定额管理

定额是指在一定生产技术组织条件下，对人力、财力、物力的消耗及占用所规定的数量标准。科学先进的定额，是对产品成本进行预测、核算、控制和考核的依据。

5. 颁布科学、完善的规章制度

规章制度是企业为了进行正常的生产经营和管理而制定的有关制度、章程和规则。

现代成本会计拓宽了传统成本会计的内涵和外延，其涉及的内容广泛。成本会计是财务会计与管理会计的混合物，是计算及提供成本信息的会计方法。财务会计要依据成本会计所提供的有关资料进行资产计价和收益确定，而成本的形成、归集和结转程序也要纳入以复式记账法为基础的财务会计总框架。

因此，成本数据往往被企业外部信息使用者用于对企业管理当局业绩的评价，并据此进行投资决策。同样，成本会计所提供的成本数据，往往被企业管理当局作为决策的依据或用于对企业内部管理人员的业绩评价。

1.1.3.2　成本的开支范围

现行成本制度规定，产品成本是指企业在生产产品过程中所发生的材料费用、职工薪

酬等，以及不能直接计入而按一定标准分配计入的各种间接费用。成本开支范围是国家为了加强成本管理，正确计算成本，防止滥挤成本、乱摊费用，对计入产品成本的各项费用所做的统一规定。按现行制度规定，应该计入成本的包括下列各项。

(1)生产经营过程中实际消耗的原材料、辅助材料、备品配件、外购半成品、燃料、动力、包装物的原价和运输、装卸、整理等费用。

(2)企业直接从事产品生产人员的职工薪酬和提取的福利费。

(3)车间房屋建筑物和机器设备的折旧费、租赁费、修理费及低值易耗品的摊销费等。

(4)企业生产单位因生产原因发生的废品损失、季节性停工等耗费。

(5)其他为组织、管理生产活动所发生的间接费用。

企业发生下列费用，不应计入产品成本。

(1)企业为组织、管理生产经营活动所发生的管理费用、财务费用、销售费用。

(2)购置和建造固定资产的支出、购入无形资产和其他资产的支出。

(3)对外界的投资以及分配给投资者的利润。

(4)被没收的财物以及违反法律而支付的各项滞纳金、罚款以及企业自愿赞助、捐赠的支出。

(5)在公积金、公益金中开支的支出。

(6)国家法律、法规规定以外的各种费用。

(7)国家规定不得列入成本的其他支出。

成本开支范围是国家根据成本的客观经济内涵、国家的分配方针和企业独立核算的要求而规定的，各企业必须严格遵守国家规定的成本开支范围，以保证成本计算的正确性、可比性。这对于保证以核算为中心的成本会计的正确性、可比性和标准化有着重要意义。

> **小贴士**
> 产品是指企业日常生产经营活动中持有以备出售的产成品、商品、提供的劳务或服务。

1.1.4 成本会计的工作环节

成本会计的工作环节是由企业经营管理的要求所决定的，具体到微观层面则主要是由企业成本管理的要求所决定的。一般而言，在与成本会计对象和职能对接的基础上，成本会计的工作环节包括以下几个方面。

(1)核算生产费用、经营管理费用，并计算产品的生产成本，提供企业生产经营管理的成本、费用数据。

(2)进行成本分析和成本考核，形成企业经营决策依据。

(3)控制成本费用，保证成本计划的完成。

(4)进行成本预测、成本决策，编制成本计划和成本预算，促进企业运营效率的提高。

在成本会计的各工作环节中，成本核算是最基本的环节，成本控制是核心环节。本教材重点突出成本核算的内容。

1.2 成本会计的组织工作

为了充分发挥成本会计在企业生产经营过程中的作用，实现成本会计的目标，企业必须科学地组织成本会计工作。成本会计的组织工作主要包括：成本会计机构的设置、成本会计人员的配备和成本会计工作组织的管理等。

1.2.1 成本会计机构和人员

1. 成本会计机构

成本会计机构是指企业从事成本会计工作的职能单位，是企业会计机构的组成部分。设置成本会计机构应明确企业内部对成本会计应承担的职责和义务，坚持分工与协作相结合、统一与分散相结合、专业与群众相结合的原则，使成本会计机构的设置与企业规模大小、业务繁简、管理要求相适应。

企业的成本会计机构是成本会计工作的重要职能部门，是企业内部直接从事成本会计工作的组织机构。它的设置与企业规模和企业类型相关，如图1-1所示。

图1-1 成本组织结构与企业规模的关系

企业根据生产规模和管理要求，可采用集中设置和分级设置两种工作方式。

（1）集中设置是指企业财务部门设置成本会计机构，车间（分厂）不设置成本机构，只配备成本核算人员负责登记原始记录和填制记账凭证并对它们进行初步审核、整理和汇总，为财务部门成本会计机构提供资料。这种工作方式的优点在于减少了核算层次、精简了人员，但是不便于企业内部其他单位掌控各自的成本、费用支出。

（2）分级设置则是在企业财务部门和车间（分厂）都设置成本机构或人员，而财务部门的成本机构只负责成本数据的最后汇总以及处理不便于分散到各单位进行的成本工作。这种工作方式便于将企业财务部门与各生产单位的管理结合起来，但会增加成本会计工作机构的工作量。

企业设置成本会计工作机构时，应根据自身规模和内部有关单位的管理要求，优化组合两种工作方式，以达到控制成本和提高成本核算工作效率的目的。

2. 成本会计工作机构中的工作人员

成本会计工作机构中的工作人员是会计部门的重要成员，应具备会计人员良好的职业道德、业务素质，同时还应懂得财务管理、生产技术和工艺流程等，不断提高个人综合素质。

1.2.2 成本会计工作组织的管理

对于成本会计工作组织的管理，应注意以下几方面。

1. 设置成本会计机构

成本会计机构是处理成本会计工作的职能单位。应根据企业规模和成本管理要求，考虑在专设的会计机构中是单独设置成本会计科、室或组等，还是只配备成本核算人员。

2. 配备必需的成本会计人员

成本会计人员是指在会计机构或专设成本会计机构中所配备的成本工作人员。成本会计人员对企业日常的成本工作进行处理，诸如成本计划、费用预算，成本预测、决策，实际成本计算和成本分析、考核等。成本核算是企业核算工作的核心，成本指标是企业一切工作质量的综合表现。为了保证成本信息质量，对成本会计人员业务素质要求比较高：如会计知识面广，对成本理论和实践有较好的基础；熟悉企业生产经营的流程(工艺过程)；刻苦学习，任劳任怨；具有良好职业道德。

3. 确定成本会计工作的组织原则和组织形式

任何工作的组织都必须遵循一定的原则，成本会计工作的组织原则有以下三条。

(1)成本核算必须与成本管理相结合。

(2)成本会计工作必须与技术相结合。

(3)成本会计工作必须与经济责任相结合。

4. 制定成本会计制度

成本会计制度是组织和处理成本会计工作所做的规范，是会计制度的组成部分。企业应根据会计基本准则、有关具体准则、行业会计制度、企业内部管理的需要和生产经营的特点制定企业内部成本会计制度。其基本内容包括以下几点。

(1)成本会计工作的组织分工及职责权限。

(2)定额成本、成本预算和计划的编制方法。

(3)存货的收发、领退和盘存制度。

(4)成本核算的原始记录和凭证传递流程。

(5)成本核算的规定，包括成本计算对象和成本计算方法的确定，成本核算账户和成本项目的设置，生产费用归集与分配的方法，在产品计价方法等。

(6)成本预测的制度，包括预测的资料收集要求、一般方法与必要程序等。

(7)成本控制的制度，包括有关原始凭证的审核办法，有关成本费用的开支标准和审批权限，成本差异的计算与分析，差异信息的反馈程序与时间限制，控制成本业绩的考核与奖惩办法等。

(8)成本分析的制度，包括成本的一般方法、指标种类及计算口径等。

（9）成本报表的制度，包括成本报表的种类、格式、编制方法、传递程序、报送日期等。

（10）企业内部劳务、半成品、材料转移价格的制定和转账结算的方法。

在完成成本会计机构设置和人员配备后，企业各成本机构及工作人员应在成本会计法规及相应的成本会计制度框架下开展工作。

成本会计工作组织的内部管理流程、标准、规范等构成了一个管理系统，各部分的关系如图1-2所示。

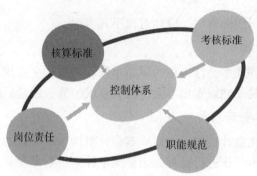

图1-2　成本会计工作组织管理

1.3　成本会计的核算和账户设置

成本核算是成本会计的重要内容，应根据会计法、会计准则、财务通则和成本核算制度对产品成本资料进行真实、全面和有效的核算。

【任务导入1-1】 某鞋业有限公司主要从事男女运动鞋、登山鞋、童鞋等的生产、销售，其产品生产工序分为两道，都在第一车间完成。

202×年6月，公司生产男女运动鞋各4 000双，期初没有在产品，一次性投入皮革面料18 000元、鞋底16 000元、其他辅助材料共6 000元，其中男女运动鞋的各种材料按1∶1比例分配。生产运动鞋的材料款是本月初从中国工商银行借入的，期限为3个月，利率为4%。6月30日，该批运动鞋全部验收入库，男运动鞋全部完工，女运动鞋完工3 000双，在产品1 000双（完工程度80%），发生工人工资27 000元、生产间接费用18 000元（折旧费2 000元、水电费2 000元、管理人员薪酬8 000元、低值易耗品1 000元、其他费用5 000元）、公司管理部门工资为60 000元，其中男女运动鞋的人工费用和各项间接费用按4∶5分配。

运输车间分别为第一车间和管理部门提供30工时和10工时的服务，按40元/工时计算，辅助生产费用合计1 600元。

该批运动鞋成本应包括哪些费用？完工产品单位产品成本是多少？

1.3.1　成本会计的核算要求

成本核算是成本会计的中心内容，成本核算正确与否，不仅直接影响企业对财务会计中损益的计算以及所得税的计算，还直接影响成本的预测、决策、计划、控制、考核和分析等成本会计的各个环节，同时对企业的经营决策产生重大影响。为了充分发挥成本核算的作用，在成本核算中，除了遵循会计核算的一般原则，如权责发生制原则、一贯性原则、历史成本原则、客观性原则、相关性原则、及时性原则、重要性原则、实质重于形式原则，还应满足以下要求。

1.3.1.1　算管结合，算为管用

所谓算管结合，是指算的过程本身也是管的过程，算与管两者是相互结合的。成本核算作为成本管理的组成内容，不应只是对企业生产费用进行事后的记录和计算，还应在生产费用发生之前做好审核和控制，即根据有关的法规和制度、计划或定额，审核该项费用应不应该支出，是否符合计划或定额，应该支出多少费用，应不应该计入产品成本，是否符合成本开支范围。从这个意义上说，成本核算本身也就是对生产费用支出的管理。所谓算为管用，是指成本核算要从管理的要求出发，提供的成本信息应当满足企业经营管理的需要。

1.3.1.2　正确划分各种费用的界限

1. 正确划分生产经营管理费用和非生产经营管理费用

生产企业在生产经营活动过程中，所发生的费用是多种多样的，除了生产经营管理费用外，还发生其他一些支出，并不是所有的费用支出都属于生产经营管理费用。例如，企业因购建固定资产、购买无形资产以及进行对外长期投资等发生的支出属于资本性支出，应计入有关的资产价值中。企业在生产经营过程中发生的一些损失，如因自然灾害造成的非常损失、固定资产盘亏损失、固定资产报废净损失、非正常原因发生的停工损失等，应计入营业外支出。在利润分配过程中发生的分配性支出、上缴国家的所得税费用、企业赞助和捐赠支出、各种罚款、滞纳金、违约金及赔偿金等支出，都不应计入生产经营管理费用。

企业应遵守有关成本费用开支范围的规定，正确确定哪些费用属于生产经营管理费用，哪些不属于生产经营管理费用。既反对乱摊、乱挤、人为扩大成本费用，也反对漏计、少计、人为缩小成本费用，否则会影响产品成本和期间费用的真实性。不仅如此，乱挤成本费用还会减少企业利润，进而减少国家财政收入；而少计成本费用，会虚增利润，导致超额分配，不利于企业生产经营资金的补偿，影响企业再生产的顺利进行。所以任何企业都应正确划分生产经营管理费用和非生产经营管理费用的界限。

2. 正确划分生产费用与经营管理费用的界限

企业的生产费用应计入产品成本，在产品销售以后计入企业的损益，而当月生产的产品不一定在当月完工并销售，所以当月发生的生产费用不一定全部计入当期损益，有一部分可能计入下期或后期的成本费用中。但企业发生的经营管理费用，根据现行财务规定要全部直接计入当期损益并从当期利润中得到补偿。因此，为了正确计算产品成本和经营管理费用，正确计算各个月份的利润，还应将生产经营管理费用划分为生产费用和经营管理费用。用于产品生产的原材料费用、直接人工费用和制造费用等，属于生产费用，应分配计入产品成本中；对于企业因组织管理生产经营活动而发生的管理费用、因筹集资金而发生的财务费用、在产品销售过程中发生的产品销售费用，属于期间费用，不应分配计入产品成本，应直接计入当期损益。这种方法可以防止企业在生产费用和经营管理费用之间任

意调节或转移费用，借机调节产品成本和各期损益。

3. 正确划分计入成本费用与不计入成本费用的界限

企业经济活动各项费用支出，可能是生产经营活动产生的，也可能是经营活动以外的费用支出。在成本核算时，成本会计应区分生产经营管理费用与非生产经营管理费用，并按用途进行合理划分。用于产品生产和销售、组织和管理生产经营活动以及筹资生产经营资金的各种费用属于收益性支出，计入成本费用；用于资本性支出或不是企业日常生产经营活动发生的费用支出，都不计入成本费用。成本费用与非成本费用如图1-3所示。

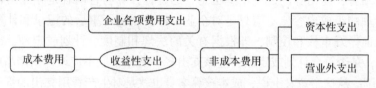

图1-3　成本费用与非成本费用

4. 正确划分生产费用与期间费用的界限

企业为生产产品所发生的材料费用、人工费用和制造费用等归集为产品成本；而为销售产品发生的销售费用、为管理和组织生产经营活动发生的管理费用以及为筹集生产经营资金所发生的财务费用归集为期间费用，直接抵减当期损益。在成本核算过程中，成本会计应防止混淆生产费用与期间费用的界限，借以调节各月成本、费用的错误做法。

5. 正确划分各月费用的界限

成本核算是建立在权责发生制的基础上的。因此，在核算生产成本时，成本会计应正确划分本期费用与非本期费用的界限。其界限划分的基本要求：由本期负担的成本、费用都应计入本期的产品成本和期间费用；不由本期负担的成本、费用一律不得计入本期成本、费用。对于应由本期和以后各期负担的成本、费用，应根据收益期限，分别摊分到本期和以后各期当中。

为了正确计算各月的产品成本，还应划清应由本月产品成本、期间费用负担的费用和由其他月份产品成本、期间费用负担的费用的界限。根据权责发生制，应由本月产品成本、期间费用负担的费用，应全部计入本月成本、费用，不应延至以后各月入账或提前入账；不应由本月产品成本、期间费用负担的费用，则不应计入本月成本、费用。对于一些数额较小的费用，应根据重要性原则以及简化核算工作的需要，直接计入发生当月的成本、费用。企业应正确核算各月的成本费用，防止企业人为调节各月的产品成本和期间费用，人为调节各月损益。

6. 正确划分各种产品成本的界限

对于生产两种及两种以上产品的企业，本期发生的生产费用应合理在各产品之间划分，以便分析和考核产品计划完成情况。划分界限为：凡是属于单个产品发生的直接费用，应计入该产品的成本；对于多种产品共同负担的间接费用，则应按合理的分配标准，分别计入这几种产品成本。防止生产费用在盈利产品与亏本产品、可比产品与不可比产品之间任意转移，虚报产品成本。

7. 正确区分完工产品与在产品成本的界限

要计算各月每种产品的完工产品成本，不仅要正确划分各个月份、各种产品费用的界限，每种产品每月负担的费用，还应在完工产品和月末在产品之间进行分配。期末在计算产品成本时，如果某种产品全部完工，则该种产品明细账中归集的各项生产费用，就是该种产品的完工产品成本。如果某种产品全部未完工，则该种产品明细账中归集的各项生产费用，全部为该种产品的月末在产品成本。如果某种产品一部分已经完工，另一部分尚未完工，则该种产品明细账中归集的各项生产费用，应采用适当的分配方法，在完工产品和月末在产品之间进行分配，分别计算完工产品和月末在产品成本。应该防止人为调高或降低月末在产品成本和本月完工产品成本。

费用划分界限如图1-4所示。

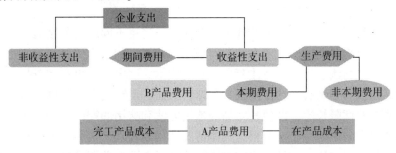

图1-4 费用划分界限

以上几个方面费用界限的划分，应贯彻受益原则，即何者受益何者负担费用，何时受益何时负担费用，负担费用的多少应与其受益程度成正比，按照费用发生的空间范围和时间范围归集和分配费用。能否正确划分以上七个费用方面的界限，是产品成本和期间费用核算正确与否的关键，也是评价成本、费用工作是否正确合理的主要标准。产品成本计算的过程，实际上也是这些方面费用界限的划分过程。

1.3.1.3 正确确定财产物资的计价和价值结转方法

企业在生产经营过程中，财产物资的消耗占相当的比重，其计价和价值结转方法对本期产品成本产生重大影响。所以，成本核算必须根据国家会计有关法规确定恰当的计价和价值结转方法。

1. 直接消耗物资的计价和价值结转

直接消耗的物资主要包括生产经营过程中耗用的原料、主要材料、辅助材料、燃料、周转材料等。这些直接物资可以采用实际成本计价，也可以采用计划成本计价。采用实际成本计价方法时，这些物资的发出应采用个别计价法、月末一次加权平均法、移动加权平均法或先进先出法等进行计量与确认。采用计划成本法时，发出物资按事先确定的价格计算发出成本，到月末再计算材料成本差异率，确认发出物资的材料成本差异，据以记录当期生产费用的物资消耗。

2. 间接消耗物资的计价和价值结转

间接消耗物资是服务于企业生产经营而消耗的劳动资料或长期资产，如固定资产、无形资产等。间接消耗物资的计价包括初始计量和损耗计量。初始计量通常采用原始价值计量标准；损耗计量则按国家税法等有关法规规定及企业实际情况确定计价方法，如固定资产折旧，国家有关法律规定了年限控制和净残值的控制比例，企业根据自身情况在规定的范围内确定年限和净残值，月末计提折旧。

不管是直接消耗物资还是间接消耗物资，都必须合理确定计价和价值结转方法，做到准确、便捷。其具体要求是：采用国家统一规定的方法；国家没有规定的，企业根据实际情况，结合管理要求合理选用，一经确定不得随意更改。

各项费用的发生，绝大多数实际上是各项财产物资的耗用过程。财产物资的价值随着其不断耗用而逐渐转移到有关的成本和费用中去，所以财产物资的计价和价值结转方法，也会直接影响产品成本和费用。财产物资的计价应采用历史成本原则确定各项财产物资的价值，并应符合国家有关财务制度和规定。如材料物资的计价应包括材料的买价和有关采购费用，支付的增值税属于价外税，不应计入材料的价值，但购买不能抵扣固定资产支付的增值则应计入固定资产的原始成本，防止财产物资计价过高或过低，导致成本、费用虚增或虚减。根据我国有关财务制度的规定，企业可以选用不同的价值结转方法，但不同的价值结转方法会影响各期的产品成本和期间费用的计算。如发出的材料物资可分别采用先进先出法、加权平均法、计划成本法等方法确定成本。固定资产也存在着折旧年限和折旧方法的选择，如折旧方法有平均年限法、加速折旧法，而固定资产的修理费用是否进行摊销或预提及摊提的期限长短、低值易耗品的摊销方法和摊销的期限的长短等，都可能会对产品成本产生很大的影响。企业应根据具体情况选用既合理又简便的方法。国家因宏观调控有统一规定的，应采用国家统一规定的方法。同时企业在选用各种计价方法时，应符合会计核算的一贯性原则，防止企业通过调整价值结转方法来任意调整各期成本、费用的错误做法。

1.3.1.4 完善成本责任制

为了正确进行成本计算，考核各责任单位的成本水平，必须完善成本责任制，以进一步降低产品成本，提高企业的经济效益。要完善成本责任制，应做好如下几项工作。

1. 建立健全责任成本制度

责任成本是指以各责任单位作为成本计算对象所计算的成本。企业在进行成本计算时，最后计算出产品成本是非常重要的。但是，由于产品成本是以产品作为成本计算对象的，所以，它不能反映每一责任单位的工作业绩，不便于将每一责任单位成本与其应承担的责任及经济利益相联系。因此，在进行成本计算时还应创造条件，计算出每一责任单位的责任成本，便于进行各责任单位责任成本的考核和分析。

2. 建立健全内部成本管理体系

内部成本管理体系是一个非常复杂的系统，它涉及企业的所有部门和全体职工。该系统的完善程度，运行的合理与否，直接关系成本责任制的推行。因此，应建立一个运行便捷、合理的内部成本管理体系，并使之逐步完善。

3. 建立健全成本考核制度

成本会计不仅要计算产品成本，对产品成本指标进行分析，还须进行考核。应考核每一种产品成本的升降以及各责任单位的责任成本情况。要对成本进行考核，就应建立一套成本考核的收集、整理、对比、计算等方法和程序，使成本考核形成制度，促使成本指标不断降低。

4. 建立健全成本责任奖惩制度

在计算出产品成本及责任成本之后，应对各责任单位的可控制成本进行分析，实行规范、严格的奖惩制度，以鼓励先进、督促落后，调动各部门及人员不断降低产品成本的积极性，促进企业经济效益的不断提高。

1.3.1.5 夯实成本核算的基础工作

夯实成本核算的基础工作是保证成本核算工作质量的前提。成本核算的基础工作包括下列几项。

1. 建立与健全原始记录制度

原始记录是在经济业务发生时为证明经济业务的发生或完成情况而取得或填制，并作为记账原始依据的书面证明。它是企业编制成本计划、制定各项定额的主要依据，也是成本管理的基础工作。企业对于生产过程中材料物资、动力、人工及工时的耗费，在产品和半成品的内部转移，产品的验收和质量检验，都应做好真实、完整的记录。同时企业应统一规定各种原始凭证的格式、内容和计算方法，以及填写、签字、传递、归档等制度，做到及时准确地反映生产经营活动情况。原始记录既要符合企业管理和成本管理的要求，又要符合成本核算的要求，既要力求简便易行，又能充分发挥原始记录的作用。

成本核算的起点是各项成本、费用发生的原始记录，其可靠性、完整性和手续齐全性等直接关系成本核算信息质量。因此，在生产过程中，企业对材料的发出、动力与人工的消耗、费用开支、废品损失、停工损失、生产费用在完工产品和在产品之间分配、产品质量检验和产品入库等原始记录必须真实、内容完整、手续齐全和要素完备。

原始记录一般包括生产记录、考勤记录、设备使用记录、材料物资的收发记录和无形资产减值记录等。成本会计的原始记录与财务会计的原始记录并不完全一样，其内容、范围取决于企业成本核算和管理的需要。

原始记录既要符合企业管理和成本管理的要求，又要符合成本核算的要求，既要力求简便易行，又能充分发挥原始记录的作用。

2. 建立和健全存货的计量、验收和盘点制度

计量、验收和盘点工作是企业进行生产管理和财产物资管理的必要条件，健全的计量、验收和盘点制度能为企业生产、成本管理以及成本核算提供可靠的数据，同时对保证成本核算和分析的准确性、控制和降低成本费用的发生有重要作用。所以企业在材料物资的收发、领退，在产品和半成品的内部转移以及完工产品的入库时，都应做好验收和计量工作，并填制相应的凭证，以明确各责任单位的责任。在期末，还应对各项财产物资定期进行盘点，防止财产物资的丢失、积压、损坏、变质。

成本核算中，材料物资的计量、验收、领退和盘点是进行成本核算的重要前提。为了真实、准确地计算成本，企业必须建立与健全材料物资计量验收制度，避免成本费用资料的虚假。

存货的计量验收制度主要包括配备必要的计量工具或器皿，建立严格的材料物资收发、领退手续和定期或不定期的清查制度。

3. 实施有效的定额管理制度

生产流程比较标准化的企业，各个生产环节的生产成本是可预测的，并且可以控制在一个合理范围内的。这种成本可控性是成本计划完成情况分析和考核各成本单位的重要依据，也是现代企业成本全面管理的重要基础。

定额是在企业现有的设备技术条件下，在充分考虑职工群众积极性的基础上，对生产过程中消耗的人力、物力和财力所做的规定和应达到的数量标准。企业应制定切实可行的定额管理制度，并将此作为控制费用的发生和考核职工的依据。定额既不能定得过高，无法实现，也不能过低，无法调动职工的积极性。同时企业还应根据实际情况的不断变化，做好定额的修订工作，以保证定额不会偏离实际太大。产品成本定额是企业编制成本计划、分析完成情况和考核各成本单位的依据，是审核和控制成本费用发生的标准，同时也往往是产品成本计算过程中分配实际费用的依据。所以，制定和修订切实可行的各项定额，是企业做好生产管理、成本管理的前提。

根据定额所反映的内容不同，可分为工时定额、产量定额、材料消耗定额、费用定额、燃料和动力消耗定额等；按其制定的标准不同，可分为计划定额和现行定额。企业应根据行业、自身等具体情况科学地制定具体定额，并随业内环境变化动态地修订，以保持定额管理的有效。

> 💡 **小贴士**
>
> 定额制定的依据：(1)技术依据，包括生产条件、供应链状况、操作者技术水平等；(2)经济依据，包括生产周期、劳动时间负荷；(3)心理依据，包括工作时间长度、劳动分工和协作状况。

4. 建立和健全厂内计划价格和内部结算制度

企业应当根据内部经济核算和成本管理的需要，对原材料、辅助材料、动力、工具、半成品、在产品等确定合理的厂内计划价格，作为内部结算和考核的依据。合理的厂内计划价格对明确企业内部各单位经济责任、分析和考核内部各单位成本计划完成情况有重要作用。

有了明确的厂内计划价格，对于材料的领用、半成品的内部转移以及各车间、部门之间相互提供劳务，可先按计划价格进行结算，月末再调整价格差异和计算实际成本、费用，简化和加速成本的核算工作。

企业各个生产单位都是生产费用的消耗单位，其生产费用的耗费量独立核算，才可以更加清楚、准确地反映各生产单位的经济责任和绩效考核。企业内部结算价格是各生产单位进行独立核算的重要依据，一般用企业制定的标准成本或计划成本作为结算价格，也可以采用在计划成本的基础上加以合理的利润作为内部结算价格。

除了内部结算价格，内部结算制度还包括内部结算方式和内部结算货币等。在标准成本或计划管理较好的企业中，成本会计应对原材料、周转材料、半成品、厂内车间之间相互提供的劳务等制定厂内标准或计划价格，作为企业内部结算的依据。制订了计划成本的企业，各种材料物资的消耗、半成品的转移以及各车间之间劳务交换都应按计划成本计算。月末计算实际成本时，在计划成本基础上采用适当的方法计算产品应负担的成本差异，将计划成本调整为实际成本。

5. 采用合适的成本计算方法

企业在进行成本核算时，应根据本企业的具体情况，选择符合本企业特点的成本计算方法进行成本计算。成本计算方法的选择，应同时考虑企业生产类型的特点和管理的要求两个方面。在同一个车间可以采用一种成本计算方法，也可以同时使用或结合使用多种成本计算方法。成本计算方法一经确定，一般就不应变动。总之，要同时考虑生产特点和管理要求，确定所应采用产品成本的计算方法，才能切合实际地为企业进行成本管理提供有价值的信息。

产品成本是在生产过程中形成的，不同的生产工艺和生产组织计算产品成本的方法应有所不同。根据企业产品生产工艺过程和管理特点，产品成本核算采用不同的计算方法：单步骤、大批量生产的产品应按品种法计算产品成本；多步骤、大批量生产的产品可采用分步法计算产品成本；按批次生产的产品应按分批法计算产品成本等。还可以应用分类法、定额法等辅助方法。

1.3.2　成本核算原则

1.3.2.1　实际成本核算原则

实际成本核算原则，是指企业按取得或制造某项财产物资时发生的实际成本进行核算。

尽管企业在进行产品成本核算时，可以采用不同的计价方法进行，如计划成本、定额成本、标准成本等，但是在最后计算产品成本时，必须调整为实际成本。只有按实际成本核算，才能减少成本核算的随意性，才能使成本信息保持其客观性和可验证性。

实际成本核算原则在应用上主要体现为三个方面的要求：一是某项成本发生时，按发生时的实际耗费数确认；二是完工入库的产品成本按实际负担额计价；三是由当期损益负担的销售产品成本，也要按实际数核算。

1.3.2.2　可靠性原则

产品成本的内容涉及面较广，如包括劳动力耗费、劳动资料耗费、劳动对象耗费等。为了使产品成本信息真实，对其核算应遵循可靠性原则。可靠性原则包括真实性和可核实性。真实性就是所提供的成本信息与客观的经济事项一致，不应掺假，或人为提高、降低成本。可核实性是指成本核算资料按一定的原则由不同的会计人员加以核算，都能得到相同的结果。真实性和可核实性是为了保证成本核算信息的正确可靠。

1.3.2.3　重要性原则

产品成本的构成要素很多，但是各个要素在整个成本中所占的分量和对成本管理所起的作用差别很大。成本核算的重要性原则指的是成本中的重要内容及对成本有重大影响的项目应作为重点反映并力求精确，而对于那些琐碎项目，则可以从简处理。

1.3.2.4　及时性原则

企业成本资料主要是为企业内部管理服务的，但是对外的一些报告中也涉及成本的信息。因此，无论是对内进行内部管理服务还是对外按期编制会计报表，都对成本核算提出了及时性原则要求。及时性原则包括：成本项目发生时，及时进行会计处理；当企业高层管理者提出一些特殊成本信息要求时，能及时提供成本资料；按期编制财务报表时，能及时提供成本资料。

1.3.2.5　一致性原则

一致性原则是指成本核算中涉及的成本核算对象、成本项目、成本计算方法以及会计处理方法前后期一致，目的是保证前后期成本信息的可比性，提高成本信息的利用程度。

一致性原则包括四方面的内容：一是某项成本要素发生时，确认该要素水平的方法前后期应一致；二是成本计算过程中所采用的费用分配方法前后期应一致；三是同一产品的成本计算方法前后期应一致，前期选定一种方法后，后期不应随意变更；四是成本核算对象、成本项目的确定前后期应一致。

另外，在成本核算过程中，还要遵守权责发生制原则。

1.3.3　产品成本核算的一般程序

产品成本核算的一般程序是根据成本核算的有关法规和企业内部管理要求，将生产费用按成本项目进行归集和分配，直到反映完工产品和期末在产品成本的一般过程。工业企业的产品核算涉及成本计算方法较多，核算过程复杂，但核算的一般程序相同。

1. 确定产品成本计算对象

在工业企业中，产品成本的承担对象多为某一具体产品，产品生产都需要经过一定生产流程，为了便于对各个流程的成本进行控制和考核，往往要根据企业管理需要确定各个流程中发生生产费用的具体承担对象，即成本计算对象。确定了成本计算对象就解决了生产费用由谁承担、分配给谁、按什么目标来归集等问题。常见的产品成本计算对象有产品品种、产品批次、产品生产步骤等。

2. 确定成本项目

生产费用按其经济用途可以分为直接材料、直接人工和制造费用等，也可在这三个成本项目的基础上进行必要的调整，单独设置废品损失、停工损失等成本项目。单个成本计算对象消耗的材料、人工和间接费用直接计入该成本对象；多个成本计算对象共同消耗的材料、人工和间接费用，应根据生产过程发生的具体情况，必须采用不同的分配方法进行分配。

3. 确定成本核算期

成本核算期是成本计算的间隔时间，亦即成本计算多长时间进行一次。成本核算期的确定取决于企业生产组织的特点。大批量生产一般按月核算一次；单件小批量生产的可采用生产周期为核算期。

4. 生产费用的审核

依据国家有关法规规定的费用成本开支范围和企业内部成本制度，企业应对生产费用进行审核，确定各项费用是否应该开支，然后再确认属于开支范围的费用是否应该计入产品成本。

5. 生产费用的归集、分配

生产费用的归集、分配是指将应计入本期产品成本的各项生产费用按一定的技术方法在各产品之间进行归集、分配。

生产费用归集、分配以费用的受益对象为依据，再按成本项目进行分配。受益对象单一的费用为直接计入费用，可根据这种费用发生的原始凭证，将其直接计入该成本计算对象的相关成本项目。受益对象为两种或两种以上成本计算对象的费用应按受益原则，根据领用材料费用分配表、人工费用分配表和制造费用分配表等分别计入各成本计算对象的相应成本项目。

6. 计算完工产品成本和月末在产品成本

成本核算一般按月计算或按生产周期计算。如果按月计算产品成本，月末可能有尚未完工的产品，即在产品。此时，所归集到某产品的生产费用需在完工产品和在产品之间进行分配。如果月末产品全部完工或全部未完工，所归集到该产品的成本则无须再进行计算，全部为完工产品成本或在产品成本。

本期完工入库产品的成本应从"生产成本"账户及明细账户转入"库存商品"账户及相应的明细账户。

产品成本核算的一般程序如图1-5所示。

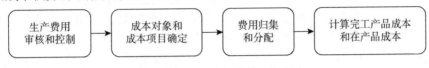

图1-5 产品成本核算的一般程序

1.3.4 产品成本核算的账户设置

在产品成本核算过程中，生产费用都需要按一定的成本计算对象进行归集、分配，最终确定完工产品成本。这一过程，成本会计须根据《企业会计制度》《小企业会计制度》《企业产品成本核算制度(试行)》等法规规定，设置总账账户和必要的明细账户。

产品成本核算的一般账户如图1-6所示。

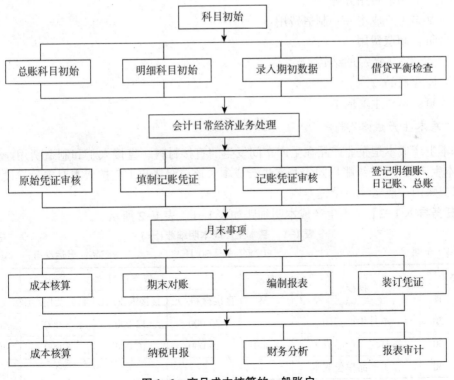

图1-6 产品成本核算的一般账户

为了进行成本核算，企业一般应设立"基本生产成本""辅助生产成本""预付账款——待摊费用""其他应付款——预提费用""废品损失""停工损失""制造费用""销售费用""管理费用""财务费用"等总账账户和相应的成本、费用明细账。

成本会计的职能是指成本会计在经济管理中所具有的内在功能。成本会计的职能既包括对生产经营业务成本和有关的期间费用进行成本核算和分析，也包括对生产经营业务成本、期间费用和专项成本进行预测、计划、决策、控制和考核。在成本会计的诸多职能中，成本核算是成本会计最基础的职能，如果没有成本核算，成本会计的其他各项职能都无法进行。

工业生产型企业的生产成本核算，如果生产的产品品种很多但比较类似，生产的数量很大，可采用分批法进行成本核算，其内容也和其他企业的成本核算内容差不多。第一是领用的材料成本，最好要分品种、分批次记录领用材料的数量，当完工产品和在产品进行分配时，材料是一次投入，产成品和在产品一样分配。第二是人工费用，人工费用能按生产产品分开时分开记录，完工产品与在产品可按完工程度的百分数进行分配。第三是制造费用的分配，可按完工程度的百分比分配。总之，成本核算的内容一般分为三项，就是上面所说的直接材料、人工费用、制造费用。设置的会计科目为基本生产成本，核算领用材料、人工费用。制造费用也要转入基本生产成本。会计分录一般如下。

借：基本生产成本——直接材料
　　贷：原材料
借：基本生产成本——人工费用
　　贷：应付职工薪酬
　　　　制造费用分配
借：基本生产成本——制造费用
　　贷：制造费用
　　　　完工产品的结转
借：库存商品
　　贷：基本生产成本

1."基本生产成本"账户

基本生产成本是企业产品在生产车间发生的直接材料、直接人工和制造费用。企业设置"基本生产成本"二级账户归集基本生产成本，该二级账户下应按成本对象分户设置明细分类账，账内按成本项目设置专栏。

【任务导入1-2】基本生产成本明细账如表1-1、表1-2所示。

表1-1　基本生产成本明细账（一）

车间：第一车间　　　　　　　　　　202×年6月30日　　　　　　　　产品：男运动鞋　　　总第　　页　字第　　页

202×年		摘要	产量/双	成本项目			合计/元
月	日			直接材料/元	直接人工/元	制造费用/元	
6	30	本月生产费用		20 000	12 000	8 000	40 000
	30	本月完工产品成本	4 000	20 000	12 000	8 000	40 000
	30	完工产品单位成本		5	3	2	10

表1-2 基本生产成本明细账(二)   总第　　页

| 车间：第一车间 | | 202×年6月30日 | | 产品：女运动鞋 | | 字第　　页 |

202×年		摘要	产量 /双	成本项目			合计/元
月	日			直接材料/元	直接人工/元	制造费用/元	
6	30	本月生产费用		20 000	15 000	10 000	45 000
	30	本月完工产品成本	3 000	15 000	12 000	8 000	35 000
	30	完工产品单位成本		5	4	2.67	11.67
	30	在产品成本	1 000	5 000	3 000	2 000	10 000

基本生产成本明细账没有直接表明借方、贷方和余额三栏，但其基本结构可以反映出这三部分。如表1-2中的"本月生产费用"为本月借方发生额，"本月完工产品成本"为本月贷方发生额，"在产品成本"为月末借方余额，后两项费用是根据完工产品与期末在产品成本的合理分配方法进行登记的。基本生产成本明细账的另一特点是合计数仅反映本行次成本项目。

2."辅助生产成本"账户

辅助生产是指为产品生产车间、管理部门和其他部门提供服务或产品的生产。进行辅助生产的车间或部门称为辅助生产车间，如维修车间、运输车间、模具车间等。企业的辅助生产过程发生的生产费用，通过设置"辅助生产成本"二级账户进行归集，同时该账户应按车间或生产的产品、提供的劳务设置明细账。归集到"辅助生产成本"账户的生产费用应直接或按一定的分配标准分别计入有关的产品成本或期间费用。

辅助生产发生的各项费用，借记"辅助生产成本"账户；完工入库产品成本或分配转出的劳务费用，贷记该账户；该账户的期末余额是辅助生产在产品的成本，一般情况下，辅助生产发生的各项费用在期末需要全部转出，即"辅助生产成本"账户期末无余额。辅助生产成本明细账的格式与基本生产成本明细账类似，如表1-3所示。

表1-3 辅助生产成本明细账   总第　　页

| 车间：运输车间 | | 202×年6月30日 | | | | 字第　　页 |

202×年		摘要	产量 /时	单位成本项目			合计/元
月	日			直接材料/元	直接人工/元	制造费用/元	
6	30	本月提供劳务	40		40		1 600
	30	本月转出劳务	40		40		1 600
	30	转出劳务单位成本	40		40		1 600

3."制造费用"账户

一般来说，企业为生产产品、提供劳务发生的间接费用都可归集到制造费用，如生产部门的房屋和设备折旧、生产设备的维修费、低值易耗品摊销、保险费和租赁费等。企业核算制造费用时，应设置"制造费用"账户，发生各项制造费用时，相应的费用借记该账户，期末按一定标准分配并转入各受益产品。除季节性生产外，该账户期末一般没有余额。

为了反映不同生产车间发生的制造费用，应按不同的生产车间分别设置该账户的明细账。对于发生制造费用较少的辅助生产车间，或生产单一产品的基本生产车间，可以不设制造费用明细账。

"制造费用"账户一般按车间设置明细账，并按费用设置专栏。制造费用明细账如表1-4 所示。

表1-4　制造费用明细账

车间：第一车间　　　　　　　　　　202×年6月30日

总第　页
字第　页

金额单位：元

202×年		摘要	借方项目					
月	日		材料	燃料动力	人工	其他费用	借方合计	余额
6	30	材料费用	1 000				1 000	1 000
	30	职工薪酬			8 000		8 000	8 000
	30	折旧费用				2 000	2 000	2 000
	30	其他费用		2 000		5 000	7 000	7 000
	30	合计	1 000	2 000	8 000	7 000	18 000	18 000
	30	转入受益部门						

4. "废品损失"账户

废品损失是在生产过程中由于主客观原因造成的产品质量不符合规定的技术标准而发生浪费或增加的修复费用。对于因内部管理要求需要单独反映和控制废品损失的企业，应增设"废品损失"账户，同时在成本项目中增设"废品损失"项目。该账户的借方登记包括可修复废品的生产成本和可修复废品的修复费用，贷方反映废品残值、赔偿款以及结转至"生产成本——基本生产成本"账户有关明细账户中的废品净损失，期末该账户一般无余额。"废品损失"账户还应按生产车间分产品设置明细账。

5. "停工损失"账户

停工损失是企业生产部门由于停电、待料、机器设备发生故障和大维修、发生非常灾害以及计划减产而停止正常生产所造成的损失。需单独反映停工损失的企业，应专设"停工损失"账户，并在成本项目中增设"停工损失"项目。该账户的借方归集本月发生的停工损失，贷方分配结转的停工损失，该账户月末一般无余额。

不单独反映停工损失的企业，不需设置"停工损失"成本项目。停工期间发生的停工损失的各种费用，直接列入"制造费用"或"营业外支出"等账户。

季节性停工期间的停工损失，不列入"停工损失"账户，而是采用待摊、预提的方式，由开工期间的生产成本负担。

6. "销售费用"账户

企业通过"销售费用"账户核算销售费用的发生和结转。该账户的借方登记企业发生的各项销售费用，贷方登记期末转入"本年利润"账户的销售费用，结转后该账户无余额。

7. "管理费用"账户

企业通过"管理费用"账户核算企业在生产经营管理过程中发生的各种费用。该账户的借方登记企业所发生的各项管理费用，贷方登记期末转出到"本年利润"的管理费用，结转后该账户没有余额。该账户应按管理费用的费用项目设置明细账核算。

8. "财务费用"账户

企业通过"财务费用"账户核算企业为筹资而发生的筹资费用。该账户的借方登记企业发生的财务费用,贷方登记期末转出到"本年利润"账户的财务费用。该账户应按财务费用的费用项目设置明细账,如利息支出、汇兑损益和现金折扣等。

小贴士

成本项目的经济用途划分,是对产品成本构成内容所作的分类。企业可按自身的生产特点、成本管理要求,灵活设置成本项目。例如,直接用于产品生产的外购半成品比较大的情况下,可以增设"外购半成品"成本项目,如果外购半成品较少,则不设该成本项目。

本章小结

成本会计是运用会计的基本原理和一般原则,采用一定的技术方法对企业生产经营过程中发生的各项费用和产品(劳务)成本进行连续、系统、全面及综合核算和监督的一种企业内部管理活动。成本会计是一门专业会计,是现代会计的一个重要分支。

根据会计法律法规和相关制度规定,成本的开支范围包括生产过程中的材料消耗、人工消耗和与产品生产有关的间接消耗,如生产厂房设备的折旧费等。

成本会计工作的展开需要设置好组织结构,安排得力的会计人员,建立并完善各项内部成本控制制度。

成本核算是成本会计的基础工作。在进行成本核算时,成本会计人员有必要区别各种费用的界限:成本费用与非成本费用的界限、生产费用与期间费用的界限、本期费用与非本期费用的界限、各种产品成本界限、完工产品成本与在产品成本界限。

产品成本计算的一般程序:(1)确定产品成本计算对象;(2)确定成本项目;(3)确定成本核算期;(4)生产费用的审核;(5)生产费用的归集、分配;(6)生产费用在完工产品和在产品之间的分配。

产品成本核算的账户设置:(1)"生产成本"账户,下设基本生产成本、辅助生产成本明细账;(2)"制造费用"账户,按车间设置明细账;(3)生产损失账户:"废品损失"和"停工损失"账户,按车间设置明细账;(4)期间费用账户:"管理费用""销售费用""财务费用"账户,按费用项目设置明细账。

关键词

成本会计　　成本　　成本会计工作　　成本核算　　账户设置　　一般程序

复 习 思 考 题

1. 简述成本的含义、成本开支范围。
2. 简述成本会计的定义和职能。
3. 简述产品成本核算的一般程序。
4. 简述产品成本核算的主要账户设置。
5. 如何界定生产费用与期间费用？

同 步 自 测 题

一、单项选择题

1. 下列应计入产品成本的费用是（　　）。

A. 在建工程人员的工资　　　　　　B. 产品的展览费

C. 基本生产设备的折旧费　　　　　D. 厂部车辆的保养费

2. 下列费用不能计入产品成本的是（　　）。

A. 从事产品生产工人的工资　　　　B. 产品广告费

C. 车间房屋的折旧费　　　　　　　D. 生产领用物资的整理费

3. 正确计算产品成本，应做好的基础工作是（　　）。

A. 正确划分各种费用界限　　　　　B. 确定成本计算对象

C. 确定成本项目　　　　　　　　　D. 建立健全原始记录

4. 狭义的成本会计是指（　　）的计算工作。

A. 生产费用　　　　B. 生产成本　　　　C. 产品成本　　　　D. 期间费用

5. 正确划分各个分期的费用界限，体现的是（　　）。

A. 重要原则　　　　　　　　　　　B. 权责发生制原则

C. 一致原则　　　　　　　　　　　D. 实际成本原则

6. 成本会计的对象是（　　）。

A. 会计要素的增减变动　　　　　　B. 期间费用的支出和归集过程

C. 产品生产成本的形成过程　　　　D. 企业生产经营业务成本和期间费用

7. 企业规模很小的成本会计的职能机构设置是（　　）。

A. 单设成本科　　　　　　　　　　B. 设置成本股

C. 设置成本组　　　　　　　　　　D. 会计部门安排专门人员负责

8. 生产费用的发生总与一定（　　）相关。

A. 产品　　　　　B. 部门　　　　　C. 期间　　　　　D. 经济活动

9. 企业设置"废品损失"账户，其明细账一般按（　　）设置。

A. 生产车间　　　B. 期间费用　　　C. 辅助车间　　　D. 费用项目

10. 下列不表现或转化为费用的是（　　）。

A. 为生产产品购进的原材料　　　　B. 企业购建的办公楼

C. 管理不善造成的非常损失　　　　D. 购买的生产设备

二、多项选择题

1. 企业的期间费用包括(　　)。
   A. 管理费用　　　　　B. 制造费用　　　　　C. 销售费用　　　　　D. 财务费用

2. 正确划分各项费用界限，主要有(　　)。
   A. 正确划分各项支出界限　　　　　　　　B. 正确划分各种产品成本的界限
   C. 正确划分各期生产费用　　　　　　　　D. 正确划分产品成本和期间费用的界限

3. 做好成本核算的基础工作，主要包括(　　)。
   A. 制定先进合理的消耗定额　　　　　　　B. 建立健全原始记录
   C. 做好计量、验收和盘点工作　　　　　　D. 制定内部结算制度

4. 企业的成本项目可能包括(　　)。
   A. 直接材料　　　　　B. 直接人工　　　　　C. 制造费用　　　　　D. 停工损失

5. 下列属于现代成本对象的有(　　)。
   A. 标准成本　　　　　B. 管理费用　　　　　C. 责任成本　　　　　D. 产品生产成本

6. 下列内容属于企业内部成本会计制度的有(　　)。
   A. 成本项目的规定　　　　　　　　　　　B. 成本分析要求的规定
   C. 成本计划的编制方法　　　　　　　　　D. 成本报表种类、格式等

7. 成本会计机构的设置，应考虑(　　)。
   A. 企业规模大小　　　　　　　　　　　　B. 业务多少
   C. 企业管理体制　　　　　　　　　　　　D. 对外报告要求

8. 成本会计的组织工作主要包括(　　)。
   A. 设置成本会计结构　　　　　　　　　　B. 配备成本会计人员
   C. 进行成本预测和分析　　　　　　　　　D. 建立成本会计制度

9. 下列可确定为成本计算对象的是(　　)。
   A. 产品的品种　　　B. 产品的生产步骤　　　C. 产品的批次　　　D. 产品的生产规模

10. 生产特点和成本管理要求对成本计算方法的影响，主要表现在(　　)。
    A. 成本的计算对象　　　　　　　　　　　B. 成本的计算期
    C. 成本的计算目的　　　　　　　　　　　D. 成本费用在完工产品与在产品之间的分配

三、判断题

1. 企业筹集资金所产生的费用应计入产品成本。　　　　　　　　　　　　　　(　　)
2. 企业销售产品所产生的费用不属于生产费用。　　　　　　　　　　　　　　(　　)
3. 存货的计量、验收、领退和盘点是进行成本控制的重要前提。　　　　　　　(　　)
4. 产品品种、产品规模和产品批次是成本计算对象。　　　　　　　　　　　　(　　)
5. 如果月末产品全部未完工，则为月末在产品成本。　　　　　　　　　　　　(　　)
6. 成本会计工作原则不仅包括财务会计原则外，还必须具备独特的原则。　　　(　　)
7. 现代成本会计的中心工作仍是成本核算，但成本控制地位有所上升。　　　　(　　)
8. 期间费用不计入产品成本，但也是成本会计的核算对象。　　　　　　　　　(　　)
9. "基本生产成本"账户应按照成本计算对象设置明细账，同时在账内按成本项目设置专栏。　　　　　　　　　　　　　　　　　　　　　　　　　　　　　　　　　(　　)
10. 停工损失是由于计划减产或者停电、待料、机器设备发生故障而停止生产所造成的损失。　　　　　　　　　　　　　　　　　　　　　　　　　　　　　　　　　(　　)

四、简答题

1. 什么是产品的成本？产品的理论成本和实际成本有何区别？

2. 支出、费用和成本三者关系如何？

3. 成本会计的对象是什么？

4. 简述企业成本会计制度的制定原则。

5. 成本会计的职能有哪些？成本会计各职能之间有何关系？

6. 成本会计工作的组织分工有哪两种形式？各有何优缺点？

7. 简述企业成本核算的一般要求。

8. 简述成本核算中一般应划分的几个费用界限。

9. 费用按经济性质可分为哪几类？

10. 费用按经济用途可分为哪几类？

11. 什么是成本项目？成本项目一般可分为几大类？

12. 简述成本核算的一般程序。

五、实务训练

1. 目的：熟练掌握成本计算对象的确定、产品成本明细账的设置。

2. 资料：202×年6月，佛山某五金有限公司批量生产螺丝批、螺丝钉等产品，都在第一车间生产；同时，还小批量生产菜刀、水果刀等，工序较多，都在第二车间生产。公司还设立运输车间、修理车间专门为生产车间、管理部门提供劳务服务。

3. 要求：确定螺丝批产品成本计算对象，并设置账户及明细账。

第 2 章　要素费用的核算

知识目标

1. 掌握材料费用的归集与分配
2. 熟悉外购动力费用的核算
3. 掌握职工薪酬的核算
4. 了解其他费用的核算

职业目标

1. 掌握材料费用的分配方法
2. 熟练掌握直接人工费用的核算
3. 掌握外购动力费用的分配方法
4. 掌握职工薪酬的分配方法

知识结构导图

要素费用的核算
- 材料费用的核算
  - 材料费用的含义及分类
  - 材料费用的归集
  - 材料费用的分配
- 外购动力费用的核算
  - 外购动力费用归集的核算
  - 外购动力费用分配的核算
  - 燃料费用分配的核算
- 职工薪酬的核算
  - 职工薪酬的归集
  - 职工薪酬的分配
  - 计提福利费的核算
- 其他费用的核算
  - 固定资产折旧费用的核算
  - 利息费用的分配
  - 跨期待摊费用的归集和分配

某企业一车间生产甲产品 1 000 件，原材料单位定额消耗为 8 千克；生产乙产品 200 件，原材料单位定额消耗为 80 千克，两种产品共同耗用原材料 12 000 千克，每千克 4 元。

要求：按照定额耗用量比例法分配原材料费用。

2.1 材料费用的核算

【任务导入 2-1】202×年 6 月，惠州俊逸企业生产 A、B 两种产品，共领用甲材料 4 400 千克，单位材料费用 20 元/千克。本月投产的 A 产品为 200 件，B 产品为 250 件。A 产品的材料定额消耗为 15 千克，B 产品的材料定额消耗为 10 千克。

2.1.1 材料费用的含义及分类

材料费用是企业在生产经营过程中耗用的原料及主要材料、辅助材料、包装材料及低值易耗品等的费用，材料是构成产品的主要实体，或在生产过程中起辅助作用。

材料费用分类是根据不同需要、从不同角度对材料的归类。为便于反映和监督各类材料资金的增减变动，加强材料管理，材料应该进行合理归类。从不同角度考虑，有不同的材料分类。

按材料在生产中作用的不同，可分为：①原料及主要材料，指构成产品实体和在生产中起关键作用的各种原料和主要材料；②辅助材料，指在生产中有助于产品形成或便于生产进行的各种材料；③修理用备品备件，指为修理本企业的机器设备、运输设备等所专用的零件和备件；④燃料，指在生产过程中用来燃烧以提供热能的各种燃料；⑤包装材料，指包装本企业产品而随同产品出售、出租或出借给购买单位使用的各种包装物品；⑥低值易耗品，指劳动资料中不具备固定资产条件的物品；⑦外购半成品，指外购与产品配套销售的商品。不同作用的材料如图 2-1 所示。

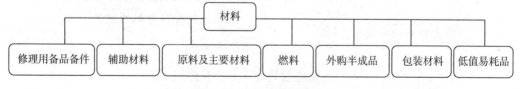

图 2-1 不同作用的材料

材料按保管地点和责任不同，可分为：①库存材料；②在途材料；③委托加工材料；④代加工材料。

材料按企业中的用途不同，可分为：①生产用材料；②专项工程用材料。

材料按来源不同，可分为：①外购材料；②自制材料；③委托外部加工材料。

2.1.2　材料费用的归集

2.1.2.1　发出材料的日常核算

材料费用与发出材料的核算有关。材料收、发、存的日常核算，可以采用实际成本或计划价格进行日常核算。

采用实际成本进行材料日常核算的，可以采用先进先出法、加权平均法、移动加权平均法、个别计价法等方法确定领用材料的实际成本。

企业采用计划成本进行材料日常核算的，月末必须将耗用材料的计划成本调整为实际成本。材料的实际成本与计划成本的差异，应当按照材料类别进行核算，不能使用一个综合差异率。占成本比重较大的主要材料，还应当按材料品种进行单独核算。材料成本差异必须按材料品种进行单独核算。材料成本差异必须按月分摊，不得在季末或年末一次计算。

> **小贴士**
>
> 计划成本计价是指每种材料的收、发、存都按预先确定的计划单位成本计价，但材料计划成本的构成内容与材料实际成本相同。

材料应负担的成本差异，可以按当月的成本差异率计算，也可以按上月的成本差异率计算。

材料成本差异的分配由厂部财务部门集中核算，其核算办法如下。

根据"原材料"等科目计算出实际的材料成本差异率，按照当月"生产成本""制造费用"等科目实际领用的材料计划成本，分别计算出当月应分配的成本差异额。

将当月应分配的材料成本差异额，按当月完工(或结转)的产品及劳务中材料计划成本的比例，分配计入当月完工产品及劳务的成本中。

分摊材料成本差异的完工产品及劳务的范围包括：当月完工的产品及劳务；当月完工入库的自制半成品；当月完工入库的自制材料、自制工卡模具；当月结转的自制设备；当月完成的其他不包括在产品生产成本内的各种劳务、作业等。

企业也可按当月发出材料的计划成本和材料成本差异率计算发出材料应负担的成本差异额，结转给各车间，由各车间分配计入有关的成本核算对象。

采用上月材料实际成本差异率分配材料成本差异的企业，如遇调整厂内材料计划价格时，在调整的当月，应按调整后的材料成本差异和计划成本计算分配材料成本差异。

采用计划成本为主进行材料日常核算的企业，如有部分材料按实际成本计价，应将这部分材料费用在成本计算单上单独反映，不再分配材料成本差异。燃料成本差异的分配，亦按此办理。

思考题：材料成本差异率的计算和期末材料成本差异的会计处理

某企业202×年7月初结存原材料的计划成本为50 000元；本月购入材料的计划成本为100 000元，本月发出材料的计划成本为80 000元，其中生产车间直接耗用50 000元，管理部门耗用30 000元。材料成本差异的月初数为1 000元(超支)，本月收入材料成本差异为2 000元(超支)。要求：(1)计算材料成本差异率；(2)计算发出材料应负担的成本差异；(3)计算发出材料的实际成本；(4)计算结存材料的实际成本；(5)编制作为材料领用的会计分录，进行期末分摊材料成本差异的会计处理。

2.1.2.2 材料费用的归集

企业用于产品生产的原料及主要材料、辅助材料和燃料等，应当分别列入"直接材料""燃料和动力"等成本项目，其列支范围应与定额消耗口径一致。

1. "直接材料"成本项目

凡能够确定由某一项成本核算对象负担的，应当直接计入该成本核算；由几个成本核算对象共同负担的，应当按照合理的分配标准(如材料定额消耗量)，在有关的成本核算对象之间进行分配。一般消耗性的材料，应当按照领用材料的车间或部门，根据材料的用途，列入"制造费用"等有关项目。

计入产品成本的原材料和燃料费，必须是领出后经过加工、组装的原材料和实际消耗的燃料。已领未用或生产完工后剩余的原材料、燃料应在月末退回仓库；留待下月继续使用的材料，要办理"假退料"手续；车间储备的材料应当作为企业库存材料的移库处理，不得计入成本费用。

(1)对于直接用于产品生产、构成产品实体的原料和主要材料，通常分产品领用，专门设有"原材料"或"直接材料"成本项目，可根据领料凭证直接列入某种产品成本的"原材料"成本项目。

(2)对于由几种产品共同耗用的原料，应采用适当的分配方法，分配列入各有关产品成本的"原材料"成本项目。原料和主要材料费用的分配标准一般是按产品的重量比例、体积比例分配。如果难以确定适当的分配方法，或者作为分配标准的资料不易取得，而原料或主要材料的消耗定额比较准确，可以按照材料的定额消耗量或定额费用比例分配。

在各种产品共同耗用原材料的种类较多的情况下，为简化分配计算工作，也可以按照各种材料的定额费用的比例分配材料实际费用。

(3)直接用于产品生产的辅助材料，同样直接或分配后列入某种产品的"原材料"成本项目。

①对于耗用在原料及主要材料上的辅助材料，应按原料及主要材料耗用量的比例分配。

②对于与产品产量直接有联系的辅助材料，可按产品产量比例分配。

③在辅助材料消耗定额比较准确的情况下，可按照材料定额消耗量或定额费用的比例分配辅助材料费用。

(4)直接用于辅助生产的原材料费用，应借记"辅助生产成本"账户。

(5)用于基本生产车间管理方面的原材料费用，应借记"制造费用"账户。

(6)用于厂部组织和管理生产经营活动等方面的原材料费用，应借记"管理费用"账户。

(7)用于产品销售的原材料费用，应借记"销售费用"账户。

原材料费用的分配通过原材料费用分配表进行，原材料费用分配表应根据领退料凭证和有关资料编制。

> **小贴士**
>
> 生产中回收的下脚废料，一般应当按照可以利用的价值，或者按照可以销售的价值扣除预计的收集整理费用和销售税金后的净额计价，从有关产品的材料费用中扣除。

2. "燃料和动力"成本项目

企业应建立和健全材料、燃料的定额管理制度，严格按定额消耗发料，并按规定，计算和汇总主要原材料的实际消耗量和单位产品耗用量。

(1)企业列入"燃料和动力"成本项目的动力费用，是指生产工艺过程直接耗用的动力，包括压缩空气、水、蒸汽、电、氧气、乙炔等。照明通风用电、取暖用蒸汽、非工艺性用水的费用，应当列入"制造费用"等科目的有关项目。

(2)动力费用应当根据计量仪表记录的实际耗用数量分配计入受益的车间和部门。暂时没有计量仪表的，应由动力部门或有关部门确定合理的分配标准，作为分配动力费用的依据。分配标准应随用电部门生产和设备变动以及季节变化等情况及时调整。

(3)自制动力的费用应当先通过辅助生产核算；外购电力经过本企业变电部门改变电压的，其费用也应通过辅助生产核算，然后按用电的车间和部门的实际消耗量和计划价格进行分配。

(4)各车间动力费分配，应遵循受益原则。凡能直接计入成本核算的，应当直接计入；不能直接计入的，应当选择合理的分配标准(如工时、设备台时或换算系数标准等)分配计入；没有耗用动力的成本核算对象，不负担动力费用。

(5)按计划成本分配结转动力费用的企业，当月实际发生的动力成本差异由厂部财会部门进行归集，并按照当月各项完工产品动力费的比例，直接分配列入完工产品的"燃料和动力"项目。

2.1.3　材料费用的分配

2.1.3.1　材料费用汇总

材料费用的分配是按材料用途把费用计入相关成本、费用账户。

在实际工作中，成本核算人员应根据发料凭证汇总表汇总计算当期的材料费用，并编制材料费用分配表，如表2-1和表2-2所示。

表2-1　发料凭证汇总表

202×年6月　　　　　　　　　　　　　　　　　　　金额单位：元

部门	材料名称	领用数量/千克	计划单价	计划总额
基本生产车间	A材料	1 020	70	71 400
	B材料	1 580	50	79 000
	小　计			150 400
合　计		2 600		150 400

表 2-2　材料费用分配表

202×年6月　　　　　　　　　　　　　　　　　　　　　金额单位：元

应借科目	投产量	间接计入			直接计入	合　计
		定额标准	分配率	分配额		
生产成本——甲产品						
生产成本——乙产品						
管理费用						
制造费用						
合　计						

会计分录可基本表示为：

(1)借：基本生产成本——甲产品　　　　　　　　　　　×××

　　　　　　　　　　　——乙产品　　　　　　　　　　　×××

　　　辅助生产成本——供电车间　　　　　　　　　　　×××

　　　　　　　　　　　——机修车间　　　　　　　　　　　×××

　　　制造费用　　　　　　　　　　　　　　　　　　　×××

　　　管理费用　　　　　　　　　　　　　　　　　　　×××

　　　销售费用　　　　　　　　　　　　　　　　　　　×××

　　贷：原材料　　　　　　　　　　　　　　　　　　　　　　　　×××

(2)借：基本生产成本——甲产品　　　　　　　　　　　×××

　　　　　　　　　　　——乙产品　　　　　　　　　　　×××

　　　辅助生产成本——供电车间　　　　　　　　　　　×××

　　　　　　　　　　　——机修车间　　　　　　　　　　　×××

　　　制造费用　　　　　　　　　　　　　　　　　　　×××

　　　管理费用　　　　　　　　　　　　　　　　　　　×××

　　　销售费用　　　　　　　　　　　　　　　　　　　×××

　　贷：材料成本差异　　　　　　　　　　　　　　　　　　　　　×××

2.1.3.2　材料费用的分配方法

直接用于产品生产、构成产品实体的原料和主要材料，通常分产品领用，专门设有"直接材料"成本项目，可根据领料凭证直接列入某种产品成本的"直接材料"成本项目。

由几种产品共同耗用的原料，应采用适当的分配方法，分配列入各有关产品成本的"直接材料"成本项目。原料和主要材料费用的分配标准一般是按产品的重量比例、体积比例分配。分配的方法有重量比例法、定额耗用量比例法、定额费用比例法、系数比例法、产品产量比例法等。在确定分配方法时，应尽可能使分配标准符合实际，力求体现多耗用多分配、少耗用少分配的原则。

1. 重量比例分配法

重量比例分配法是以各种产品的重量为分配标准，分配几种产品共同耗用的材料费用的方法。如果共同耗用某材料几种产品费用的分配与其重量有关，则可以采用此方法。其计算公式如下。

材料费用分配率＝材料实际总费用÷各种产品重量之和

某产品应分配材料费用＝该产品重量×材料费用分配率

思考题：材料费用的分配

某车间本月发生的材料费用为 12 000 元，直接人工工资为 45 000 元。该车间生产甲、乙两种产品，其中生产甲产品耗用工时为 1 200 小时，单位甲产品重量为 2 千克，共生产 250 件甲产品；生产乙产品耗用的生产工时为 1 425 工时，单位乙产品重量为 1.5 千克，共计生产 200 件乙产品。假设甲、乙产品均不存在月初与月末在产品。分配率保留四位小数，金额保留两位小数，如果有尾差，尾差放入乙产品。按重量比例分配法计算分配给甲、乙产品的材料费用，并编制会计分录。

当分配标准为产品产量或产品体积、长度等时，可以分别称为产量分配法、体积分配法和长度分配法等。其计算公式与重量比例分配法类似。

2. 定额耗用量比例法与定额费用比例法

如果难以确定适当的分配方法，或者作为分配标准的资料不易取得，而原料或主要材料的消耗定额比较准确，可以按照材料的定额消耗量或定额费用比例分配。

消耗定额是单位产品可以消耗的数量限额。定额消耗量是指一定产量下按照消耗定额计算的可以消耗的数量，费用定额和定额费用是消耗定额和定额消耗量的货币表现。

分配材料费用的计算程序有两种：按材料定额消耗量和按定额费用分配材料费用。

(1) 定额耗用量比例法。定额耗用量比例法是指以一定数量的产品按材料消耗定额计算的可以消耗的材料数量限额为比例，进行材料费用分配的方法。按材料定额消耗量比例分配材料费用的计算公式如下。

某种产品材料定额消耗量＝该种产品实际产量×单位产品材料消耗定额

材料消耗量分配率＝材料实际总消耗量÷材料定额消耗量

某种产品应分配的材料数量＝该种产品的材料定额消耗量×材料消耗量分配率

某种产品应分配的材料费用＝该种产品应分配的材料数量×材料单价

这种计算程序是先按材料定额消耗量分配计算各种产品的材料实际消耗量，再乘以材料单价，计算各该产品的实际材料费用。这样分配可以考核材料消耗定额的执行情况，有利于进行材料消耗的实物管理，但分配计算的工作量较大，为了简化分配计算工作，也可以按材料定额消耗量的比例直接分配材料费用。

(2) 定额费用比例法。定额费用比例法是在各种产品共同耗用原材料的种类较多的情况下，为简化分配计算工作而采用的分配实际材料费用的方法。按各种材料的定额费用的比例分配材料实际费用的计算公式如下。

某种产品某种材料定额费用＝该种产品实际产量×单位产品该种材料费用定额

＝该种产品实际产量×单位产品该种材料消耗定额×该种材料计划单价

材料费用分配率＝各种材料实际费用总额÷各种产品各种材料定额费用之和

某种产品分配负担的材料费用＝该种产品各种材料定额费用之和×材料费用分配率

(3) 其他。直接用于产品生产的辅助材料，也同样直接或分配后列入某种产品的“原材料”成本项目。分配方法有以下几种。

①对于耗用在原料及主要材料上的辅助材料，应按原料及主要材料耗用量的比例分配。

②对于与产品产量直接有联系的辅助材料，可按产品产量比例分配。

③在辅助材料消耗定额比较准确的情况下，可按照产品定额消耗量或定额费用的比例分配辅助材料费用。

直接用于辅助生产的原材料费用，应借记"辅助生产成本"账户；用于基本生产车间管理方面的原材料费用，应借记"制造费用"账户。

用于厂部组织和管理生产经营活动等方面的原材料费用，应借记"管理费用"账户；用于产品销售的原材料费用，应借记"销售费用"账户。

下面以定额耗用量比例法和定额费用比例法为例，说明材料费用的分配过程。

【例2-1】202×年6月，惠州俊逸企业生产甲、乙两种产品，共同耗用某种材料1 200千克，每千克4元。甲产品的实际产量为140件，单件产品材料消耗定额为4千克；乙产品的实际产量为80件，单件产品材料消耗定额为5.5千克。求甲、乙产品各自分摊的材料费用。

计算过程：

甲产品材料定额消耗量＝140×4＝560（千克）

乙产品材料定额消耗量＝80×5.5 ＝440（千克）

材料消耗量分配率＝1 200÷（560+440）＝1.2

甲产品应分配的材料数量＝560×1.2＝672（千克）

乙产品应分配的材料数量＝440×1.2＝528（千克）

甲产品应分配的材料费用＝ 672×4＝2 688（元）

乙产品应分配的材料费用＝ 528×4＝2 112（元）

为了简化核算工作，也可采用按定额消耗量的比例直接分配材料费用的方法。

计算过程：

材料费用分配率＝（1 200×4）÷（560+440）＝4.8

甲产品应分配的材料费用＝ 560×4.8＝2 688（元）

乙产品应分配的材料费用＝ 440×4.8 ＝2 112（元）

根据上述分配结果，编制材料费用分配表，如表2-3所示。

表2-3　材料费用分配表

202×年6月

金额单位：元

应借科目		投产量/件	间接计入			直接计入	合　计
			定额标准	分配率	分配额		
基本生产成本	甲产品	140	4元/千克		2 688		2 688
	乙产品	80	5.5元/千克		2 122		2 122
合　计		220		1.2	4 800		4 800

【例2-2】202×年6月，惠州俊逸企业生产甲、乙两种产品，耗用原材料费用共计64 000元。本月投产甲产品100件，乙产品200件，单件原材料费用定额为甲产品120元、乙产品100元。要求：采用原材料定额费用比例法分配甲、乙产品实际耗用原材料费用。

计算过程：

甲产品原材料定额费用＝100×120＝12 000（元）

乙产品原材料定额费用＝200×100＝20 000（元）

原材料费用分配率＝64 000 ÷（12 000+20 000）＝ 2

甲产品分配的原材料费用＝2×12 000 ＝24 000（元）

乙产品分配的原材料费用=2×20 000=40 000（元）

根据上述分配结果，编制材料费用分配表，如表2-4所示。

表2-4 材料费用分配表

202×年6月 金额单位：元

应借科目		投产量/件	间接计入			直接计入	合 计
			定额标准	分配率	分配额		
基本生产成本	甲产品	100	120 元/件		24 000		24 000
	乙产品	200	100 元/件		40 000		40 000
合 计		300		2	64 000		64 000

2.1.3.3 材料费用的分配核算和会计处理

在实际工作中，材料费用的分配是通过编制材料费用分配表的方式进行的。材料费用分配表可先按车间和部门分别编制，然后厂部合并编制成一张材料费用汇总分配表。

对于应计入产品成本的工业生产用料，应按照产品品种和成本项目归集和分配；用于构成产品实体的原料和主要材料及有助于产品形成的辅助材料，列入"基本生产成本"或"辅助生产成本"账户及所属明细账的"直接材料"项目；用于生产的燃料，列入"基本生产成本"或"辅助生产成本"账户及其所属明细账"燃料和动力"项目；用于维护生产设备和管理生产的各种材料，先在"制造费用"账户予以归集，然后分配转入"基本生产成本"账户及其所属明细账的"制造费用"项目。对于不应计入产品成本而属于期间费用的材料费用，应列入"管理费用""销售费用"（等）账户；对于用于购建固定资产、其他资产方面的材料费用，应计入有关的资产价值，不得列入产品成本或期间费用。材料费用分配如图2-2所示。

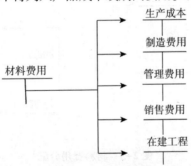

图2-2 材料费用分配

【例2-3】惠州俊逸企业的第一、第二车间为基本生产车间，分别生产A、B两种产品，202×年6月汇总各种领用材料凭证编制材料费用分配表，如表2-5所示。

表2-5 材料费用分配表

202×年6月 金额单位：元

应借科目		成本或费用名称	间接计入			直接计入	合 计
			定额标准	分配率	分配额		
基本生产成本	A产品	直接材料	100 元/件		40 000	0	40 000
	B产品	直接材料	80 元/件		48 000	0	48 000
	小计			2	88 000	0	88 000

续表

应借科目		成本或费用名称	间接计入			直接计入	合 计
			定额标准	分配率	分配额		
制造费用	第一车间	周转材料				3 000	3 000
	第二车间	周转材料				2 400	2 400
	小计					5 400	5 400
管理费用		材料费				1 800	1 800
销售费用		材料费				900	900
合 计				2	88 000	8 100	96 100

根据材料费用分配表，编制以下会计分录。

借：基本生产成本——A 产品　　　　　　　　　　40 000
　　　　　　　　——B 产品　　　　　　　　　　48 000
　　制造费用——第一车间　　　　　　　　　　　3 000
　　　　　　　——第二车间　　　　　　　　　　2 400
　　管理费用　　　　　　　　　　　　　　　　　1 800
　　销售费用　　　　　　　　　　　　　　　　　900
　　贷：原材料　　　　　　　　　　　　　　　　　　　90 700
　　　　周转材料　　　　　　　　　　　　　　　　　　5 400

可用图 2-3 来理解记忆材料费用分配。

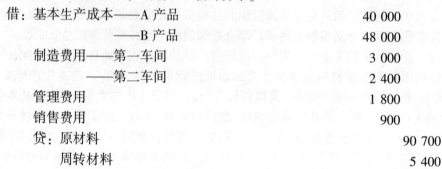

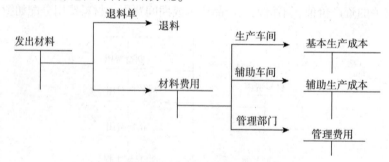

图 2-3　材料费用分配

2.2　外购动力费用的核算

动力费用是指电力、热力和蒸汽等产生的费用。动力费用可分为自制和外购两种情形。外购动力费用是由企业外部有关单位（如供电公司等）提供的，构成了动力费用的主要部分；自制动力费用（例如自产电力或外来电力进行变压所发生的费用）不属于外购动力费用，其费用是辅助生产费用的核算内容。

2.2.1 外购动力费用归集的核算

在实际工作中，外购动力费用支出一般通过"应付账款"账户核算，即在付款时先作为暂时付款处理，借记"应付账款"账户，贷记"银行存款"账户；月末按动力费用的用途分配费用时，再借记各成本、费用账户，贷记"应付账款"账户，冲销原先记入"应付账款"借方的暂时付款。

"应付账款"账户借方所记本月所付动力费用与贷方所记的本月应付动力费用不完全等同。如果是借方余额，为本月支付款大于应付款动力支出的多付动力支出，可以冲减下月应付支出；如果是贷方余额，为本月应付款大于支付款的应付未付动力支出，可在下月支付。

如果每月支付动力费用日期固定，而且每月付款日到月末的应付动力相差不大，可将每月支付的动力款项作为动力支出，在付款日直接借记各成本、费用账户，贷记"银行存款"账户。

外购动力实质相当于外购材料，但由于没有实体，因而无法设置专门账户进行核算，也无收、发、存多环节的核算。外购动力时，应根据外购动力具体用途直接借记各成本、费用账户。

2.2.2 外购动力费用分配的核算

外购动力的作用包括直接用于产品生产、间接用于产品的生产(如车间照明的电力)及经营管理等。在有计量仪器的情况下，直接根据仪器所记录的耗用数和单价计算动力费用；在没有计量仪器记录的情况下，可按生产工时比例、机器工时比例等标准在各种产品之间进行分配。

直接用于产品生产的动力费用，应列入"基本生产成本"账户和所属三级明细账借方的"燃料及动力"成本项目。直接用于辅助车间生产的动力费用，则应借记"辅助生产成本"所属三级明细账。用于组织和管理生产活动所耗用的动力费用，应借记"制造费用""管理费用"账户下的明细账。

外购动力费用的分配，在有仪表记录的情况下，应根据仪表所示耗用动力的数量以及动力的单价计算；在没有仪表的情况下，可按生产工时比例、机器工时比例、定额耗电量比例分配。

外购动力费用的分配通过编制外购动力费用分配表进行。直接用于产品生产，设有"燃料及动力"成本项目的动力费用，应单独借记"生产成本"总账账户和所属有关的产品成本明细账；直接用于辅助生产的动力费用，用于基本生产和辅助生产但未专设成本项目的动力费用，用于组织和管理生产经营活动的动力费用，则应分别借记"生产成本""制造费用""管理费用"总账账户和所属明细账。外购动力费用总额应根据有关转账凭证或付款凭证贷记"应付账款"或"银行存款"账户。应作如下会计分录。

借：基本生产成本——甲产品 ×××
　　　　　　　　——乙产品 ×××
　　制造费用 ×××
　　辅助生产成本——机修车间 ×××
　　　　　　　　——运输车间 ×××
　　管理费用 ×××
　　贷：应付账款(银行存款) ×××

如果生产工艺用的燃料和动力没有专门设立成本项目，直接用于产品生产的燃料费用和动力费用，可以分别列入"原材料"成本项目和"制造费用"成本项目，作为原材料费用和制造费用进行核算。

外购动力费用的分配可通过编制外购动力分配表来进行。

如果基本生产和辅助生产不单独设置"燃料及动力"成本项目，发生的燃料动力费用可列入"制造费用"成本项目，作为制造费用处理。

【例2-4】兴旺工厂202×年6月耗用外购动力50 000度，0.8元/度。其中基本生产车间生产A、B两种产品耗电35 000度，机修车间耗电4 000度，基本生产车间照明等间接耗电为1 000度，管理部门用电为8 000元，销售部门耗电为2 000元。工厂各部门没有按产品安装电表，规定按机器工时比例法分配。A产品机器工时为850工时，B产品的机器工时为900工时。该工厂设有"燃料及动力"成本项目。外购动力费用分配如表2-6所示。

表2-6 外购动力费用分配表

202×年6月

金额单位：元

应借科目		成本项目或费用名称	耗用电量分配			每度电费	分配金额
			机器工时	分配率	分配量/度		
基本生产成本	A产品	燃料及动力	850		17 000		13 600
	B产品	燃料及动力	900		18 000		14 400
	小计		1 750	20	35 000		28 000
辅助生产成本	机修车间	燃料及动力			4 000		3 200
制造费用	基本生产车间	水电费			1 000		800
管理费用		水电费			8 000		6 400
销售费用		水电费			2 000		1 600
合 计					50 000	0.8	40 000

根据表2-6可编制以下会计分录。

借：基本生产成本——A产品　　　　　　　　　　　　13 600
　　　　　　　　　——B产品　　　　　　　　　　　　14 400
　　辅助生产成本——机修车间　　　　　　　　　　　　3 200
　　制造费用——基本生产车间　　　　　　　　　　　　800
　　管理费用　　　　　　　　　　　　　　　　　　　6 400
　　销售费用　　　　　　　　　　　　　　　　　　　1 600
　　贷：应付账款　　　　　　　　　　　　　　　　　　　40 000

【例2-5】兴旺企业202×年9月26日通过银行支付外购电费24 000元。9月末查明各车间、部门耗电度数为：基本生产车间35 000度，其中车间照明用电5 000度；辅助生产车间8 900度，其中车间照明用电1 900度；企业行政管理部门6 000度。该月应付外购电力费共计24 950元。要求：(1)假设A产品生产工时为36 000小时，B产品生产工时为24 000小时。按所耗电度数分配电力费用，A、B产品按生产工时分配电费。(2)假设该企业基本生产成本和辅助生产成本设有"燃料及动力"成本项目。编制该月份支付、分配外购电力费的会计分录。

(1)分配电力费用。

电费分配率=24 950÷(35 000+8 900+6 000)=0.5

基本生产车间产品用电费=30 000×0.5=15 000(元)

基本生产车间照明用电费=5 000×0.5=2 500(元)

辅助生产车间产品用电费=7 000×0.5=3 500(元)

辅助生产车间照明用电费=1 900×0.5=950(元)

企业行政管理部门照明用电费=6 000×0.5=3 000(元)

(2)分配A、B两种产品动力费。

分配率=15 000÷(36 000+24 000)=0.25

A产品应负担的动力费=36 000×0.25=9 000(元)

B产品应负担的动力费=24 000×0.25=6 000(元)

(3)编制9月份支付外购电力费的会计分录。

借:应付账款	24 000	
贷:银行存款		24 000

(4)编制9月份分配电力费会计分录。

借:基本生产成本——A产品(燃料及动力)	9 000	
——B产品(燃料及动力)	6 000	
辅助生产成本(燃料及动力)	3 500	
制造费用——基本车间(水电费)	2 500	
——辅助生产车间(水电费)	950	
管理费用——水电费	3 000	
贷:应付账款		24 950

2.2.3 燃料费用分配的核算

(1)在燃料费用比重较大并与动力费用一起专设"燃料及动力"成本项目的情况下,应增设"燃料"一级账户,并将燃料费用单独进行分配。

(2)直接用于产品生产的燃料费用,应列入"基本生产成本"账户和所属三级明细账借方的"燃料及动力"成本项目。

(3)车间管理消耗的燃料费用、辅助生产消耗的燃料费用、厂部进行生产经营管理消耗的燃料费用、进行产品销售消耗的燃料费用等,应分别列入"制造费用(生产成本——基本生产车间)""辅助生产成本""管理费用""销售费用"等账户项目。

(4)已领用的燃料费用总额,应贷记"燃料"账户。

2.3 职工薪酬的核算

【任务导入2-2】王某月标准工资为2 100元,其12月份考勤情况:病假1天,事假2天,星期休假日9天,实际出勤19天,其病假工资按标准工资的90%计算。

计入成本费用的工资，应当根据手续完备的工资计算单(表)等有关资料进行汇集。计入成本费用的职工福利费，应当按照国家规定的工资总额和提取比例计算。

企业直接从事产品生产的生产工人工资和提取的职工福利费，应当按照成本核算对象，分别列入"直接工资"和"职工福利费"项目。

车间和企业管理部门的管理人员以及不直接参加产品生产的工人工资和提取的职工福利费，应当按照车间或部门，分别列入"制造费用""管理费用"等有关项目。直接生产工人非生产时间(如开会、学习、参加社会性活动以及生产间断等)的工资和提取的职工福利费，也应列入"制造费用"项目。

2.3.1 职工薪酬的归集

2.3.1.1 职工薪酬的组成

1. 工资

企业在一定时期内直接支付给职工的劳务报酬总额，称为企业工资总额。企业应根据国家关于工资总额组成内容的规定确定企业工资总额。属于工资总额的支出都应计入工资总额，并通过"应付职工薪酬"账户进行核算。按照国家有关的规定，工资总额包括职工工资、奖金、津贴和补贴，职工福利费，医疗、养老、工伤、生育等社会保险费，住房公积金，工会经费，职工教育经费，非货币性福利等。

工资具体包括以下几方面的内容。

(1)职工工资。职工工资是指按照国家统计局《关于职工工资总额组成的规定》，构成工资总额的计时工资、计件工资、支付给职工的超额劳动报酬和增收节支的劳动报酬、为了补偿职工特殊或额外的劳动消耗和因其他特殊原因支付给职工的津贴，以及为了保证职工工资水平不受物价影响支付给职工的物价补贴等。企业按规定支付给职工的加班加点工资，以及根据国家法律、法规和政策规定，企业在职工因病、工伤、产假、计划生育假、婚丧假、事假、探亲假、定期休假、停工学习、执行国家或社会义务等特殊情况下，按照计时或计件工资标准的一定比例支付的工资，也属于职工工资范畴，在职工休假或缺勤时，不应当从工资总额中扣除。

①计时工资。计时工资是根据每个职工的工资支付标准和出勤时间而计算并支付的劳动报酬。每个职工的工资标准指由该职工所从事工作的技术难度、熟练程度和劳动强度确定的单位时间(如月、日、小时)内应支付的工资。

计时工资一般包括：对已做工作按计时工资标准支付的工资；实际结构工资制的企业支付给职工的基础工资和职务(岗位)工资；新参加工作职工的见习工资(包括学徒工的生活费)；运动员体育津贴等。

②计件工资。计件工资是根据职工所完成工作量和计件单价计算支付的劳动报酬。计价单价是指完成单位工作量应得的工资。

计件工资一般包括：在实行超额累进计件、直接无限计件、限额计件或超定额计件等计件工资形式下，按各种形式的不同计算规定和计件单价支付给职工的工资；按工作任务包干方法支付给职工的工资；按营业额提成或利润提成办法支付给职工的工资。如果由于集体生产或因为连续操作，不能按个人计算工作量的，也可按班、组或车间计算和支付集体计件工资，然后再将集体计件工资按照每一个成员的工作量和质量进行分配。

> **小贴士**
>
> 计件工资按规定直接计入有关的成本核算对象；计时工资应按劳动定额管理人员提出的工时统计表中所列生产工人为生产各种产品发生的实际工时（或完成的定额工时）的比例进行分配，分别计入有关的成本核算对象。

（2）奖金。奖金是指支付给职工超额劳动的报酬和由于增收节支而给予职工的奖励。奖金主要包括生产奖、节约奖、劳动竞赛奖、奖励工资和企业支付的其他奖金。

（3）津贴和补贴。津贴和补贴是指为了补偿职工特殊或额外劳动消耗和其他原因支付给职工的津贴，以及为保证职工工资水平不受通货膨胀影响而支付给职工的物价补贴和地方补贴等。按国家有关规定，津贴和补贴包括：①补偿职工特殊或额外劳动消耗的津贴；②保健性津贴；③技术津贴；④物价补贴；⑤地方城市补贴等。

（4）加班加点工资。加班加点工资是指按职工加班加点的时间和加班加点期间的工资标准支付给职工的工资。

2. 职工福利费

职工福利是指企业为职工集体提供的福利，如补助生活困难职工等。

3. "五险"

"五险"包括医疗保险费、养老保险费、失业保险费、工伤保险费和生育保险费等社会保险费，是指企业按照国家规定的基准和比例计算，向社会保险机构缴纳的医疗保险金、基本养老保险金、失业保险金、工作保险费和生育保险费，以及根据《企业年金办法》《企业年金基金管理办法》等相关规定，向有关单位（企业年金基金账户管理人）缴纳的补充养老保险费。此外，以商业保险形式提供给职工的各种保险待遇也属于企业提供的职工薪酬。

4. 住房公积金

住房公积金是指企业按照国家《住房公积金管理条例》规定的基准和比例计算，向住房公积金管理机构缴存的住房公积金。

5. 工会经费和职工教育经费

工会经费和职工教育经费是指企业为了改善职工文化生活、提高职工业务素质，用于开展工会活动和职工教育及职业技能培训，根据国家规定的基准和比例，从成本费用中提取的金额。

6. 非货币性福利

非货币性福利包括企业以自己的产品或其他有形资产发放给职工作为福利，企业向职工无偿提供用于使用的自有财产（如提供给企业高级管理人员的汽车、住房等），企业为职工无偿提供商品或类似医疗保健的服务等。

7. 其他职工工资

（1）辞退福利。辞退福利是指因解除与职工的劳动关系给予的补偿，即由于企业实施重组、改组计划、职工不能胜任等原因，企业在职工劳动合同到期之前解除与职工的劳动关系，或者为鼓励职工自愿接受裁减而提出补偿建议的计划中给予职工的经济补偿。

（2）特殊情况下支付的工资。特殊情况下支付的工资是指按国家规定在某些非工作时间内支付给职工的工资及按规定支付给职工的附加工资和保留工资等。非工作时间里支付的工资包括职工病假、工伤假、产假、计划生育假、婚丧假、探亲假和定期休假等期间按计时工资标准或计时工资一定比例计算和支付的工资。

在进行工资费用核算时，应划分工资总额和非工资总额的界限。例如为职工劳动作业时的安全而购买的劳动保护用品，属于劳动保护费，应通过"制造费用"账户归集分配计入产品成本。再如职工出差的伙食补助和误餐补助，应当归入差旅费，在"管理费用"账户中列支；职工市内交通补助，也应在"管理费用"账户中列支。这些款项，有时随工资一同发放，但不属于工资总额的组成内容。另外，企业职工的工资总额也不等于企业实发工资总额，因为企业可能替某些部门代扣一些款项，如水电费、个人所得税、房租等。

2.3.1.2 工资核算的基础工作

工资核算首先应做好各项基础工作，建立和健全企业的用工制度、劳动制度和考勤、产量工时等原始记录制度，加强工资费用控制，考核劳动消耗定额的执行情况，努力提高劳动生产率，促进企业降低成本费用。考勤记录、产量工时记录是计算应付工资、归集和分配工资以及进行产品成本计算的基础。每个企业都应根据生产工艺特点和管理要求，认真做好考勤记录、产量工时记录等。

1. 考勤记录

考勤记录是登记企业职工出勤、缺勤天数和情况的原始记录。它是正确确定职工计时工资、病假工资等费用的依据。严格的考勤制度，对企业加强劳动纪律，提高出勤率和劳动生产率具有非常重要的意义。

企业对职工的考勤记录，可以由企业专职考勤人员对全厂职工进行考勤，也可以分车间、生产小组进行，由车间主任、小组组长或某一工人兼职负责本车间、生产小组的考勤。月末对月内出勤情况和缺勤原因进行归类汇总，根据不同原因报人事部门和会计部门按规定处理。考勤方式一般有考勤簿、考勤卡等形式。考勤簿应该按照车间、生产小组分月设置，并对该单位每一位职工的出勤和缺勤情况进行分行登记，月末汇总分析每个职工出勤情况和缺勤原因，并以此确定该职工当月的计时工资。

> **知识链接**
>
> 考勤卡一般按职工分别设立，每人每月一张，记录内容与考勤簿基本相同，分别记录每位职工的上下班时间。考勤卡可由职工本人保管，上班时交考勤人员，下班时再从考勤人员那里领取。月终考勤人员应根据考勤卡的日常记录统计每一位职工出勤和缺勤情况。如果企业或车间安装了自动计时的考勤钟，职工也可以在上下班时将卡片插入考勤钟中，由考勤钟自动在考勤卡上打印上、下班时间。

2. 产量工时记录

产量工时记录是登记车间生产工人和生产小组在出勤时间内完成产品数量、质量和生产每种产品所耗用工时的记录。产量工时记录不仅是计算各生产工人或生产小组计件工资的依据，还为各项间接计入费用在各种产品之间的分配提供依据。另外，产量工时记录还可反映产品在生产过程中的转移情况，便于加强在产品的实物管理。

（1）具体内容。在不同的生产企业，甚至在同一生产企业的不同车间，由于其生产特点和生产组织不同，产量工时记录的内容和格式也各有不同，但一般包括以下基本内容：①产品、作业、订单的名称和编号；②生产车间、生产工段或生产班组名称；③操作工人姓名；④所用机器和设备的名称和编号；⑤收到加工材料、毛坯、零部件等的名称、编号及数量；⑥完成产品的数量和质量，即完成合格产品的数量和等级，以及废品情况；⑦进行产品生产所耗用的实际工时和定额工时。在计件工资下，还应包括产品的计件单价，完成合格产品的计件工资，以及应支付的料废品工资。

（2）形式。产量工时记录的形式一般有以下几种：作业通知单、产量通知单、工程进度单、产量报告单或产量明细表等。

财务部门应对产量工时记录进行审核，经过审核的产量工时记录，可作为计算计件工资和工资核算的依据。

2.3.1.3　工资的计算

工资的计算是企业归集工资费用的基础。企业应定期计算企业每一职工应得的计时工资、计件工资、奖金、津贴和补贴，以及特殊情况下支付的工资，并汇总计算每一车间、部门和职工类别的工资总额，最终计算企业全部职工的工资总额。同时，企业应根据具体情况采用不同的工资制度，其中最基本的工资制度有计时工资制度和计件工资制度。

1. 计时工资的计算

计时工资是根据每一职工的考勤记录和规定的工资标准计算的。工资标准由于计算的时间长短不同，有月薪制、日薪制和钟点制。月薪制是按月规定工资标准，在月薪制下，不论各月的天数和节假日有多少，每月的标准工资是一样的，职工只要月内出满勤，就可得到全月的标准工资。企业的固定职工一般采用月薪制。日薪制是按出勤天数计算工资，钟点制是按钟点时数计算工资，节假日不计算工资，一般适用于临时职工的工资计算。我国企业一般采用月薪制，月薪制的计算公式为：

某职工应得计时工资＝该职工月标准工资－缺勤天数×日工资率

或

某职工应得计时工资＝该职工出勤天数×日工资率

计算职工的计时工资有两种方法：①缺勤天数（缺勤天数包括病假天数，病假工资属于特殊情况下支付的工资）扣工资；②根据出勤天数算工资。

不论采用哪种基本方法，都应首先计算职工的日工资率。日工资率的计算一般有以下两种方法。

第一种，每月固定平均按30天计算，不论大月、小月，都按30天计算日工资率。

某职工日工资率＝该职工月标准工资÷30

由于每月平均按30天计算日工资率，节假日同样计算计时工资，所以在连续缺勤期间含有的节假日应视作缺勤，照扣工资。

第二种，每月固定按20.83天计算日工资率，即以每年日历天数365天减去104个星期日和11个国家法定节假日，再除以12个月，即每月平均工作日为20.83天。

某职工日工资率＝该职工月标准工资÷20.83

由于按20.83天计算日工资率，节假日不计算工资，所以在连续缺勤期间含有的节假日不算缺勤，不扣发工资。

综上所述，计算计时工资有四种计算方法：①按30天计算日工资率，按缺勤天数扣工资；②按30天计算日工资率，按出勤天数算工资；③按20.83天计算日工资率，按缺勤天数扣工资；④按20.83天计算日工资率，按出勤天数算工资。

企业可以选用其中任何一种方法，但根据会计核算的一贯性原则，一旦确定以后，不得随意更改。

> **小贴士**
>
> 我国法定节日：元旦，放假1天（1月1日）；春节，放假3天（农历除夕、正月初一、初二）；清明节，放假1天，即清明当日；劳动节，放假1天（5月1日）；端午节，放假1天（农历端午当日）；中秋节，放假1天（农历中秋当日）；国庆节，放假3天（10月1日、2日、3日）。

$$某职工应得计时工资 = 该职工月标准工资 - 缺勤天数 × 日工资率$$
$$= 该职工出勤天数 × 日工资率$$
$$日工资率 = 标准工资 ÷ 30（或20.83）$$

【例2-6】假定某企业工人宋某的月标准工资为6 249元。3月份该工人出勤18天、事假2天、病假3天、星期休假8天。该工人在病假、事假期间没有节假日，且该工人在病假期间发放60%的工资。要求：用四种方法计算该工人3月份应发放的工资。

（1）按30天计算日工资率，按出勤天数计算工资。

日工资率 = 6 249 ÷ 30 = 208.3（元/天）

该工人应计出勤工资 = (18 + 8) × 208.3 = 5 415.8（元）

该工人应计病假工资 = 3 × 208.3 × 60% = 374.94（元）

该工人应付计时工资 = 5 415.8 + 374.94 = 5 790.74（元）

（2）按30天计算日工资率，按缺勤天数扣工资。

该工人应扣病假、事假工资 = 5 × 208.3 = 1 041.5（元）

该工人应计病假工资 = 3 × 208.3 × 60% = 374.94（元）

该工人应付计时工资 = 6 249 - 1 041.5 + 374.94 = 5 582.44（元）

（3）按20.83天计算日工资率，按出勤天数计算工资。

日工资率 = 6 249 ÷ 20.83 = 300（元/天）

该工人应计出勤工资 = 18 × 300 = 5 400（元）

该工人应计病假工资 = 3 × 300 × 60% = 540（元）

该工人应付计时工资 = 5 400 + 540 = 5 940（元）

（4）按20.83天计算日工资率，按缺勤天数计算工资。

该工人应扣病、事假工资 = 5 × 300 = 1 500（元）

该工人应计病假工资 = 3 × 300 × 60% = 540（元）

该工人应付计时工资 = 6 249 - 1 500 + 540 = 5 289（元）

2. 计件工资的计算

计件工资的计算公式为：

$$某生产工人应付计件工资 = \sum 月内产品产量 × 该种产品计价单价$$

【例2-7】假设某企业工人周某为四级工，每小时工资率为5元，该工人生产甲、乙两种产品，甲产品工时定额为2小时，乙产品工时定额为3小时。该工人该月共生产甲产品30件和乙产品60件。计算周某该月计件工资。

甲产品计件单价=5×2=10（元）

乙产品计件单价=5×3=15（元）

应付周某计件工资=10×30+15×60=1 200（元）

2.3.2　职工薪酬的分配

会计部门首先应根据前面计算出的每个职工的工资，按照车间、部门分别编制工资结算单。计算工资费用的依据应是结算单中的应付工资总额。

会计部门应根据各车间、部门工资结算单编制整个企业的工资结算汇总表。编制工资结算汇总表是为了反映企业全部工资的结算情况，并据以进行工资结算总分类核算和汇总全厂的工资费用，同时它也是进行工资费用分配的依据。

工资费用的分配首先按其用途进行列支，行政管理部门人员的工资应列入"管理费用"账户及其明细账，销售人员工资应列入"销售费用"账户及其明细账。辅助生产车间的工资应通过"辅助生产成本""制造费用"账户进行归集，在建工程人员的工资应计入固定资产成本，通过"在建工程"账户列支。基本生产车间应按生产工人工资和车间管理人员工资分别列支。直接进行产品生产的生产工人工资，专门设有"直接人工"成本项目，可直接通过"基本生产成本"账户进行归集；而车间管理人员工资应通过"制造费用"账户，按照车间、部门进行归集和列支。列入"基本生产成本"的生产工人工资同时还应在各种产品之间分配，正确划分各种产品之间费用的界限。其中计件工资属于直接计入费用，应根据工资结算单直接列入各产品成本明细账中的"直接人工"成本项目。

如果车间只生产一种产品，计时工资属于直接计入费用，直接计入该产品成本。如果生产多种产品，则计时工资属于间接计入费用，应按产品的生产工时等比例，在各种产品之间进行分配。生产工人发放的津贴、补贴及奖金，一般也属于间接计入费用，应按生产工时或直接计入工资的比例在各种产品之间进行分配。

> **小贴士**
>
> 根据生产费用计入产品成本的方式，划分为直接计入成本和间接计入成本。直接计入成本是指生产费用发生时，能直接计入某一成本计算对象的费用；间接计入成本是指生产费用发生时，不能或不便于直接计入某一成本计算对象的费用。

分配标准包括两个：一是实际工时；二是定额工时。按实际生产工时比例分配生产工人的薪酬费用的优点是其与劳动生产效率直接相联系，便于考察产品生产的实际人工耗费，但实际工时数据不易取得；当各个成本核算对象的单位定额工时比较准确时，则可采用定额工时比例分配。

1. **按实际工时比例分配**

按产品的实际工时比例分配生产工人工资费用的计算公式为：

生产工资费用分配率=待分配生产工人工资费用÷各产品的生产工时之和

某产品应分配的生产工资费用=该产品的生产工时×生产工资费用分配率

生产工资费用按上述公式计算，实质上是按平均每小时工资率进行分配的，因此为保证生产工资费用分配的相对正确性，应分生产车间进行分配。按产品耗用的生产工时分配生产工资费用，能够将产品所分配的工资费用与劳动生产率联系起来。某种产品耗用的生产工时减少，说明劳动生产率提高，其所分配的工资费用应减少；反之，则相反。

2. 按定额工时比例分配

按产品的定额工时比例分配生产工人工资费用的计算公式为：

某种产品定额工时=该种产品产量×单位产品工时定额

生产工资费用分配率=待分配生产工人工资费用÷各产品的定额工时之和

某产品应分配的生产工资费用=该种产品定额工时×生产工资费用分配率

【例2-8】202×年6月，兴旺企业基本生产车间生产甲、乙两种产品，该车间共支付生产工人计时工资12 538.5元。本月甲产品产量为750件，乙产品产量为340件。甲产品单件工时定额为5.4小时，乙产品单件工时定额为7小时。要求：按定额工时比例分配该车间生产工人工资。

甲产品定额工时=750×5.4=4 050（小时）

乙产品定额工时=340×7=2 380（小时）

生产工资费用的分配率=12 538.5÷（4 050+2 380）=1.95

甲产品应负担生产工人工资费用=4 050×1.95=7 897.5（元）

乙产品应负担生产工人工资费用=2 380×1.95=4 641（元）

工资费用的分配，应通过工资费用分配表进行。工资费用分配表应根据各车间、部门的工资结算单等有关资料编制，如表2-7所示。

表2-7　工资费用分配表

202×年6月　　　　　　　　　　　　　　　　　　　　　　金额单位：元

应借科目		成本项目或费用名称	生产工人工资	其他人员工资	工资费用合计
生产成本	基本生产成本（甲产品）	直接人工	7 897.5		7 897.5
	基本生产成本（乙产品）	直接人工	4 641		4 641
	小计		12 538.5		12 538.5
	辅助生产成本（机修车间）	工资	1 223	1 200	2 423
	辅助生产成本（供电车间）	工资	1 577	645	2 222
	小计		2 800	1 845	4 645
制造费用	基本生产车间	工资		1 853	1 853
管理费用		工资		2 600	2 600
在建工程		工资		2 320	2 320
应付职工薪酬		福利人员工资		1 200	1 200
合　计			15 338.5	9 818	25 156.5

根据表2-7，可编制公司职工薪酬的会计分录。

借：基本生产成本——甲产品　　　　　　　　　　7 897.5

　　　　　　　　——乙产品　　　　　　　　　　4 641

　　制造费用——基本车间　　　　　　　　　　　1 853

　　辅助生产成本——机修车间　　　　　　　　　2 423

　　　　　　　　　——供电车间　　　　　　　　2 222

　　管理费用　　　　　　　　　　　　　　　　　3 800

　　在建工程　　　　　　　　　　　　　　　　　2 320

　　贷：应付职工薪酬——工资　　　　　　　　　　　　　25 156.5

2.3.3　计提福利费的核算

职工福利费实质上是一种应付工资的附加支出，因此也称工资附加费。其列支渠道与工资费用基本相同。

按各种产品生产工人工资和规定比例计提的福利费，应单独列入"基本生产成本"及所属各种产品三级明细账中的"生产工资及福利费"或"直接人工"成本项目。按照辅助生产车间的职工工资计提的福利费，应列入"辅助生产成本"账户及所属三级明细账；按基本生产车间管理人员工资计提的福利费，应分车间、部门列入"制造费用"账户及所属明细账；按行政管理人员、产品销售人员、在建工程人员等工资计提的福利费应分别列入"管理费用""销售费用""在建工程"等账户。

对于按生活福利部门人员计提的福利费，从理论上来讲，也应由应付福利费开支，但在实际工作中，为了增加职工福利，对按生活福利部门人员工资计提的福利费，应列入"管理费用"账户及有关费用项目。所以列入"管理费用"的福利费有两部分：一是按行政管理人员工资计提的福利费；二是按生活福利人员工资计提的福利费。

根据应付福利费的计算结果，应编制计提职工福利分配表，计提的福利费是按工资总额的一定比例(假设14%)计提，所以在表中应列示工资总额栏次。有时企业的职工福利费分配表也可和工资费用分配表合并在一起编制，如表2-8所示。

表2-8　工资费用和职工福利费分配表

202×年6月　　　　　　　　　　　　　　　　　　　金额单位：元

应借科目		成本项目或费用名称	工资	福利费(14%)
生产成本	基本生产成本(甲产品)	直接人工	7 897.50	1 105.65
	基本生产成本(乙产品)	直接人工	4 641.00	649.74
	小计		12 538.50	1 755.39
	辅助生产成本(机修车间)	福利费	2 423.00	339.22
	辅助生产成本(供电车间)	福利费	2 222.00	311.08
	小计		4 645.00	650.30
制造费用	基本生产车间	福利费	1 853.00	259.42
管理费用		福利费	3 800.00	532.00

续表

应借科目	成本项目或费用名称	工资	福利费（14%）
在建工程	福利费	2 320.00	324.80
合　计		25 156.50	3 521.91

根据表2-8，编制计提的福利费会计分录如下。

借：基本生产成本——甲产品　　　　　　　　　1 105.65
　　　　　　　　　——乙产品　　　　　　　　　649.74
　　辅助生产成本——机修车间　　　　　　　　　339.22
　　　　　　　　　——供电车间　　　　　　　　311.08
　　制造费用——基本生产车间　　　　　　　　　259.42
　　管理费用　　　　　　　　　　　　　　　　　532.00
　　在建工程　　　　　　　　　　　　　　　　　324.80
　　贷：应付职工薪酬——职工福利　　　　　　　　　　　3 512.91

2.4　其他费用的核算

2.4.1　固定资产折旧费用的核算

企业购买固定资产的支出属于资本性支出，应在购置时先进行资本化，然后再在其使用年限内逐期摊入相关的成本、费用。固定资产折旧是指固定资产由于损耗或使用而逐渐转移到成本、费用中去的那部分价值。正确计算每期折旧额对于产品成本的计算和企业利润的确定，保证固定资产价值的损耗及时得到补偿，以及正确反映固定资产实际占用的资金有重要的意义。

2.4.1.1　固定资产折旧的方法和折旧范围

计算固定资产折旧，重要的是确定每一时期（如1年、1个月）的折旧额。根据我国财务制度规定，企业可根据自身特点和需要选用适当的折旧方法。折旧方法的不同，虽然对固定资产折旧总额没有影响，但会影响固定资产每期的折旧额。根据我国的财务制度规定，企业可以采用直线法和加速折旧法计提折旧。直线法主要有使用年限法和工作量法，加速折旧法主要有双倍余额递减法和年数总和法。

企业应对所有的固定资产计提折旧，但对已提足折旧仍继续使用的固定资产和单独计价入账的土地除外。

为了简化折旧的计算工作，我国会计制度还规定，月份内开始使用或当月增加的固定资产，当月不计提折旧，从下月起计算折旧；月份内减少或停用的固定资产，当月仍应计提折旧，从下月起停止计提折旧。

2.4.1.2 折旧费用的归集和分配

折旧费用的归集应按车间、部门进行。由于各车间、部门使用的国家资产的用途不同，即使都用于产品生产，所生产的产品也都不一样，所以固定资产折旧费必须先按车间、部门归集，以便分别计入各车间、部门有关产品成本及费用。车间、部门折旧费用的归集，通常采用固定资产折旧计算表的形式进行，并以此作为折旧费用分配的依据。

折旧费用的分配一般按用途进行。基本生产车间折旧费用一般属于分配工作比较复杂的间接计入费用，为了简化产品成本计算工作，在"生产成本——基本生产成本"账户中未专设成本项目，将机器设备的折旧费用和车间其他固定资产折旧费用一起列入"制造费用"账户。但企业某些专用设备如果能确定只为某种产品所使用，其折旧费也可以直接计入所生产的产品成本。企业行政管理部门使用的固定资产折旧费则应列入"管理费用"账户，对辅助生产车间的折旧费可按车间、部门直接列入"生产成本——辅助生产成本"账户或先归入该车间、部门"制造费用"账户，然后再转入"生产成本——辅助生产成本"账户，在建工程所使用固定资产的折旧费应列入"在建工程"账户，如表2-9所示。

表2-9 固定资产折旧费用资料

202×年6月 金额单位：元

固定资产使用部门		上月折旧额	上月增加固定资产应提折旧额	上月减少固定资产应折旧额	本月应提折旧额
基本生产车间	一车间	3 420	300		3 720
	二车间	2 310	500	260	2 550
	小计	5 730	800	260	3 270
辅助生产车间	机修车间	1 350			1 350
	供电车间	850	160		1 010
	小计	2 200	160		2 360
行政部门		3 190	350	120	3 420
在建工程部门		1 500			1 500
合计		12 620	1 310	380	13 550

注：上述折旧计算表仅适用于企业采用平均年限折旧法计提折旧的情况。

固定资产折旧费的分配，一般通过固定资产折旧费用分配，如表2-10所示。

表2-10 固定资产折旧费用分配

金额单位：元

应贷科目	应借科目						合计
	制造费用		辅助生产成本		管理费用	在建工程	
	一车间	二车间	机修车间	供电车间			
累计折旧	3 720	2 550	1 350	1 010	3 420	1 500	13 550

根据表2-10，编制会计分录如下。

借：制造费用——一车间　　　　　　　　　　　　　　3 720

　　　　　——二车间　　　　　　　　　　　　　　2 550

　　辅助生产成本——机修车间　　　　　　　　　　　1 350

　　　　　——供电车间　　　　　　　　　　　　　　1 010

管理费用	3 420
在建工程	1 500
贷：累计折旧	13 550

2.4.2 利息费用的分配

短期借款利息一般按季结算支付。可以采用分月计提的方法，计入每月财务费用。如果利息费用数额不大，为了简化核算，也可以在季末实际支付时全部计入当月财务费用。长期借款及其利息的核算较为复杂，此处不讨论。

【例 2-9】假定长江公司 202×年 4 月 1 日从银行取得期限 3 个月、年利率为 10% 的短期借款 120 000 元，用于生产经营周转。该企业对此项短期借款的利息支出采用按月预提的办法进行处理。

编制有关会计分录如下。

(1)取得借款时：

借：银行存款	120 000	
贷：短期借款		120 000

(2)各月(4 月、5 月、6 月末)预提利息费用时：

月末预提利息费用 = 120 000×10%×1/12 = 1 000(元)

借：财务费用	1 000	
贷：应付利息		1 000

(3)该项借款到期，按期归还本息时：

借：短期借款	120 000	
应付利息	3 000	
贷：银行存款		123 000

如果季末月份的利息不再进行预提，则上述第(2)笔、第(3)笔业务的会计分录为：

4 月末、5 月末：

借：财务费用	1 000	
贷：应付利息		1 000

归还本息时的会计分录：

借：短期借款	120 000	
财务费用	1 000	
应付利息	2 000	
贷：银行存款		123 000

2.4.3 跨期待摊费用的归集和分配

2.4.3.1 待摊费用(预付账款)的归集和分配

待摊费用(预付账款)是指本期发生(支付)，但应由本期和以后各期产品成本和期间费用共同负担，摊销期限在一年以内的各项费用。

发生(支付)各项待摊费用(预付账款)时，借记"预付账款——待摊费用"账户；按受益期摊销时，按车间部门和费用用途，由"预付账款——待摊费用"的贷方转入"制造费用""辅助生产成本""销售费用""管理费用"等账户的借方。

【例2-10】假定长江公司202×年4月开出转账支票，预付第二季度保险费27 000元，分3个月摊销。6月各车间、部门应分摊的摊销额为：基本生产车间4 000元，供水车间1 000元，运输车间2 000元，行政管理部门1 000元，专设销售机构1 000元。该企业预付的保险费通过"预付账款——待摊费用"科目核算。"预付账款——待摊费用"明细账及其分配表分别如表2-11和表2-12所示。

表2-11　"预付账款——待摊费用"明细账

费用种类：保险费　　　　　　　　　　　　　　　　　　　　　　　金额单位：元

2021年		摘要	借方金额	贷方金额	余额	
月	日				借或贷	金额
4	5	预付第二季度保险费	27 000		借	27 000
4	30	根据待摊费用分配表摊销		9 000	借	18 000
5	31	根据待摊费用分配表摊销		9 000	借	9 000
6	30	根据待摊费用分配表摊销		9 000	平	0

表2-12　"预付账款——待摊费用"分配表

金额单位：元

费用种类	应借科目	金额
保险费	制造费用——基本生产车间	4 000
保险费	制造费用——供水车间	1 000
保险费	制造费用——运输车间	2 000
保险费	管理费用	1 000
保险费	销售费用	1 000

根据表2-11、表2-12，编制会计分录如下。

(1)4月5日预付保险费27 000元：

借：预付账款——待摊费用(保险费)　　　　　　　　　　　　27 000
　　贷：银行存款　　　　　　　　　　　　　　　　　　　　　　　　27 000

(2)4—6月根据待摊费用分配表摊销待摊费用：

借：制造费用——基本生产车间　　　　　　　　　　　　　　4 000
　　　　——供水车间　　　　　　　　　　　　　　　　　　　1 000
　　　　——运输车间　　　　　　　　　　　　　　　　　　　2 000
　　管理费用　　　　　　　　　　　　　　　　　　　　　　　1 000
　　销售费用　　　　　　　　　　　　　　　　　　　　　　　1 000
　　贷：待摊费用　　　　　　　　　　　　　　　　　　　　　　　9 000

长期待摊费用是指本期发生(支付)的，应在一年以上的期间分期摊销的各项费用，如以经营租赁方式租入的固定资产发生的改良支出等。

【例2-11】某公司202×年1月以经营租赁方式租入一项固定资产为公司管理部门所用，同时为使该固定资产能正常使用进行了改良，发生改良支出60 000元。该项固定资产的租期为4年，改良后的耐用期限为5年。有关经济业务的会计分录如下所示。

(1)发生改良支出时：

借：长期待摊费用——租入固定资产改良支出   60 000

    贷：银行存款   60 000

(2)每月摊销改良支出时：

每月应摊销额=60 000÷(12×4)=1 250(元)

借：管理费用   1 250

    贷：长期待摊费用   1 250

2.4.3.2 预提费用(其他应付款)的归集和分配

预提费用是指预先计入成本、费用，在以后月份实际支付的费用。

预提时，借记"其他应付款——预提费用"科目，并按车间部门和费用用途分别借记"制造费用""辅助生产成本""管理费用""财务费用"等科目；实际支付时，从"其他应付款——预提费用"科目的借方转出。预提费用总额和实际费用总额的差额，一般在预提期末月份调整计入成本、费用。

【例2-12】长江公司为扩大经营规模，租入办公用房一套，根据合同，租金按季支付(每季末支付本季度租金)，每季租金为4 500元，平均每月应预提房租1 500元，6月实际支付第二季度租金4 500元。"其他应付款——预提费用"明细账和分配表分别如表2-13和表2-14所示。

表2-13 "其他应付款——预提费用"明细账   金额单位：元

2021年		摘要	借方金额	贷方金额	余额	
月	日				借或贷	金额
4	30			1 500	贷	1 500
5	31			1 500	贷	3 000
6	28		4 500		借	1 500
6	30			1 500	平	0

表2-14 其他应付款——预提费用分配表   金额单位：元

费用种类	应借科目	余额
办公用房租金	管理费用	1 500

根据表2-13、表2-14，编制会计分录如下。

(1)4月和5月预提时：

借：管理费用   1 500

    贷：其他应付款——预提费用   1 500

(2)6月预提及实际支付时：

借：管理费用   1 500

    贷：其他应付款——预提费用   1 500

借：其他应付款   1 500

    贷：银行存款   1 500

本章小结

本章主要讲述了材料费用、外购动力费用、职工薪酬等的归集和分配方法，以及其他费用(如固定资产折旧、利息费用跨期待摊费用)的核算。

材料费用是企业在生产经营过程中耗用的原料及主要材料、辅助材料、包装材料与低值易耗品等的费用，材料是构成产品的主要实体，或在生产过程中起辅助作用。企业用于产品生产的原料及主要材料、辅助材料和燃料等，应当分别列入"直接材料""燃料和动力"等成本项目，其列支范围应与消耗定额口径一致。分配材料费用的计算程序有两种：按定额消耗量和按定额费用。

动力费用是指使用电力、热力和蒸汽等产生的费用。动力费用可分为自制和外购两种情形。外购燃料动力费用是由企业外部有关单位提供的，构成了动力费用的主要部分；自制动力费用不属于外购动力费用，其费用是辅助生产费用核算内容。

职工薪酬包括工资、职工福利、"五险"、非货币性福利和住房公积金等内容。会计部门首先应根据计算出的每个职工的工资，按照车间、部门分别编制工资结算单。计算工资的依据应是结算单中的应付工资总额。职工福利费实质上是一种应付工资的附加支出，因此也称工资附加费。其列支渠道与工资费用基本相同。

关键词

材料费用　　外购动力费用　　职工薪酬　　归集与分配　　燃料及动力

复习思考题

1. 工资总额主要包括哪几方面的内容？
2. 材料费用分配有哪几种方法？如何选择合适的分配方法？
3. 企业为什么要设置"制造费用"账户？是否所有企业都必须设置该账户？
4. 简述材料费用核算的一般过程。
5. 简述工资核算的基础工作。

同步自测题

一、单项选择题

1. 基本生产车间一般耗用的材料费用，应借记(　　)账户，贷记"原材料"账户。

A."生产成本"　　　　　　　　　　B."主营业务成本"

C."制造费用"　　　　　　　　　　D."销售费用"

2. 企业支付离退休职工的退休金应计入(　　)。

A. 生产成本　　　B. 管理费用　　　C. 财务费用　　　D. 营业外支出

3. 根据生活福利部门人员工资的14%计提的职工福利费，应记入(　　)账户。

A."应付福利费"　　　　　　　　　　B."应付职工薪酬"

C."制造费用"　　　　　　　　　　　D."管理费用"

4. 支付外购动力费用时，应借记(　　)账户，贷记"银行存款"账户。

A."预付账款"　　　B."应付账款"　　　C."其他应付款"　　　D."销售费用"

5. 生产产品领用的一次性摊销的专用工具应计入(　　)。

A. 直接材料　　　　　B. 销售费用　　　　　C. 制造费用　　　　　D. 辅助生产成本

6. 下列说法正确的是(　　)。

A. 外购动力在成本核算中没有独立的成本项目

B. 企业生产耗用的燃料在成本实际中无法计入产品成本

C. 计件工资制下生产工人取得的计件工资等收入都应计入直接工资项目

D. 实际工作中，工资费用的核算是根据工资结算单编制的工资费用分配表进行的

7. 分配薪酬费用时，基本生产车间管理人员的薪酬应计入(　　)。

A. 直接人工　　　B. 辅助生产费用　　　C. 制造费用　　　　D. 基本生产成本

8. 下列开支不得计入生产成本费用的是(　　)。

A. 车间厂房折旧费　　　　　　　　B. 车间机物料消耗

C. 资产价值损失　　　　　　　　　D. 有助产品形成的辅助材料消耗

9. 下列单据中，不能作为记录材料消耗定额数量的原始单据的是(　　)。

A. 领料单　　　　　　　　　　　　B. 限额领料单

C. 账存实存对比单　　　　　　　　D. 退料单

10. 生产车间生产产品消耗的电力，设有"燃料及动力"成本项目时，应借记(　　)账户。

A."制造费用"　　　　　　　　　　B."管理费用"

C."辅助生产成本"　　　　　　　　D."基本生产成本"

二、多项选择题

1. 直接用于产品生产、专设"直接材料"项目的材料费用(　　)。

A. 直接生产费用　　　　　　　　　B. 借记"基本生产成本"账户

C. 借记"制造费用"账户　　　　　　D. 直接计入或分配计入产品成本

2. 生产几种产品共同耗用的材料费用的分配标准有(　　)。

A. 按产品的材料定额消耗量比例分配

B. 按产品的产量比例分配

C. 按产品的体积比例分配

D. 按产品的材料定额费用比例分配

3. 生活福利部门人员由工资和按工资总额的14%计提的职工福利费应分别借记(　　)账户。

A."制造费用"　　　B."管理费用"　　　C."销售费用"　　　D."应付职工薪酬"

4. 涉及人工费用归集分配的主要原始凭证有(　　)。

A. 考勤表　　　B. 工作通知单　　　C. 工资卡　　　D. 加班记录表

5. 发生以下各项费用时，可以直接借记"生产成本——基本生产成本"账户的有(　　)。

A. 车间照明电费　　　　　　　　　B. 构成产品实体的原材料费用

C. 车间管理人员工资　　　　　　　D. 车间生产工人薪酬

6. 采用实际成本计价组织材料核算时，消耗材料价格确定的常见方法有(　　　)。

A. 先进先出法　　　　　　　　　　B. 后进先出法

C. 加权平均法　　　　　　　　　　D. 移动加权平均法

7. 可用于外购动力费用的分配方法有(　　　)。

A. 机器工时比例分配法　　　　　　B. 生产工时分配法

C. 标准产量分配法　　　　　　　　D. 定额费用比例分配法

8. 要素费用的分配原则是(　　　)。

A. 直接费用直接计入产品成本　　　B. 直接费用分配计入产品成本

C. 间接费用直接计入成本　　　　　D. 间接费用分配计入成本

9. 要素费用核算一般涉及的成本费用账户有(　　　)。

A."管理费用"　　　　　　　　　　B."基本生产"

C."制造费用"　　　　　　　　　　D."预付账款——待摊费用"

10. 计入产品成本的材料成本包括生产过程中的耗用(　　　)。

A. 燃料　　　　　　　　　　　　　B. 原材料及辅助材料

C. 低值易耗品及包装物　　　　　　D. 外购半成品

三、判断题

1. 对于几种产品生产共同耗用并且构成产品实体的原材料费用，应该直接计入各种产品成本。　　　　　　　　　　　　　　　　　　　　　　　　　　　　　(　　　)

2. 凡生产车间领用材料，均应计入产品生产成本。　　　　　　　　　　　(　　　)

3. 在采用计件工资形式下，如果生产多种产品，则应采用一定的分配标准分配工资后再列入各种产品成本明细账中的"直接人工"成本项目。　　　　　　　　　(　　　)

4. 在实际工作中，企业按生活福利部门人员工资和规定比例计提的职工福利费，是由"管理费用"列支的。　　　　　　　　　　　　　　　　　　　　　　　(　　　)

5. 采用生产工人工时比例法的前提条件是必须具备各种产品所耗机器工时数的完整的原始记录。　　　　　　　　　　　　　　　　　　　　　　　　　　　(　　　)

6. 由于停工待料、电力中断、机器故障等原因造成的停工损失，应计入产品成本。
　　　　　　　　　　　　　　　　　　　　　　　　　　　　　　　　　(　　　)

7. 经检验不需要返修而可以降价出售的产品，其降价损失作为管理费用体现，不列入"废品损失"。　　　　　　　　　　　　　　　　　　　　　　　　　　(　　　)

8. 制造费用是集合分配账户，月末该账户一般没有余额。　　　　　　　　(　　　)

9. 企业生产部门发生的办公费用、邮电费等尽管与产品没有直接关系，但也计入产品成本。　　　　　　　　　　　　　　　　　　　　　　　　　　　　　　(　　　)

10. 外购材料和直接材料都是材料费用，因此都属于要素费用。　　　　　(　　　)

四、业务训练

【业务训练一】

(一)目的：练习材料费用分配(定额分配)。

(二)资料：202×年7月，兴旺企业生产甲、乙两种产品，共同耗用某种材料1 200千克，每千克4元。甲产品的实际产量为140件，单件产品材料消耗定额为4千克；乙产的实际产量为 80 件，单件产品消耗定额为 5 千克。

（三）要求：采用定额耗用比例分配法分配材料费用，并编制材料费用分配表。

【业务训练二】

（一）目的：练习直接材料费用的分配（重量分配法）。

（二）资料：某厂大量生产的甲、乙、丙三种产品均由 A 材料构成其产品实体，本月三种产品共同耗用 A 材料 200 000 元，三种产品的净重分别为 2 500 千克、4 500 千克和 3 000 千克。

（三）要求：采用重量分配法分配计算三种产品各自应负担的 A 材料费用，填入表 2-15。

表 2-15　A 材料费用分配表

202×年7月　　　　　　　　　　　　金额单位：元

产品	产品净重/千克	分配率	分配金额
甲产品			
乙产品			
丙产品			
合　计			

【业务训练三】

（一）练习直接材料费用的分配（定额耗用量比例分配法）。

（二）资料：某厂 202×年 7 月生产甲、乙、丙三种产品。本月三种产品共同耗用 B 材料 16 800 千克，每千克 12.5 元，总金额为 210 000 元。三种产品本月投产量分别为 2 000 件、1 600 件和 1 200 件，B 材料消耗定额分别为 3 千克、2.5 千克和 5 千克。

（三）要求：采用定额耗用量比例分配法分配 B 材料费用，填入表 2-16。

表 2-16　B 材料费用分配表

202×年7月　　　　　　　　　　　　金额单位：元

产　品	产品投产量	单位定额	定额消耗总量	分配率	实际消耗总量	分配率	应分配材料费用
甲产品							
乙产品							
丙产品							
合　计							

【业务训练四】

（一）目的：练习直接材料费用的分配（系数分配法）。

（二）资料：某厂 202×7 月生产 01、02、03、04 和 05 五种产品，五种产品单位产品 C 材料消耗定额分别为 30、27.5、25、20、17.5 元，本月实际产量分别为 400、500、1 000、200、160 件，本月实际消耗 C 材料 59 850 元。

（三）要求：以 03 产品为标准产品，采用系数分配法分配 C 材料费用，填入表 2-17。

表 2-17 C 材料费用分配表

202×年 7 月 　　　　　　　　　金额单位：元

产品名称	单位消耗定额数	系数	实际产量	标准产量（总系数）	费用分配率	应分配材料费用
01						
02						
03						
04						
05						
合计						

【业务训练五】

（一）目的：练习分配结转直接材料费用的账务处理。

（二）资料：根据某厂本月耗用材料汇总表记录的资料，该厂本月消耗 B 材料 219 000 元，其中产品生产直接消耗 210 000 元，车间一般消耗 3 000 元，厂部管理部门消耗 6 000 元。产品生产耗用的材料在甲、乙、丙三种产品之间的分配见表 2-16 的分配结果。

（三）要求：根据资料编制分配结转本月耗用 B 材料的会计分录。

【业务训练六】

（一）目的：练习直接人工费用的分配（生产工时分配法）。

（二）资料：某厂 202×年 7 月应付工资 100 000 元，其中产品生产工人 82 500 元，车间管理人员 4 500 元，厂部管理人员 13 000 元；本月生产的甲、乙、丙三种产品，实际生产工时分配为 8 000、4 000 和 3 000 小时。本月应付福利费计提比例为 14%。

（三）要求：（1）采用生产工时分配法分配生产工人工资，填入表 2-18，计算应提取福利费，填入表 2-19；（2）编制分配结转工资和应付福利费的会计分录。

表 2-18 工资费用分配表

202×年 7 月 　　　　　　　　　金额单位：元

产品	实际生产工时	分配率	分配金额
甲产品			
乙产品			
丙产品			
合计			

表 2-19 提取福利费计算表

202×年 7 月 　　　　　　　　　金额单位：元

产品名称或人员类别	工资总额	计提比例	提取职工福利费
产品生产工人			
甲产品			
乙产品			
丙产品			
车间管理人员			

产品名称或人员类别	工资总额	计提比例	提取职工福利费
厂部管理人员			
合　计			

【业务训练七】

（一）目的：练习工资的计算。

（二）资料：202×年7月，兴旺企业某工人的月工资标准为8 400元。8月份31天，事假4天，病假2天，星期休假10天，出勤15天。根据该工人的工龄，其病假工资按工资标准的90%计算。该工人病假和事假期间没有节假日。

（三）要求：计算该工人本月应得工资。

【业务训练八】

（一）目的：熟练掌握外购动力费用的归集和分配(动力度数分配)。

（二）资料：兴旺企业202×年7月20日通过银行支付外购电费2 400元。7月末查明各车间、部门耗电度数为：基本生产车间3 500度，其中车间照明用电500度；辅助生产车间890度，其中车间照明用电190度；企业行政管理部门6 000度。该月应付外购电力费共计2 495度。

（三）要求：

（1）按所耗电度数分配电力费用，A、B产品按生产工时分配电费。A产品生产工时为3 600小时，B产品生产工时为2 400小时。

（2）编制该月份支付、分配外购电力费用的会计分录。假设该企业基本生产成本和辅助生产成本设有"燃料及动力"成本项目。

【业务训练九】

（一）目的、练习外购动力费用的分配(生产工时分配法)。

1. 资料：某厂202×年7月应付外购电费36 000元，其中产品生产用电30 000元，车间管理部门用电2 000元，厂部管理部门用电4 000元。本月该厂生产的甲、乙、丙三种产品的实际生产工时分别为8 000、4 000和3 000小时。

2. 要求：(1)采用生产工时分配法分配外购电费，填入表2-20；(2)编制分配结转应付电费的会计分录。

表2-20　外购电费分配表

202×年7月

金额单位：元

产　品	实际工时	分配率	分配金额
甲产品			
乙产品			
丙产品			
合　计			

【业务训练十】

（一）目的：练习制造费用归集的核算。

（二）资料：某厂设有一个基本生产车间，大量生产甲、乙、丙三种产品，本月有关基

本生产车间制造费用的经济业务如下:

(1)根据工资结算汇总表,本月应付工资60 000元,其中产品生产工人50 000元,车间管理人员4 000元,厂部管理人员6 000元。

(2)根据上述人员工资总额,按照14%的比例计提本月应付福利费。

(3)以银行存款600元支付办公用品费,其中生产车间200元,厂部400元。

(4)以银行存款1 000元支付生产车间设备修理费。

(5)根据月初在用固定资产原价,本月应计提折旧8 000元,其中生产车间6 000元、厂部2 000元。

(6)根据耗用材料汇总表,本月领用材料实际成本80 000元,其中产品生产72 000元,车间一般消耗5 000元,厂部管理部门3 000元。

(7)本月生产车间领用低值易耗品2 000元(采用一次摊销法)。

(8)车间刘主任报销差旅费600元,结清原借备用金500元,补付现金100元。

(9)以银行存款2 000元支付生产车间劳动保护费。

(10)以银行存款1 000元支付生产车间本月固定资产租赁费。

(11)以银行存款1 600元交纳生产车间本月财产保险费。

(12)以银行存款7 000元支付本月水电费,其中产品生产直接耗用5 000元,车间一般消耗800元,厂部消耗1 200元。

(13)根据待摊费用明细账资料,本月生产车间应摊销固定资产修理费1 000元。

(14)根据长期待摊费用明细账,本月生产车间应摊销租入固定资产改良支出1 000元。

(三)要求:

(1)根据资料编制会计分录。

(2)登记生产车间"制造费用"明细账并结出本月发生额合计,填入表2-21。

表2-21 制造费用明细账

生产单位:基本生产车间

年		凭证字号	摘要	费用明细项目											
月	日			工资	福利费	折旧费	修理费	机物料消耗	低值易耗品摊销	办公费	差旅费	劳动保护费	租赁费	保险费	水电费	合计

【业务训练十一】

(一)目的:练习制造费用的分配(生产工时分配法)。

(二)资料:某厂本月基本生产车间生产甲、乙、丙三种产品,产品生产工人工时分别为1 500、2 500和2 000小时,本月该车间发生的制造费用如表2-22所示。

(三)要求:

(1)采用生产工时分配法分配本月制造费用,填入表2-22。

(2)编制分配结转制造费用的会计分录。

表2-22　制造费用分配表

生产单位：基本生产车间　　　　　　　　202×年7月　　　　　　　　金额单位：元

产品名称	生产工时	分配率	分配金额
甲产品			
乙产品			
丙产品			
合　计			

【业务训练十二】

（一）目的：练习制造费用的分配（机器工时分配法）。

（二）资料：某厂第一基本生产车间用A、B两类设备生产甲、乙、丙三种产品。本月该车间制造费用总额为600 000元；三种产品本月机器总工时为350 000小时，其中甲产品150 000小时，乙产品100 000小时，丙产品100 000小时；本月A类设备运转150 000小时，其中甲产品50 000小时，乙产品20 000小时，丙产品80 000小时；B类设备运转200 000小时，其中甲产品100 000小时，乙产品80 000小时，丙产品20 000小时。该车间A类设备工时系数定为1，B类设备工时系数定为1.25。

（三）要求：

（1）采用机器工时分配法分配制造费用，填入表2-23。

（2）编制分配结转制造费用的会计分录。

表2-23　制造费用分配表

生产单位：第一基本生产车间　　　　　　202×年7月　　　　　　　金额单位：元

产品名称	标准机器工时（小时）			标准机器工时合计	费用分配率	分配金额
	A类设备（标准机器工时）	B类设备（系数1.25）				
		实际工时	标准工时			
甲产品						
乙产品						
丙产品						
合　计						

【业务训练十三】

（一）目标：练习制造费用的分配（计划费用分配率分配法）。

（二）资料：某厂为季节性生产企业，生产甲、乙、丙三种产品，本年度基本生产车间制造费用预算总额为510 000元；三种产品本年计划产量分别为2 200件、3 800件和2 200件，单位产品定额工时分别为20小时、10小时和40小时。202×年12月份生产甲产品400件、乙产品500件、丙产品300件，实际发生制造费用60 000元。经查，11月末制造费用本年累计借方发生额为455 000元，贷方发生额为435 000元。"制造费用——基本生产车间"明细账有借方余额20 000元。

（三）要求：

（1）计算本年度计划制造费用分配率。

（2）按计划费用分配率分配 12 月份产品应负担的制造费用，并编制会计分录。

（3）将全年制造费用的实际发生额与按计划费用分配率分配数额的差额调整计入 12 月份产品成本，因三种产品在开工月份生产份额相差不多，按 12 月份实际完成的定额工时分配给甲、乙、丙三种产品，并编制会计分录。

（4）登记制造费用明细账，填入表 2-24。

表 2-24 制造费用明细账

户名：基本生产车间

202×年		凭证字号	摘 要	借方	贷方	借或贷	余额
月	日						
			上月结转				
			本月发生费用				
			本月分配费用				
			年末分配费用				
			本月发生额				
			本年累计发生额				

第3章 辅助生产费用的核算

知识目标

1. 了解辅助生产费用归集的概念与特点
2. 熟悉辅助生产成本的内容
3. 掌握辅助生产费用的交互分配法
4. 熟悉直接分配法和计划成本分配法
5. 熟悉"辅助生产成本"账户设置和月末结转

职业目标

1. 应用交互分配法
2. 掌握辅助生产成本的账户设置
3. 掌握辅助生产费用的汇总和分配表的编制
4. 掌握计划成本分配法和直接分配法
5. 熟悉"辅助生产成本"账户的登记和结转

知识结构导图

辅助生产费用的核算
├── 辅助生产费用的归集
│   ├── 辅助生产费用的概念与特点
│   └── 辅助生产费用的归集
└── 辅助生产费用的分配
    ├── 月末辅助生产费用的分配
    └── 辅助生产费用的分配方法

情景导入

光明企业设机修车间、供电车间两个辅助生产车间。202×年6月，两车间发生消耗如下：机修车间耗用材料2 000元，职工薪酬5 000元；供电车间耗用材料4 000元，职工薪酬3 000元。机修车间提供劳务：基本车间500小时，行政部门125小时，供电车间100小时，共计725小时。供电车间提供电量：基本车间12 500度，行政部门3 000度，机修车间500度，共计16 000度。

要求：列举以上费用的分配方法，并选一种方法分配有关辅助生产费用。

3.1　辅助生产费用的归集

【任务导入3-1】兴旺企业有供水和供电两个辅助生产车间，主要为本企业基本生产车间和行政管理部门等服务。

根据"辅助生产成本"明细账汇总的资料，供水车间本月发生费用4 130元，供电车间本月发生费用9 480元。各辅助生产车间提供产品或劳务资料如表3-1所示。

表3-1　各辅助生产车间提供产品或劳务资料表

受益单位	耗水/m³	耗电/度
基本生产——甲产品		20 600
基本生产车间	41 000	16 000
供电车间	20 000	
供水车间		6 000
行政管理部门	16 000	2 400
专设销售机构	5 600	1 000
合　计	82 600	46 000

3.1.1　辅助生产费用的概念与特点

3.1.1.1　概念

工业企业的辅助生产，是指主要为基本生产车间、企业行政管理部门等提供服务而进行的产品生产和劳务供应。

辅助生产车间为生产产品或提供劳务而发生的原材料费用、动力费用、工资及福利费用以及辅助生产车间的制造费用，被称为辅助生产费用。为生产提供一定种类和一定数量的产品或劳务所耗费的辅助生产费用之和，构成该种产品或劳务的辅助生产成本。

3.1.1.2　特点

辅助生产费用是辅助生产车间提供的产品和服务的成本，可服务于企业内部其他部门，也可用于对外销售，这一特点决定了辅助生产费用必须按消耗比例转入生产成本、制造费用和管理费用。对于辅助车间发生的各项费用应单独归集，并在各受益对象之间进行合理分配，以便正确计算企业产品成本和期间费用。

小贴士

生产车间按生产职能不同，分为基本生产车间和辅助生产车间。基本生产车间是指生产产品的车间；辅助生产车间是为基本生产车间、企业行政管理部门等服务的车间。

3.1.2 辅助生产费用的归集

辅助生产费用的归集是辅助生产费用按照辅助生产车间以及产品和劳务类别归集的过程，也是辅助生产产品和劳务成本计算的过程。辅助生产费用的归集是为辅助生产费用的分配做准备，只有先归集起来，才能够进行分配。

辅助生产费用的归集和分配，是通过"辅助生产成本"账户进行的。该账户一般按辅助生产车间、车间下再按产品或劳务种类设置明细账，账户按照成本项目或费用项目设立专栏进行明细核算。辅助生产发生的各项生产费用，应通过"辅助生产成本"账户的借方进行归集。辅助生产成本明细账格式如表3-2所示。

表3-2 辅助生产成本明细账格式

车间名称：机修车间　　　　　　　　　　202×年6月　　　　　　　　　金额单位：元

摘要	直接材料	燃料及动力	直接人工	制造费用	合计	转出
材料费用分配表	4 000				4 000	
动力费用分配表		500			500	
人工成本分配表			2 800		2 800	
制造费用分配表				1 500	1 500	
辅助生产费用分配表						8 800
合　计	4 000	500	2 800	1 500	8 800	8 800

辅助生产费用归集的程序有两种，相应地，"辅助生产成本"三级明细账的设置方式也有两种。两者的区别在于辅助生产制造费用归集的程序不同。其一，在一般情况下，辅助生产车间的制造费用应先通过"辅助生产车间"账户进行单独归集，然后将其转入相应的"辅助生产成本"三级明细账，从而计入辅助生产产品或劳务的成本。其二，在辅助生产车间规模很小、制造费用很少，而且辅助生产不对外提供商品，因而不需要按照规定的成本项目计算产品成本的情况下，为了简化核算工作，辅助生产的制造费用可以不通过"制造费用——辅助生产车间"账户单独归集，而直接列入"辅助生产成本"账户。

1. 设置"辅助生产成本"账户的情况

（1）对于在"辅助生产成本"账户中设有专门成本项目的辅助生产费用，如原材料费用、动力费用、工资及福利费用等，发生时应记入"辅助生产成本"账户相应成本项目的借方。其中，直接计入费用应直接计入，间接计入费用则需分配计入。

（2）对于未专设成本项目的辅助生产费用，发生时应先列入"辅助生产车间"账户进行归集，然后再从该账户的贷方直接转入或分配转入"辅助生产成本"账户的借方。

2. 不设置"制造费用——辅助生产车间"账户的情况

"辅助生产成本"账户内按若干费用项目设置专栏。对于发生的各种辅助生产费用，可直接列入或间接分配列入"辅助生产成本"账户的相应费用项目。当辅助车间发生各种费用时，借记"辅助生产成本"，下设机修车间等辅助车间明细，贷记"原材料""应付职工薪酬""累计折旧""应付利息"等科目。

3.2　辅助生产费用的分配

辅助生产费用的分配就是将归集的各辅助生产成本在受益对象之间，采用适当的分配方法进行分配，即辅助生产费用的分配就是指按照一定的标准和方法，将辅助生产成本分配到各受益单位或产品的过程。分配的及时性和准确性，影响到基本生产成本、经营管理费用以及经营成果核算的及时性和准确性。辅助生产费用的分配，是辅助生产费用核算的关键。

3.2.1　月末辅助生产费用的分配

由于辅助生产车间既可能生产产品又可能提供劳务，所以对于其所生产的产品，如工具、模具、修理用备件等，应在产品完工时，从"辅助生产成本"账户的贷方分别转入"周转材料""原材料"等账户的借方，如图3-1所示。

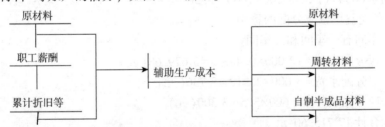

图3-1　生产产品辅助车间成本的结转

对于所提供的劳务作业，如供水、供电、修理和运输等，其发生的辅助生产费用通常于月末在各受益单位之间按照一定的标准和方法进行分配后，从"辅助生产成本"账户的贷方转入"基本生产成本""制造费用""管理费用""销售费用""在建工程"等有关账户的借方。

3.2.2　辅助生产费用的分配方法

辅助生产费用的分配是通过编制辅助生产费用分配表进行的。通常采用的辅助生产费用的分配方法有直接分配法、交互分配法、计划成本分配法、顺序分配法和代数分配法。

3.2.2.1　直接分配法

直接分配法是将待分配的辅助生产费用直接分配给辅助生产车间以外的各受益产品、

部门，而不考虑各辅助生产车间之间相互消耗费用的一种分配方法。这种方法简便易行，但准确度不高，多适用于辅助生产车间相互提供的产品、劳务或提供产品、劳务较少的情况。其计算公式为：

某种劳务费用的分配率=待分配的劳务费用÷（提供的该劳务总量-其他辅助生产车间耗用该劳务量）

某受益对象应分配的劳务量=该劳务费用的分配率×该受益对象耗用的劳务量

【例3-1】旺旺企业共有三个辅助生产车间（供电、供水、机修），两个基本生产车间和行政管理部门。202×年6月，各辅助生产车间和部门提供劳务和费用发生的情况，如根据表3-3所示，请进行辅助生产费用的分配。

表3-3　辅助生产车间提供劳务及发生费用情况　　　金额单位：元

劳务量	受益对象						劳务总量	直接费用
	供电车间	供水车间	机修车间	一车间	二车间	行政部门		
供电量/度	—	4 400	1 100	12 000	15 000	3 000	35 500	14 200
供水量/吨	400	—	800	3 000	5 200	1 800	11 200	29 120
机修/小时	200	100	—	600	420	180	1 500	6 600
合　计								49 920

（1）计算辅助生产费用的分配率：

供电车间=14 200÷（35 500-4 400-1 100）=0.473 3

供水车间=29 120÷（11 200-800-400）=2.912

机修车间=6 600÷（1 500-200-100）=5.50

（2）计算各受益单位应分配的费用：

基本生产车间有一车间和二车间。

一车间：应分配电费=12 000×0.473 3=5 679.60（元）

应分配水费=3 000×2.912=8 736（元）

应分配机修费=600×5.5=3 300（元）

合计17 715.60元

二车间：应分配电费=15 000×0.473 3=7 099.50（元）

应分配水费=5 200×2.912=15 142.40（元）

应分配机修费=420×5.5=2 310（元）

合计24 551.90元

行政管理部门：应分配电费=14 200-5 679.6-7 099.5=1 420.90（元）

应分配水费=29 120-8 736-15 142.4=5 241.60（元）

应分配机修费=6 600-3 300-2 310=990（元）

合计7 652.50元

或行政管理部门：应分配电费=3 000×0.4733=1 419.90（元）

应分配水费=1 800×2.912=5 241.60（元）

应分配机修费=180×5.5=990元

合计7 651.50（元）

小贴士

行政管理部门分配的辅助生产费用在前面两种方法下计算的结果相差 1 元，这主要是计算时四舍五入而造成的，所以为了防止在记账时借贷不平衡，最后一个分配对象一般应采用扣除法来计算，不应采用乘法计算(但可以用来检验计算结果)。

采用直接分配法，编制辅助生产费用分配表，如表 3-4 所示。

表 3-4　辅助生产费用分配表（直接分配法）

202×年 6 月份　　　　　　　　　　　　　　　金额单位：元

辅助生产车间名称			供电车间	供水车间	机修车间	合计
待分配费用			14 200	29 120	6 600	49 920
劳务供应数量总额			30 000	10 000	1 200	—
费用分配率(单位成本)			0.473 3	2.912	5.5	—
基本生产车间耗用	一车间	数量	12 000	3 000	600	—
		金额	5 679.60	8 736	3 300	17 715.60
	二车间	数量	15 000	5 200	420	—
		金额	7 099.50	15 142.40	2 310	24 551.90
行政管理部门耗用		数量	3 000	1 800	180	—
		金额	1 419.90	5 241.60	990	7 652.50
分配金额合计			14 200	29 120	6 600	49 920

根据表 3-4，编制会计分录如下。

借：制造费用——一车间　　　　　　　　17 715.60
　　　　　　——二车间　　　　　　　　24 551.90
　　管理费用　　　　　　　　　　　　　 7 652.50
　　贷：辅助生产成本——供电　　　　　　　　　　14 200
　　　　　　　　　　——供水　　　　　　　　　　29 120
　　　　　　　　　　——机修　　　　　　　　　　 6 600

这种方法的特点是不考虑辅助生产车间相互提供的劳务，不进行辅助生产费用的交互分配，只进行一次对外分配，因而这种方法计算工作简便。但由于对外分配的辅助生产费用是一个不完全的费用，因而分配结果不够准确，这种方法一般只适合在辅助生产车间之间相互提供劳务不多或比较均衡的企业。

3.2.2.2　交互分配法

交互分配法的特点是在分配费用时，首先将辅助生产费用在辅助生产车间之间进行分配，然后重新确认辅助生产车间待分配费用，最后将费用按直接分配法在各受益单位之间进行分配。这种方法的关键环节是在交互分配后重新确认辅助生产车间的费用。

交互分配法一般按以下几步进行。

(1)计算各辅助生产车间、部门交互分配前的单位成本(交互分配率)，计算公式为：

某项辅助生产费用交互分配前的单位成本 = 交互分配前的辅助生产费用 ÷ 该辅助生产车间提供劳务的总量

（2）辅助生产车间进行交互分配，计算公式为：

某辅助生产车间应负担其他辅助生产车间的费用=$\sum$某项辅助生产费用的单位成本×
该辅助生产车间接受的劳务量

（3）计算各辅助生产车间、部门交互分配后的费用，计算公式为：

某辅助生产车间交互分配后的费用=该辅助生产车间交互分配前的费用+交互分配转
入的费用−交互分配转出的费用

（4）计算各辅助生产车间、部门交互分配后的单位成本，计算公式为：

某辅助生产车间交互分配后的单位成本=该辅助生产车间交互分配后的费用÷该辅助
生产车间对辅助生产车间以外受益单位提供
劳务的总量

（5）对辅助生产车间以外各受益单位分配费用，计算公式为：

辅助生产车间以外某收益单位应负担的费用=$\sum$该受益单位接受某辅助生产车间的
劳务量×该辅助生产车间交互分配后的
单位成本

【例3-2】承【例3-1】的资料，采用交互分配法分配辅助生产费用。

第一步，计算第一次交互分配的单位成本。

供电车间=1 4200÷35 500=0.4（元）

供水车间=29 120÷11 200=2.6（元）

机修车间=6 600÷1 500=4.4（元）

第二步，交互分配。

供电车间：应分配水费=400×2.6=1 040（元）

应分配机修费=200×4.4=880（元）

合计1 920元

供水车间：应分配电费=4 400×0.4=1 760（元）

应分配机修费=100×4.4=440（元）

合计2 200元

机修车间：应分配电费=1 100×0.4=440（元）

应分配水费=800×2.6=2 080（元）

合计2 520元

第三步，计算各辅助车间交互分配后的费用。

供电车间=14 200−1 760−440+1 040+880=13 920（元）

供水车间=29 120−1 040−2 080+1 760+440=28 200（元）

机修车间=6 600−880−440+440+2 080=7 800（元）

第四步，计算各辅助生产车间对外分配的单位成本。

供电车间=13 920÷30 000=0.464（元）

供水车间=28 200÷10 000=2.82（元）

机修车间=7 800÷1 200=6.5（元）

第五步，对辅助生产车间以外的各受益单位分配费用。

基本生产车间分一车间和二车间。

一车间：应分配电费=12 000×0.464=5 568（元）

　　　　应分配水费=3 000×2.82=8 460（元）

　　　　应分配机修费=600×6.5=3 900（元）

　　　　合计 17 928 元

二车间：应分配电费=15 000×0.464=6 960（元）

　　　　应分配水费=5 200×2.82=14 664（元）

　　　　应分配机修费=420×6.5=2 730（元）

　　　　合计 24 354 元

行政管理部门：应分配电费=13 920-5 565-6 960=1 392（元）

　　　　　　　应分配水费=28 200-8 460-14 664=5 076（元）

　　　　　　　应分配机修费=7 800-3 900-2 730=1 170（元）

　　　　　　　合计 7 638 元

采用交互分配法编制辅助生产费用分配表，如表3-5所示。

表 3-5　辅助生产费用分配表（交互分配法）

202×年 6 月　　　　　　　　　　　　　　　　　　　　　　金额单位：元

项目			交互分配				对外分配			
辅助生产车间名称			供电	供水	机修	合计	供电	供水	机修	合计
待分配费用			14 200	29 120	6 600	49 920	13 920	28 200	7 800	49 920
劳务供应数量			35 500	11 200	1 500	—	30 000	10 000	1 200	—
费用分配率（单位成本）			0.4	2.6	4.4	—	0.464	2.82	6.5	—
辅助生产车间	供电车间	数量		400	200	—				
		金额		1 040	880	1 920				
	供水车间	数量	4 400		100	—				
		金额	1 760		440	2 200				
	机修车间	数量	1 100	800		—				
		金额	440	2 080		2 520				
基本生产车间	一车间	数量					12 000	3 000	600	—
		金额					5 568	8 460	3 900	17 928
	二车间	数量					15 000	5 200	420	—
		金额					6 960	14 664	2 730	24 354
行政管理部门耗用		数量					3 000	1 800	180	—
		金额					1 392	5 076	1 170	7 638
分配金额合计							13 920	28 200	7 800	49 920

根据表3-5，可编制以下会计分录。

（1）交互分配的会计分录：

借：辅助生产车间——供电　　　　　　　　　　　　　　1 920

　　　　　　　　　——供水　　　　　　　　　　　　　2 200

　　　　　　　　　——机修　　　　　　　　　　　　　2 520

    贷：辅助生产车间——供电　　　　　　　　　　　2 200

           ——供水　　　　　　　　　　　3 120

           ——机修　　　　　　　　　　　1 320

（2）对外分配的会计分录：

借：制造费用——一车间　　　　　　　　　　　17 928

        ——二车间　　　　　　　　　　　24 354

管理费用　　　　　　　　　　　　　　　　7 638

    贷：辅助生产车间——供电　　　　　　　　　　　13 920

           ——供水　　　　　　　　　　　28 200

           ——机修　　　　　　　　　　　7 800

辅助生产费用的交互分配也可按下面方法进行计算分配。这种方法的计算过程一般分两步。

（1）交互分配阶段。先将辅助生产各车间所发生的直接费用在全部受益单位（包括辅助生产车间）之间分配，再按各受益单位接受的劳务量比例进行分配。

具体分配过程基本和前面方法类似，只是前面一种方法只对辅助生产车间内部各受益单位进行分配，而这种方法是对所有受益单位进行分配。

（2）追加分配阶段。将各辅助生产车间在第一步交互分配时分配转入的费用，在辅助生产车间以外的各受益单位按接受的劳务量比例进行追加分配。其计算公式如下：

追加分配的分配率=某辅助生产车间交互分配转入的费用÷该辅助生产车间对其他受益单位提供的劳务总量

某辅助生产车间以外受益单位应负担的追加分配率=该受益单位接受劳务量×追加分配的分配率

采用这种方法，辅助生产车间以外的各受益单位应负担的辅助生产费用应是第一次分配额与第二次追加分配额之和。

交互分配法的优点：辅助生产内部相互提供的产品或劳务全部进行了交互分配，从而提高了分配结果的准确性。在各月辅助生产费用水平相差不大的情况下，为了简化计算工作，可以用上月的辅助生产单位成本作为本月交互分配的单位成本。采用交互分配法，由于考虑了辅助生产车间内部相互提供劳务的交互分配，基本上反映了辅助生产车间内部相互提供劳务的关系，因而分配结果相对合理，计算结果也基本正确。

交互分配法的缺点：这种方法要进行两次分配，计算两个费用分配率，计算工作量相对较大；而且第一次交互分配的分配率是根据交互分配前的费用计算出来的，所以这种分配方法是一种不完全分配（交互分配前的费用不是辅助生产车间发生的全部生产费用），交互分配时使用的分配率（单位成本）也不是各辅助生产车间的实际单位成本，从而分配结果也不完全正确。

3.2.2.3　计划成本分配法

计划成本分配法是首先根据各辅助生产车间提供劳务的计划成本及各受益单位（包括辅助生产车间内部和外部各单位）接受的劳务量将辅助生产费用在各受益单位之外进行分配，然后再对各辅助生产车间实际发生的费用（包括辅助生产车间内部按计划成本交互分配的费用）与按计划单位成本分配转出的差额（即辅助生产成本差异）进行调整的一种方法。

为了简化分配工作，可将辅助生产成本差异全部调整计入管理费用，不再分配给其他的受益单位，计算公式如下：

　　某受益单位应负担的辅助生产费用＝某辅助生产车间计划单位成本×该受益单位接该辅助生产车间的劳务量

　　某辅助生产车间按计划成本分配的总费用＝该辅助生产车间直接发生的劳务总量×该辅助生产车间计划单位成本

　　某辅助生产车间实际发生的总费用＝该辅助生产车间直接发生的费用＋其他辅助生产车间按计划成本转入的费用

　　某辅助生产车间劳务的成本差异＝该辅助生产车间实际发生的总费用－该辅助生产车间按计划成本分配的总费用

　　【例3-3】沿用【例3-1】的资料，假设每度电的单位成本为0.45元，每吨水的单位成本为2.9元，每工时修理劳务的单位成本为6元。要求：采用计划成本分配法分配辅助生产车间费用。

　　具体计算步骤如下：

　　(1)计算各受益单位按计划单位成本分配数额。

　　供电车间：应分配水费＝400×2.9＝1 160(元)

　　　　　　　应分配机修费＝200×6＝1 200(元)

　　　　　　　合计2 360元

　　供水车间：应分配电费＝4 400×0.45＝1 980(元)

　　　　　　　应分配机修费＝100×6＝600(元)

　　　　　　　合计2 580元

　　机修车间：应分配电费＝1 100×0.45＝495(元)

　　　　　　　应分配机修费＝800×2.9＝2 320(元)

　　　　　　　合计2 815元

　　基本生产车间分一车间和二车间。

　　一车间：应分配电费＝12 000×0.45＝5 400(元)

　　　　　　应分配水费＝3 000×2.9＝8 700(元)

　　　　　　应分配机修费＝600×6＝3 600(元)

　　　　　　合计17 700元

　　二车间：应分配电费＝15 000×0.45＝6 750(元)

　　　　　　应分配水费＝5 200×2.9＝15 080(元)

　　　　　　应分配机修费＝420×6＝2 520(元)

　　　　　　合计24 350元

　　行政管理部门：应分配电费＝3 000×0.45＝1 350(元)

　　　　　　　　　应分配水费＝1 800×2.9＝5 220(元)

　　　　　　　　　应分配机修费＝180×6＝1 080(元)

　　　　　　　　　合计7 650元

　　根据以上计算结果，编制以下会计分录：

　　借：辅助生产成本——供电车间　　　　　　　　　　　　　　2 360

　　　　　　　　　　　——供水车间　　　　　　　　　　　　　2 580

　　　　　　　　　　　——机修车间　　　　　　　　　　　　　2 815

　　　　制造费用——一车间　　　　　　　　　　　　　　　　17 700

      ——二车间   24 350

    管理费用   7 650

    贷：辅助生产成本——供电车间   15 975

                   ——供水车间   32 480

                   ——机修车间   9 000

（2）计算各辅助生产车间的成本差异，如表3-6所示。

表3-6 辅助生产成本差异计算表   金额单位：元

车间	实际成本	按计划分配份额	辅助生产成本差异
供电车间	16 560	15 975	+585
供水车间	31 700	32 480	−780
机修车间	9 415	9 000	+415
合 计	57 675	57 455	+220

辅助生产成本差异调整的会计分录如下：

借：管理费用   220

    贷：辅助生产成本——供电车间   585

                 ——供水车间   780

                 ——机修车间   415

根据以上计算结果，编制辅助生产费用分配表，如表3-7所示。

表3-7 辅助生产费用分配表（计划成本分配法）

202×年6月

金额单位：元

项目		供电车间		供水车间		机修车间		合计
		数量	金额	数量	金额	数量	金额	
待分配的数量和费用		35 500	14 200	11 200	29 120	1 500	6 600	49 920
计划单位成本			0.45		2.90		6.00	
辅助生产成本	供电车间			400	1 160	200	1 200	2 360
	供水车间	4 400	1 980			100	600	2 580
	机修车间	1 100	495	800	2 230			2 815
制造费用	一车间	12 000	5 400	3 000	8 700	600	3 000	17 700
	二车间	15 000	6 750	5 200	15 080	420	2 520	24 350
管理费用		3 000	1 350	1 800	5 220	180	1 080	7 650
按计划成本分配金额		35 500	15 975	11 200	32 480	1 500	9 000	57 455
辅助生产实际成本			16 560		31 700		9 415	57 675
辅助生产成本差异			+585		−780		+415	+220

    采用计划成本分配法，各种辅助生产费用只分配一次，而且各项劳务的计划单位成本早已确定，不必单独计算费用的分配率，因而简化了成本的计算工作。通过辅助生产成本差异的计算，还可反映和考核各辅助生产车间发生费用的节约或超支情况，而且辅助生产成本差异全部计入管理费用，排除了辅助生产费用的节约或超支对基本生产车间的成本影

响，便于分析和考核各受益单位的责任成本。

适宜采用计划成本分配法的是计划工作水平较高的企业，否则会影响成本计算的正确性，而且在计算辅助生产实际发生总费用时，分配转入的其他辅助生产费用仍然是按计划单位成本计算的，所以计算的实际成本也不是纯粹的实际成本。

将辅助生产费用进行归集和分配以后，本月发生的生产经营管理费用都已归集在"生产成本""制造费用""管理费用""销售费用""财务费用"等总账账户以及其所属明细账的借方。其中专设成本项目的生产费用，全部列入"生产成本"账户，并在各种产品之间进行分配，如原材料费用、生产工资及福利费、燃料及动力等费用，未专设成本项目的制造费用，全部按车间、部门归集在"制造费用"账户的借方。

3.2.2.4　顺序分配法

如果各辅助生产车间之间，有的接受其他辅助生产车间提供的劳务较少，有的则接受较多，那么，可以将辅助生产车间按受益的多少进行顺序排列，按顺序分配费用。受益少的排列在前，先将费用分配出去(至于该车间接受其他辅助生产车间提供的劳务应负担的费用，则忽略不计)，受益多的排列在后，后将费用分配出去，如此按顺序逐个分配下去，直至排列最后一个车间，所以该法称为顺序分配法。例如某企业有供电、供水、供气三个辅助生产车间，供电车间耗用水和气都较少，供水车间耗用气较少，但耗用电较多，供气车间耗用水和电都较多。因此，可以按供电、供水、供气的顺序排列。

【例3-4】202×年6月，旺旺企业有供电、供水、供气三个辅助生产车间，各车间和部门提供劳务和费用发生情况如表3-8所示。要求：采用顺序分配法，分配本月辅助生产车间的费用。

表3-8　辅助生产车间提供劳务及发生费用情况　　　　金额单位：元

劳务量	受益对象						劳务总量	直接费用
	供电车间	供水车间	供气车间	一车间	二车间	行政部门		
供电量/度		4 400	5 000	12 000	15 000	3 000	39 400	16 548
供水量/吨	10		1 500	3 000	5 200	1 800	11 510	33 802
供气量/吨	2	10		600	800	200	1 612	8 750

供电车间：

分配率=16 548÷39 400=0.42

电费分配：供水车间负担电费=0.42×4 400=1 848(元)

供气车间负担电费=0.42×5 000=2 100(元)

一车间负担电费=0.42×12 000=5 040(元)

二车间负担电费=0.42×15 000=6 300(元)

行政部门负担电费=0.42×3 000=1 260(元)

合计16 548元

供水车间：

分配率=(33 802+1 848)÷(11 510-10)=3.1

水费分配：供气车间负担水费=3.1×1 500=4 650(元)

一车间负担水费=3.1×3 000=9 300（元）

二车间负担水费=3.1×5 200=16 120（元）

行政部门负担水费=3.1×1 800=5 580（元）

合计 35 650 元

供气车间：

分配率=（8 750+2 100+4 650）÷（1 612-10-2）=9.7

分配气费：一车间负担气费=9.7×600=5 820（元）

二车间负担气费=9.7×800=7 760（元）

行政部门负担气费=15 500-5 820-7 760=1 920（元）

合计 15 500 元

分配结果如表3-9所示。

表3-9 辅助生产费用分配表（顺序分配法）

202×年 6 月

金额单位：元

项目		分配率	辅助生产车间			基本生产车间		行政部门	合计
			供电	供水	供气	一车间	二车间		
辅助生产	劳务量		39 400	11 500	1 600				
	直接发生费用		16 548	33 802	8 750				59 100
电费分配	供电量		-39 400	4 400	2 000	12 000	18 000	3 000	0
	分配金额	0.42	-16 548	1 848	2 100	5 040	6 300	1 260	0
水费分配	供水量			-11 500	1 500	3 000	5 200	1 800	0
	分配金额	3.1		-35 650	4 650	9 300	16 120	5 580	0
气费分配	供气量				-1 600	600	800	200	0
	分配金额	9.7			-15 500	5 820	7 760	1 920	0
合计						20 160	30 180	8 760	59 100

根据表3-9，编制会计分录如下。

借：辅助生产成本——供水车间   1 848

          ——供气车间   6 750

    制造费用——一车间   20 160

          ——二车间   30 180

    管理费用   8 760

  贷：辅助生产成本——供电车间   16 548

          ——供水车间   35 650

          ——供气车间   15 500

从本例可以看出，顺序分配法的特点是排列在前的辅助生产车间将其发生的费用既分配给辅助生产车间以外的各受益单位，同时也分配给排列在其后面的各辅助生产车间，而排列在后的辅助生产车间只将其发生的费用分配给辅助生产车间以外的各受益单位和排列在其后面的各辅助生产车间，而不分配给排列在其前面的各辅助生产车间（因其前面的各辅助生产车间的接受劳务较少，可以忽略不计）。因而各项辅助生产费用只分配一次，简化了费用的分配工作，分配结果的正确性也比直接分配法有所提高，但排列在前面的各辅助生产车间不负担排列在后面的各辅助生产车间的费用，分配结果的正确性仍然受到一定的影响。所以这种分配方法适宜在各辅助生产车间之间相互提供劳务受益程度有明显顺序的企业采用，这种顺序关系一般不用通过计算就一目了然。比如上例中供电、供水、供气三个车间相互提供劳务的顺序关系。

3.2.2.5 代数分配法

代数分配法是将代数中多元一次联立方程的原理运用在辅助生产车间之间相互提供产品或劳务情况下的一种辅助生产成本费用分配方法。采用这种方法，首先应根据各辅助生产车间产品和劳务的数量，求解联立方程式，计算辅助生产产品或劳务的单位成本，然后根据各受益单位耗用产品或劳务的数量和单位成本，计算分配辅助生产费用。

假设有甲、乙、丙三个辅助生产车间，相互提供劳务。甲辅助车间直接发生费用为 $A1$ 元，提供劳务总量为 $B1$ 单位，其中对乙辅助车间提供的劳务量为 $C1$ 单位、对丙辅助车间提供的劳务量为 $D1$ 单位；乙辅助车间直接发生费用为 $A2$ 元，提供劳务总量为 $B2$ 单位，其中对甲辅助车间提供劳务为 $C2$ 单位，对丙辅助车间提供劳务为 $D2$ 单位；丙辅助车间直接发生费用为 $A3$ 元，提供劳务总量为 $B3$ 单位，其中对甲辅助车间提供劳务为 $C3$ 单位，对乙辅助车间提供劳务为 $D3$ 单位。设甲、乙、丙辅助车间的劳务单位成本分别为 x 元、y 元、z 元，则联立方程组为：

$$A1+C2y+C3z=B1x$$
$$A2+C1x+D3z=B2y$$
$$A3+D1x+D2y=B3z$$

然后根据各受益单位（包括辅助生产车间内部各单位）接受的劳务量和求得的劳务单位成本分配费用，根据分配结果编制辅助生产费用分配表。

从上面方程式可以看出，方程左方 $A1+C2y+C3z$ 表示甲辅助生产车间归集的费用总额，右方 $B1x$ 表示甲辅助生产车间费用的分配总额，两者应该是相等的。

【例3-5】假设兴旺企业修理车间和运输部门本月有关经济业务汇总如下：修理车间发生费用35 000元，提供修理劳务20 000小时，其中为运输部门提供3 000小时，为基本生产车间提供16 000小时，为管理部门提供1 000小时；运输部门发生费用46 000元，提供运输40 000千米，其中为修理车间提供3 500千米，为基本生产车间提供30 000千米，为管理部门提供6 500千米。要求：采用代数分配法分配辅助生产费用。

（1）设修理车间单位成本为 x，运输部门的单位成本为 y，则：

$$35\ 000+3\ 500y=20\ 000x$$
$$46\ 000+3\ 000x=40\ 000y$$

求解得出：

$$x=1.977\ 200\ 8$$
$$y=1.298\ 290\ 1$$

（2）修理车间：

直接发生费用＝35 000（元）

应分配运输费用＝3 500×1.298 290 1＝4 544.02（元）

合计 39 544.02 元

或 20 000×1.977 200 8 = 39 544.02（元）

（3）运输部门：

直接发生费用 = 46 000（元）

应分配修理费 = 3 000×1.977 200 8 = 5 931.6（元）

合计 51 931.6 元

或 40 000×1.298 290 1 = 51 931.6（元）

（4）基本生产车间：

应分配修理费 = 16 000×1.977 200 8 = 31 635.21（元）

分配运输费 = 30 000×1.298 290 1 = 38 948.70（元）

合计 70 583.91 元

（5）行政管理部门：

应分配修理费 = 1 000×1.977 200 8 = 1 977.21（元）

应分配运输费 = 6 500×1.298 290 1 = 8 438.88（元）

合计 10 416.09 元

根据以上计算结果，编制会计分录如下。

借：辅助生产成本——修理车间 　　　　　　　　　　4 544.02

　　　　　　　——运输部门 　　　　　　　　　　　5 931.60

　　制造费用——基本生产车间 　　　　　　　　　　70 583.91

　　管理费用 　　　　　　　　　　　　　　　　　　10 416.09

　　贷：辅助生产成本——修理车间 　　　　　　　　　39 544.02

　　　　　　　　——运输部门 　　　　　　　　　　　51 931.60

采用代数分配法分配辅助生产费用，分配结果最正确。但这种方法在分配以前要解联立方程组，如果企业辅助生产车间较多，则方程的未知数较多，计算工作也比较复杂。

思考题：采用计划成本法分配辅助生产费用

某企业设供气和机修两个辅助生产车间，本月供气车间归集入账的费用合计为 8 600元，机修车间已归集入账的费用合计为 2 400 元。本月辅助生产车间提供给基本生产车间和行政管理部门的劳务数量如表 3-10 所示。

表 3-10　辅助生产分配（计划）

车间部门	供气/吨	机修/小时
供气车间		100
机修车间	200	
基本生产车间	1 100	620
行政管理部门	100	80
合计	1 400	800

假设：供气车间提供的计划单位成本为 6 元/吨，修理车间提供的修理劳务的计划单位成本为 3 元/小时，采用计划成本分配法分配辅助生产费用，并编制会计分录。

以上几种方法的区分如表3-11所示。

表3-11 分配辅助生产费用的五种方法优缺点比较表

项目	适用的范围	优点	缺点	说明
直接分配法	辅助生产车间相互不提供劳务，或提供劳务较少	计算工作简单，简便易行	分配结果准确度不高	省略辅助生产车间之间分配工作
交互分配法	辅助生产车间相互提供劳务较多	计算结果较为准确	计算分配的手续较为复杂	先在辅助生产车间之间分配，然后再对外分配
计划成本分配法	有计划单价且比较符合实际	有利于考核辅助生产车间经济利益划分	分配结果受计划单价影响较大	为简化核算也可将差异直接转入"管理费用"
顺序分配法	相互提供劳务差别较大，且相互耗用有明显顺序	计算分配工作较简单	计算结果不够准确	收益少的排列在先，收益多的排列在后
代数分配法	实行会计电算化的企业	分配结果最准确	计算手续较复杂	联立多元一次方程式

本章小结

本章介绍了辅助生产费用的归集和分配，重点在辅助生产费用的五种分配方法，注意各种方法的计算特点及其优缺点，以理解不同方法的适用范围。

辅助生产费用的分配方法主要包括直接分配法、交互分配法、计划成本分配法、顺序分配法和代数分配法，企业应根据组织特点和成本预算情况合理选用分配方法。

关键词

辅助生产　辅助生产费用　分配方法　适用范围

复习思考题

1. 简述辅助生产的含义及辅助生产费用的定义。
2. 辅助生产费用核算的账户设置应注意哪些问题？
3. 简述辅助生产费用归集的一般程序。
4. 简述交互分配法的定义和适用范围。
5. 计划成本分配法的优缺点是什么？

同步自测题

一、单项选择题

1. 将辅助生产车间的各项费用直接分配给辅助生产车间以外的各受益单位，这种方法称为（　　）。

    A. 直接分配法   B. 顺序分配法

    C. 计划成本分配法   D. 代数分配法

2. 辅助生产费用按计划成本分配法进行分配时，辅助生产实际成本应根据辅助生产车间按计划成本分配前的费用（　　）计算。

    A. 加上按计划成本分配转入的费用

    B. 减去按计划成本分配转出的费用

    C. 加上按计划成本分配转入的费用，减去按计划成本分配转出的费用

    D. 直接计算

3. 辅助生产费用的交互分配法，一次交互分配是在（　　）。

    A. 各受益单位间进行分配   B. 受益的各辅助生产车间之间分配

    C. 辅助生产以外的受益单位之间分配   D. 受益的各基本生产车间之间分配

4. 辅助生产费用的顺序分配法，基本要求是（　　）。

    A. 受益多的排列在前，受益少的排列在后

    B. 费用多的排列在前，费用少的排列在后

    C. 费用少的排列在前，费用多的排列在后

    D. 受益少的排列在前，受益多的排列在后

5. 在辅助生产费用分配方法中，费用分配结果最正确的是（　　）。

    A. 直接分配法   B. 顺序分配法   C. 代数分配法   D. 交互分配法

6. 在辅助生产费用的计划成本分配法中，为简化计算工作，辅助生产产品或服务的成本差异直接计入（　　）。

    A. 制造费用   B. 管理费用   C. 销售费用   D. 辅助生产成本

7. 下列应列入"制造费用"的职工薪酬是（　　）。

    A. 车间管理人员薪酬   B. 生活福利部门人员薪酬

    C. 辅助生产车间工人薪酬   D. 销售部门人员薪酬

8. 便于分析和考核各受益单位的成本，有利于分清企业内部各单位的经济责任，是（　　）辅助生产费用分配方法的优点之一。

    A. 直接分配法   B. 顺序分配法

    C. 计划成本分配法   D. 交互分配法

9. 辅助生产费用的（　　）由于其运算较为复杂，常用于电子运算，一般不用于手工会计运算。

    A. 直接分配法   B. 顺序分配法   C. 代数分配法   D. 交互分配法

10. 如果辅助生产车间生产的产品需要验收入库，验收时，辅助生产费用应转入（　　）科目。

    A."制造费用"   B."原材料"等   C."基本生产成本"   D."辅助生产成本"

二、多项选择题

1. 下列选项中，属于辅助生产费用分配法的有( )。

A. 交互分配法　　　B. 代数分配法　　　C. 定额比例法　　　D. 直接分配法

2. 辅助生产车间对各受益单位分配费用的方法有( )。

A. 生产工时比例法　　　　　　　　B. 直接分配法

C. 交互分配法　　　　　　　　　　D. 计划成本分配法

3. 辅助生产车间不设"制造费用"科目核算是因为( )。

A. 辅助生产车间规模小，制造费用较少　　B. 辅助生产车间不对外销售产品

C. 为了简化核算工作量　　　　　　　　　D. 没有必要

4. 辅助生产费用的计划成本分配法的优点有( )。

A. 简化计算工作量

B. 能反映和考核辅助生产成本计划的执行情况

C. 有利于分清企业内部各单位的经济责任

D. 计算结果准确

5. 辅助生产成本按一定分配标准分配给各受益对象，可以借记( )科目。

A. "管理费用"　　　B. "销售费用"　　　C. "生产成本"　　　D. "在建工程"

6. 需要对辅助生产成本进行两次或两次以上分配的分配方法是( )。

A. 顺序分配法　　　B. 直接分配法　　　C. 交互分配法　　　D. 计划成本分配法

7. 交互分配法的优点有( )。

A. 提高了分配的客观性

B. 计算方便

C. 有利于分清企业内部各单位的经济责任

D. 计算结果较为准确

8. 代数分配法的优点有( )。

A. 一次分配　　　　　　　　　　　B. 计算最为简便

C. 计算结果最准确　　　　　　　　D. 适用于会计电算化

9. 下列应列入"辅助生产成本"的费用有( )。

A. 辅助生产车间的设备折旧　　　　B. 生产车间接受辅助车间的服务费

C. 辅助生产车间消耗的劳保性支出　D. 辅助车间的职工薪酬

10. 辅助生产费用分配时应考虑的因素包括( )。

A. 受益单位　　　　　　　　　　　B. 计算程序的复杂程度

C. 劳务特点　　　　　　　　　　　D. 精确程度

三、判断题

1. 辅助生产费用的交互分配法，不只是辅助车间之间交互分配，还应进行对外分配。

( )

2. 采用直接分配法分配辅助生产费用时，不考虑各辅助生产车间之间相互提供产品或劳务的情况。
( )

3. 辅助生产成本应该按照辅助生产车间名称及产品品种设置明细账进行明细分类核算。

( )

4. 辅助生产提供的产品或劳务，都是为基本生产车间和企业管理部门使用和服务的。

( )

5. 辅助生产车间生产的工具和模具完工入库时，应该从"生产成本"的贷方转入"库存商品"的借方。 （　　）

6. 采用年度计划分配率法分配制造费用，制造费用实际发生额与已按计划分配额之间的差异，年终应调整计入"管理费用"。 （　　）

7. 辅助生产车间销售的电力等间接消耗，应列入"辅助生产成本"。 （　　）

8. 企业辅助生产车间发生的间接费用不多时，可不设置辅助生产车间的制造费用明细账。 （　　）

9. 辅助生产费用分配方法中，计算最为精确的是交互分配法。 （　　）

10. 交互分配法适用辅助生产车间之间存在各种交互提供产品或服务的情形。（　　）

四、业务训练

（一）目的：练习辅助生产费用的分配。

（二）资料：兴旺企业内部设有供水、运输两个辅助生产车间，202×年7月发生的辅助生产费用及提供的劳务量如表3-12所示。

表3-12　辅助生产车间劳务供应汇总表

车间名称		供水车间	运输车间
待分配费用		4 000 元	6 000 元
供应劳务数量		10 000 立方米	11 000 吨千米
计划单位成本		0.45	0.55
耗用劳务数量	供水车间	1 000 立方米	200 吨千米
	运输车间	7 000 立方米	8 800 吨千米
	一车间	1 500 立方米	1 200 吨千米
	企业管理部门	500 立方米	800 吨千米

（三）要求：分别采用直接分配法、交互分配法、计划成本分配法、代数分配法和顺序分配法分配辅助生产费用，填入表3-13～表3-17中，并编制会计分录。

表3-13　辅助生产费用分配表（直接分配法）

202×年7月　　　　　　　　　　　金额单位：元

项目		供水车间	运输车间	合计
待分配辅助生产费用				
供应辅助生产以外的劳务数量				
单位成本（分配率）				
甲产品	耗用数量			
	分配金额			
一车间	耗用数量			
	分配金额			
行政管理部门	耗用数量			
	分配金额			
合计				

表 3-14　辅助生产费用分配表(交互分配法)

202×年 7 月　　　　　　　　　　　　　　　金额单位：元

项目			交互分配			对外分配		
辅助生产车间			供水车间	运输车间	合计	供水车间	运输车间	合计
待分配费用								
劳务数量								
费用分配率								
辅助生产车间	供水车间	数量						
		金额						
	运输车间	数量						
		金额						
	金额小计							
甲产品耗用	数量							
	金额							
一车间一般耗用	数量							
	金额							
管理部门耗用	数量							
	金额							
分配金额合计								

表 3-15　辅助生产费用分配表(计划成本分配法)

202×年 7 月　　　　　　　　　　　　　　　金额单位：元

项目			运输车间	供水车间	合计
待分配辅助生产费用					
劳务数量					
计划单位成本					
辅助生产车间	辅助车间	数量			
		金额			
	供水车间	数量			
		金额			
	金额小计				
甲产品	耗用数量				
	分配金额				
一车间	耗用数量				
	分配金额				
行政管理部门	耗用数量				
	分配金额				

项目	运输车间	供水车间	合计
按计划成本分配合计			
辅助生产实际成本			
辅助生产成本差异			

表 3-16　辅助生产费用分配表（代数分配法）

202×年 7 月　　　　　　　　　　金额单位：元

项目			运输车间	供水车间	合计
待分配辅助生产费用					
劳务数量					
用代数分配法计算的单位成本					
辅助生产车间	运输车间	数量			
		金额			
	供水车间	数量			
		金额			
	金额小计				
甲产品	耗用数量				
	分配金额				
一车间	耗用数量				
	分配金额				
行政管理部门	耗用数量				
	分配金额				
合　计					

表 3-17　辅助生产费用分配表（顺序分配法）

202×年 7 月　　　　　　　　　　金额单位：元

项目		分配率	辅助生产车间		基本生产车间	甲产品	行政部门	合计
			运输	供水	一车间			
辅助生产	劳务量							
	直接发生费用							
运输分配	运输量							
	分配金额							
供水分配	供水劳务							
	分配金额							
合　计								

第4章　制造费用和生产损失的核算

🎯 知识目标

1. 了解制造费用的内容及主要明细项目的核算方法
2. 了解制造费用各种分配方法的特点和适用范围
3. 区分生产损失与非生产损失
4. 熟悉废品损失的核算
5. 熟悉停工损失的核算

🎯 职业目标

1. 掌握制造费用归集和分配的一般程序
2. 熟悉制造费用明细账的登记
3. 熟练掌握生产工时比例法和年度计划分配率法
4. 掌握废品损失的归集和分配
5. 熟悉停工损失的账户设置和明细账登记

🎯 知识结构导图

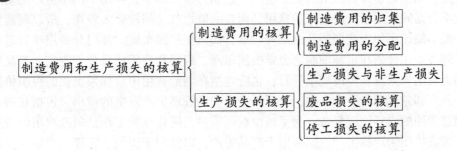

2014 年 1 月 1 日起，财政部发布《企业产品成本核算制度（试行）》，并规定在除金融保险业以外的大中型企业范围内施行，鼓励其他企业执行，小企业参照执行。制度规定，企业发生的制造费用，应当按照合理的分配标准，按月分配计入各成本核算对象的生产成本。企业可以采取的分配标准包括机器工时、人工工时、计划分配率等，那么在企业成本会计工作中如何操作呢？比如，A 企业生产甲、乙两种产品，甲产品定额工时 2 000 小时，乙产品定额工时 1 000 小时，该企业本月制造费用实际发生额为 36 000 元。

要求：采用生产工时比例法（机器工时或计划分配率等）计算 A 企业甲、乙产品应分配的制造费用，应该怎么处理呢？

4.1 制造费用的核算

【任务导入 4-1】俊逸企业第一生产车间生产甲、乙、丙三种产品。202×年 6 月归集在"制造费用——第一生产车间"，账户借方的制造费用合计为 21 670 元。甲产品生产工时为 3 260 小时，乙产品生产工时为 2 750 小时，丙产品生产工时为 2 658 小时。

要求：把 6 月份制造费用明细账中的费用转入甲、乙、丙三种产品。

4.1.1 制造费用的归集

4.1.1.1 制造费用的含义

制造费用是指生产企业为生产产品或提供劳务而发生，应该计入产品成本，但在"基本生产成本"账户中未专设成本项目的各项生产费用。

制造费用，除了机器设备的折旧费、生产工艺动力费等属于直接用于产品生产的费用外，其他大部分是间接用于产品生产的费用，而且一般也都是间接计入费用，所以制造费用的归集一般不能或不便于按照产品的品种归集，而只能按照车间、部门分费用项目进行归集，而且制造费用计划和定额的制定也是按照车间、部门和费用项目分别制定。产品生产的直接动力费用如果没有专设成本项目，也应包括在制造费用中。如果企业的组织机构分为车间、分厂和总厂等若干个层次，分厂用于组织和管理生产发生的费用应包括在制造费用中。制造费用的内容比较复杂，为了减少费用项目，简化核算工作，制造费用的费用项目一般不按直接用于产品生产、间接用于产品生产，以及用于组织、管理生产划分，而是将这些方面相同性质的费用合并设立相应的费用项目。比如折旧费，有车间生产用机器设备的折旧费、房屋及建筑物的折旧费、分厂及车间管理用房屋和设备的折旧费，将这些性质相同的费用合并设立一个"折旧费"项目，将生产工具和管理用工具等低值易耗品的费用摊销合并设立一个"周转材料——低值易耗品摊销"费用项目。

制造费用一般应包括以下费用项目：工资及福利费、折旧费、修理费、租赁（不包括融资租赁)费、保险费、机物料消耗、低值易耗品摊销、水电费、取暖费、运输费、劳动保护费、设计制图费、试验检验费、差旅费、办公费、在产品盘亏、毁损和报废(减盘盈),以及季节性停工和生产用固定资产修理期间的停工损失等,如表4-1所示。

企业应根据企业的具体情况、各项费用比重大小及管理要求,对上述费用项目进行合并或进一步细分。但为了保证各期成本费用资料的可比性,制造费用项目一经确定,不得随意变更。

表4-1 制造费用分类表

序号	按用途分类	主要内容
1	间接用于产品生产的费用	如机物料消耗,车间生产用房屋及建筑物折旧费、修理费、经营租赁费和保险费,车间生产用的照明费、取暖费、运输费、劳动保护费,以及季节性停工和生产用固定资产修理期间的停工损失等
2	直接用于产品生产,但管理上不要求或者核算上不便于单独核算,因而没有专设成本项目的费用	如机器设备的折旧费、修理费、经营租赁费和保险费,生产工具摊销,设计制图费和试验费。如果没有专设成本项目,生产工艺用动力也包括在制造费用中
3	车间用于组织和管理生产的费用	包括车间人员职工薪酬,车间管理用房屋和设备的折旧费、修理费、经营租赁费和保险费,车间管理用具摊销,车间管理照明费、水费、取暖费,差旅费,办公费等

> **小贴士**
>
> 根据现行会计制度规定,制造费用应按费用发生的地点进行归集,月度终了,再采用一定的方法在各成本核算对象间进行分配,计入各成本核算对象的成本。

4.1.1.2 制造费用核算的账户设置

为了反映、监督企业在一定时期内生产单位制造费用的发生及分配情况,在成本会计账户体系中须设置"制造费用"账户。该账户用来核算企业生产单位(包括生产工厂、基本生产车间、辅助生产车间等)为组织和管理生产所发生的费用。制造费用发生时,记入本账户的借方,贷记"原材料"等科目;进行结转时,记入本账户的贷方。本账户月末一般没有余额。

如果企业辅助生产车间发生的制造费用金额较小,或其所生产产品、提供的劳务或作业单一,为了简化核算手续,可将辅助生产车间发生的间接消耗直接记入"生产成本——辅助生产成本"账户。

根据管理需要,"制造费用"账户应按生产单位分别设置明细账,在账内按费用项目开设专栏,并可按实际情况设置二级明细账户进行明细分类核算。

4.1.1.3 制造费用的归集

企业发生的各项制造费用,是按其用途和发生地点进行归集和分配的。制造费用的归集按其记账依据不同,可分为以下几种情况。

(1)一般费用发生时,根据支出凭证或据以编制的其他费用分配表借记"制造费用"账户及其所属有关明细账，如办公费、差旅费等。

（2）材料、职工薪酬、折旧等费用，在月末根据汇总编制的各种费用分配表记入"制造费用"明细账。

（3）制造费用归集的一般账务处理如下所示。

借：制造费用——基本生产车间
　　贷：应付职工薪酬——工资(生产单位管理人员工资)
　　　　应付职工薪酬——职工福利(生产单位管理人员福利费)
　　　　累计折旧(生产单位计提的固定资产折旧费)
　　　　原材料(机物料消耗、修理用材料)
　　　　周转材料——低值易耗品(低值易耗品摊销)
　　　　辅助生产成本(结转的修理、运输等辅助车间的劳务成本)
　　　　银行存款(办公费、水电费)

归集在制造费用明细账的各项目，月末应与预算进行比较，考核预算的执行情况，计算差异，分析原因，并采取相应措施。

4.1.2　制造费用的分配

制造费用分配的科学性、合理性和准确性，直接影响产品成本的准确性以及企业管理决策的制定。因此，工业企业在分配制造费用时必须选用适用产品生产工艺特点和管理要求的分配标准。

不论是基本生产车间直接发生的生产费用，还是由辅助生产车间提供劳务或产品而应由基本生产车间承担的制造费用，最终都必须计入产品的生产成本。因此，各基本生产车间各自归集的制造费用，在月末必须按一定的分配标准，采用一定的分配方法，在该车间生产的各种产品中进行合理的分配。

在单一产品生产的车间，该车间归集的制造费用都是直接计入费用，可直接计入该种产品的成本。在多种产品生产的车间，该车间归集的制造费用大部分是间接计入费用，应按一定的比例分配计入该种产品的成本。

> **小贴士**
>
> 随着科学技术的不断发展，生产自动化程度的不断提高，制造费用在制造成本中的比重有增大的趋势。因为机器的高效率减少了直接材料的投入及损失，降低了直接材料成本；自动化生产的机器取代了人工，大幅度削减了直接人工成本；大量投资机器设备增加了折旧，维持机器正常运转所需的修理维护费用、动力费用、材料消耗和监工费用大量增加，这些都属于制造费用。

4.1.2.1　制造费用分配标准的选择

制造费用按其发生的地点和规定的明细项目归集后，应由该生产单位当期所生产全部产品或提供的劳务来负担。在生产单一产品的生产单位，制造费用的核算是为了管理与控制该项费用的发生，归集的制造费用可直接计入产品成本，不存在在产品之间分配的问题。但在生产多种产品的生产单位，制造费用的核算不仅是为了成本控制，而且要满足企业计算损益的需要。为此，制造费用必须采用适当的标准和方法分配计入该生产单位所生产的各种产品的成本。

分配制造费用的关键在于选择合适的分配标准。由于制造费用构成复杂，费用项目性质迥异，为制造费用分配标准的选择带来了一定的难度。一般情况下，选择制造费用分配标准，需考虑制造费用与产品的关系及制造费用与生产量的关系，并遵循以下三个原则。

(1) 相关性原则，即分配标准与被分配的制造费用的发生应具有密切联系。一般情况下，两者应呈正相关。

(2) 易操作原则，即作为分配标准的因素必须易于正确计量，容易操作，避免烦琐复杂，以便及时、合理地计算出各产品所应负担的制造费用。

(3) 相对稳定原则，即制造费用分配方法及分配标准一经选定，便不能随意变动，以利进行各期分析对比。

制造费用分配计入产品成本的方法主要包括实际分配率法、计划分配率法和累计分配率法。实际分配率法包含生产工时比例分配法、生产工人工资比例分配法、机器工时比例分配法等。

4.1.2.2　实际分配率法分配制造费用

实际分配率法是将某一车间本月实际发生的制造费用分配给本月所生产产品的制造费用分配方法。

采用实际分配率法分配制造费用，首先应分别归集各生产车间和分厂本期发生的实际制造费用，并根据各生产车间和分厂制造费用的特性和生产特点选定分配标准，确定各生产车间和分厂分配标准的总量，分别计算出各生产车间和分厂的制造费用分配率，最后根据制造费用分配率和各产品耗用的分配标准量计算出各产品应负担的制造费用数额。具体计算公式如下：

$$某种产品应负担制造费用 = 制造费用分配率 \times 该产品耗用的分配标准量$$
$$某生产车间或分厂制造费用分配率 = 该生产车间或分厂本期归集的制造费用总额 \div 该生产车间或分厂本期分配标准总量$$

1. 生产工时比例分配法

生产工时比例分配法是按照各种产品所耗用生产实际工时的比例分配制造费用的方法。其计算公式为：

$$制造费用分配率 = 制造费用总额 / 各种产品生产工时总和$$
$$某种产品应负担的制造费用 = 该产品的生产工时数 \times 分配率$$

这种方法适用于机械化程度较低，或生产单位内生产的各产品工艺过程机械化程度大致相同的单位。

该种方法是将各种产品所耗用生产工人工时作为分配标准分配费用的一种方法。按照生产工时比例分配制造费用，同分配工资费用一样，也能将劳动生产率与产品负担的费用水平联系起来，使分配结果比较合理。生产工人工时可以是生产产品的实际生产工时，如果产品的定额工时比较准确，也可以是实际产量的定额工时。各产品的实际生产工时可以根据产品的产量工时记录来统计，各产品的定额工时应根据产品的产量和单件产品的定额工时来计算。

【例4-1】俊逸企业第一生产车间生产甲、乙、丙三种产品。202×年6月归集在"制造费用——第一生产车间"，账户借方的制造费用合计为21 670元。甲产品生产工时为3 260小时，乙产品生产工时为2 750小时，丙产品生产工时为2 658小时。要求：按生产工时比例分配制造费用。

计算过程：

制造费用分配率=21 670÷(3 260+2 750+2 658)=2.5(元/时)

甲产品应负担的制造费用=3 260×2.5=8 150(元)

乙产品应负担的制造费用=2 750×2.5=6 875(元)

丙产品应负担的制造费用=2 658×2.5=6 645(元)

根据计算结果编制制造费用分配表，如表4-2所示。

表4-2 制造费用分配表(生产工时比例分配法)

202×年6月

金额单位：元

应借科目	生产工时/小时	分配率	分配额
基本生产成本——甲产品	3 260		8 150
基本生产成本——乙产品	2 750		6 875
基本生产成本——丙产品	2 658		6 645
合 计	8 668	2.5	21 670

根据表4-2编制会计分录如下。

借：基本生产成本——甲产品　　　　　　　　　　8 150

　　　　　　　　——乙产品　　　　　　　　　　6 875

　　　　　　　　——丙产品　　　　　　　　　　6 645

　　贷：制造费用——第一生产车间　　　　　　　　　　　21 670

思考题：采用生产工时比例法分配制造费用

某基本生产车间生产A、B、C三种产品，本月共同发生制造费用25 000元，各产品本月生产工时数如下：A产品2 000小时，B产品1 200小时，C产品1 800小时。要求：采用生产工时比例法分配制造费用，并编制相关的会计分录。

2. 生产工人工资比例分配法

生产工人工资比例分配法是指以直接计入各种产品成本的生产工人实际工资的比例作为分配标准分配制造费用的一种方法。这种方法适用于生产人员工资可直接计入产品成本，而工资的多少又大体与制造费用的发生有联系的企业。如果生产人员工资就是按生产工时比例计入各产品成本，这样的话，按生产工人工资比例分配制造费用，与按生产工人工时比例分配制造费用，两者结果应该一样。还应注意，采用生产工人工资比例分配法，前提是各种产品的机械化程度相同。否则，机械化水平低、用工多的产品，其工资费用多，从而分配的制造费用就多，而制造费用中占比重较大的费用，是与使用机器设备有关的维护、修理和折旧费，这样一来，会造成机械化水平低的产品反而多负担了费用的不合理现象。生产工人工资比例分配法计算公式为：

制造费用分配率=制造费用总额/各种产品生产工人工资总和

某种产品应负担的制造费用=该产品的生产工人工资数×制造费用分配率

【例4-2】202×年6月，俊逸企业加工车间生产A、B、C三种产品的实际生产工人薪酬分别为 30 000 元、22 000 元、48 000 元，当月归集在"制造费用——加工车间"账户借方的制造费用合计为 160 000 元。要求：采用生产工人工资比例分配法分配制造费用。

采用生产工人工资比例分配法分配 6 月份制造费用如下。

制造费用分配率 = 160 000/(30 000+22 000+48 000) = 1.6

A 产品应分摊制造费用 = 1.6×30 000 = 48 000(元)

B 产品应分摊制造费用 = 1.6×22 000 = 35 200(元)

C 产品应分摊制造费用 = 1.6×48 000 = 76 800(元)

3. 机器工时比例分配法

机器工时比例分配法是将各种产品生产所用机器设备的运转工作时间的比例作为分配标准分配制造费用的一种方法。这一方法适用于机械化、自动化程度较高的车间，因为制造费用中有些费用，如修理费、折旧费、润滑油等，与机器运转时间有关，如果机械化程度较高，则制造费用中这一类费用所占比例较大。机器工时比例分配法计算公式为：

制造费用分配率 = 制造费用总额/各种产品所耗机器工时总和

某种产品应负担的制造费用 = 该产品的生产耗用机器工时数×制造费用分配率

【例 4-3】202×年 6 月，某企业加工车间生产甲、乙两种产品的实际机器工时分别为 300 小时、200 小时，当月归集在"制造费用——加工车间"账户借方的制造费用合计为 80 000 元。要求：采用机器工时比例分配法分配制造费用。

计算过程：

制造费用分配率 = 80 000/(300+200) = 160(元/小时)

甲产品应分摊制造费用 = 160×300 = 48 000(元)

乙产品应分摊制造费用 = 160×200 = 32 000(元)

4. 联合分配法

制造费用按照内容分类，每一类采用不同的分配标准，分别计算分配率进行各自部分的制造费用分配。如在同一车间中，有的产品主要依靠手工制作，有的产品主要依靠机器生产，那么，就应将制造费用分为两部分：一部分是与机器运转无关的费用(如工资、福利费、办公费)，按生产工时比例分配；另一部分是与机器运转有关的费用(折旧费、修理费等)，按机器工时比例分配。

【例 4-4】俊逸企业基本生产二车间 202×年 6 月生产 A、B 两种产品，其制造费用与重量、工时相关，其中，与重量相关的制造费用 4 590 元，与工时相关的制造费用 7 280 元，A 产品重量与工时分别为 80 千克和 60 小时，B 产品重量与工时分别为 90 千克和 80 小时。要求：采用联合分配法分配制造费用。

(1) 按重量分配的制造费用：

制造费用分配率 = 4 590/(80+90) = 27(元/千克)

A 产品应分配的制造费用 = 80×27 = 2 160(元)

B 产品应分配的制造费用 = 90×27 = 2 430(元)

(2) 按工时分配的制造费用：

制造费用分配率 = 7 280/(60+80) = 52(元/时)

A 产品应分配的制造费用 = 60×52 = 3 120(元)

B 产品应分配的制造费用 = 80×52 = 4 160(元)

根据上述计算结果编制会计分录如下。

借：基本生产成本——A产品   5 280

               ——B产品   6 590

    贷：制造费用——基本生产二车间   11 870

4.1.2.3 计划分配率法分配制造费用

计划分配率法也称年度计划分配率法，是指无论各月实际发生的制造费用是多少，各月计入各种产品成本中的制造费用均按年度计划确定的计划分配率分配的一种方法。

采用计划分配率分配制造费用，"制造费用"账户月末可能有借方余额，也可能有贷方余额。借方余额表示超过计划的预付费用，应列作企业的资产项目；贷方余额表示按照计划应付而未付的费用，应列作企业的负债项目。年度内全年制造费用的实际数和按产品的实际产量与计划分配率计算的分配数之间发生的差额，到年终时按已分配比例分配计入该月产品成本。

其计算公式为：

制造费用计划分配率=年度制造费用计划总额/年度各种产品计划产量的定额工时总和

某月某种产品应负担的制造费用=该月该产品实际产量的定额工时数×制造费用计划分配率

采用年度计划分配率法，可随时结算已完工产品应负担的制造费用，简化分配手续，适用于季节性生产的企业车间。

【例4-5】202×年6月，俊逸企业基本生产车间全年制造费用计划为234 000元，全年各种产品的计划产量为甲产品19 000件、乙产品6 000件、丙产品8 000件。每件产品工时定额：甲产品5小时，乙产品7小时，丙产品7.25小时。本月实际产量：甲产品1 800件，乙产品700件，丙产品500件。本月实际发生的制造费用为20 600元。要求：采用年度计划分配率法分配制造费用并编制会计分录。

(1)甲产品年度计划产量定额工时=19 000×5=95 000(小时)

乙产品年度计划产量定额工时=6 000×7=42 000(小时)

丙产品年度计划产量定额工时=8 000×7.25=58 000(小时)

(2)年度计划小时分配率=234 000÷195 000=1.2(元/小时)

(3)本月实际产量定额工时：

甲产品定额工时=1 800×5=9 000(小时)

乙产品定额工时=700×7=4 900(小时)

丙产品定额工时=500×7.25=3 625(小时)

(4)各产品应分配制造费用：

甲产品制造费用=9 000×1.2=10 800(元)

乙产品制造费用=4 900×1.2=5 880(元)

丙产品制造费用=3 625×1.2=4 350(元)

(5)编制会计分录如下：

借：基本生产成本——甲产品   10 800

               ——乙产品   5 880

               ——丙产品   4 350

贷：制造费用——基本生产车间   21 030

该车间 6 月份按年度计划分配率转出的制造费用为 21 030 元，实际发生制造费用 20 600 元，采用这种分配方法，制造费用分配结转结果如图 4-1 所示。

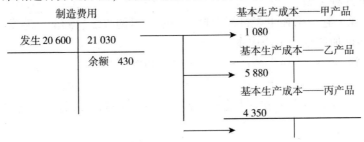

图 4-1 分配结转结果

4.1.2.4 累计分配率法分配制造费用

累计分配率法是指按照累计分配率和完工产品的累计分配标准数分配每月完工批次产品应负担的制造费用，未完工产品应承担的制造费用继续累计直到其完工的分配方法。其计算公式为：

制造费用累计分配率＝（制造费用期初累计余额+本期发生的制造费用）/各种产品累计分配标准之和

完工产品应分配的制造费用＝完工产品累计分配标准×制造费用累计分配率

【例 4-6】丁企业本月共生产甲、乙、丙、丁四批产品，甲产品已于前月投产，累计生产工时为 800 小时，本月发生生产工时 3 000 小时。另外三批产品均为本月投产，生产工时分别为 3 600 小时、4 800 小时和 3 250 小时。月初制造费用余额为 2 720 元，本月发生制造费用 12 730 元。甲产品本月完工，其余三批产品均未完工。要求：根据上述资料，采用累计分配率法分配丁企业本月制造费用。

【解析】

制造费用分配率＝（2 720+12 730）÷（800+3 000+3 600+4 800+3 250）= 1（元/小时）

甲产品应分配的制造费用＝1×（800+3 000）= 3 800（元）

乙产品应分配的制造费用＝1×3 600 = 3 600（元）

丙产品应分配的制造费用＝1×4 800 = 4 800（元）

丁产品应分配的制造费用＝1×3 250 = 3 250（元）

4.2 生产损失的核算

4.2.1 生产损失与非生产损失

生产企业在其生产过程中难免发生这样或那样的损失，企业发生的各种损失按其是否计入产品成本，分为生产损失和非生产损失。

4.2.1.1 生产损失

生产损失是指企业在产品生产过程中发生的或由于生产原因而发生的各种损失。生产损失一般有以下几种类型。

（1）生产损耗。它是指在生产过程中投入的原材料的收缩、滴漏、蒸发、自然损耗等，生产损耗必然会增加产品的生产成本。

（2）生产废料。它是指在生产过程中产生的边角等废料。

（3）废品损失。它是指在生产过程中因产品质量不合格或不能按照原定用途使用的产品所造成的损失。废品损失一般应由合格产品来负担，废品损失越大，合格产品负担的成本越大。

（4）停工损失。它是指企业由于机器设备发生故障或者由于机器设备大修理以及季节性停工而造成的损失。停工期间发生的费用应由开工期间生产的产品成本负担。

4.2.1.2 非生产损失

非生产损失是指由于企业经营管理或其他非生产原因而造成的损失，如坏账损失，库存材料、产成品的盘亏、毁损、短缺、变质等损失，汇兑损失，投资损失，固定资产盘亏损失，自然灾害造成的非常损失等。非生产损失由于与产品生产没有直接关系，因此不计入产品的生产成本，而应根据损失的性质、原因和现行财务制度的规定分别计入管理费用、财务费用、投资收益、营业外支出等。

在现有生产条件下，任何企业难免有各种损失的发生，而生产过程中发生的一切生产损失，最终都要由合格品承担。为了充分利用有限的经济资源，企业应将各项损失降低在规定的范围内，以达到降低成本的目的。企业除了在生产技术和成本管理上采取有效措施外，对各项生产损失进行单独核算不失为一项重要手段。但企业对生产损失是否单独核算，应根据具体情况而定。若企业生产损失偶尔发生，金额较小，对产品的生产成本影响不大，则生产损失没有必要单独核算，将各项生产损失直接计入产品成本。如果生产损失金额较大而且经常发生，对产品的生产成本影响较大，则生产损失应单独核算，即单独归集和计算各项生产损失，必要时在各产品成本明细账中专设"废品损失""停工损失"等成本项目，在产品成本明细账中单独列示各项损失额。

4.2.2 废品损失的核算

4.2.2.1 废品损失的含义及账户设置

1. 废品损失的含义

在工业企业中，废品是指在生产过程中发生的质量不符合规定的技术标准，不能按其原定用途使用或者需要加工修复后才能使用的产成品、在产品、半成品和零部件等。它包括在生产过程中发现以及入库或销售后发现的所有废品。由于废品是因生产原因而造成的，与废品发生的时间、地点无关，因此，不论是在生产过程中发现的，还是验收入库后发现的，只要是属于生产原因造成的，均应视为废品。

但以下情况不包括在废品范围内：入库时确系合格品，由于保管不善、运输不当或其他原因而发生的损坏变质，应作产成品毁损处理；质量虽不符合规定标准，但经检定，可以不需要返修即降价出售或使用的产品，应作次品处理，次品的成本与合格品相同。

废品按其形成原因，可分为工废和料废。工废是指由于生产工人在产品生产过程中因违反操作规定等造成的废品。料废是指由于材料不符合要求等原因而造成的废品。工废是在加工过程中造成的，应由生产车间负责。料废是由材料原因造成的，应由材料供应部门及保管部门负责。区别废品是工废还是料废，有利于分清废品形成的原因，有利于贯彻生产责任制。

废品按能否修复分为可修复废品和不可修复废品。可修复废品指技术上可修复，经济上合算的废品。不可修复废品指技术上不可修复，或者在经济上不合算的废品。经济上合算是指修复费用低于重新制造同一产品的支出。由于可修复废品和不可修复废品的组成内容不同，所以区分可修复废品和不可修复废品是正确进行废品损失核算的前提。

废品损失是指因生产原因而造成的废品的报废损失和修复费用。废品的报废损失是指不可修复废品的实际生产成本扣除残料回收价值和过失人赔款后的净损失。修复费用是指可修复废品在修复过程中发生的材料耗用、直接人工耗费及其制造费用等费用总额扣除过失人赔款后的净支出。计算公式如下：

废品损失=不可修复废品的生产成本+可修复废品的修复费用-残料回收价值-

过失人赔款

但以下几种情况造成的损失不属于废品损失。①在保管过程中因保管不善等而造成的产品质量损坏、变质等形成的损失，属于保管原因，应作为管理费用处理；②因产品质量不符合规定的技术标准，但不需要返修即可降价出售的次品，次品售价低于正常售价而发生损失，应直接减少产品销售收入，反映在当期损益中；③因企业实行售后三包（包退、包换、包修）而造成的损失，应直接作为产品销售费用处理，因为售后服务是一种促销活动。

2. 废品损失的账户设置

为了保证产品质量，及时发现废品，避免更大的损失，各生产部门应配备专职的质量检验人员。一旦发现废品，应由质量检验人员填制废品通知单，并对废品的名称、数量、发生废品的原因、废品的生产地点、责任人员等进行登记。对于需要返修的废品，同时还要登记所返修废品的数量和工时记录，以及各项费用发生的原始凭证。

为了全面反映企业一定时期内发生的废品损失情况，加强废品损失的控制，企业应设置"废品损失"账户进行废品损失的归集和分配。由于废品损失应由同种产品的合格品负担，该账户按产品的品种设置多栏式明细账，进行明细核算。该账户借方登记可修复废品的修复费用和不可修复废品的生产成本。其中可修复废品的修复费用应根据各项要素费用分配表，借记"废品损失"账户，贷记"原材料""应付职工薪酬""制造费用"等账户。不可修复废品的生产成本，应根据不可修复废品损失计算表，借记"废品损失"账户，贷记"生产成本"账户。对残料回收价值，应根据收料单等凭证，借记"原材料"等账户，贷记"废品损失"账户；对应收的赔款，借记"其他应收款"等账户，贷记"废品损失"账户。月末应将各种产品废品的净损失，分配转出由当月同种产品的合格产品负担，借记"生产成本——基本生产成本"账户，贷记"废品损失"账户。通过上述归集和分配，"废品损失"账户月末应无余额。

为了单独反映合格品产品成本中负担的废品损失情况，企业可在产品成本明细账中专设"废品损失"成本项目单独反映。基本生产车间可单独核算废品损失，也可不单独核算；

辅助车间由于规模一般不大，为简化核算工作，都不单独核算废品损失。

由于可修复废品和不可修复废品的损失内容不同，在核算和账务处理上有所不同。

为了便于分清责任，实行有效控制，对废品的处理应遵循必要的凭证传递程序。发现废品后，由质检人员填制废品通知单，单内填明废品的名称、数量、废品损失、发生废品的原因和过失人及赔偿金额等。

> **💡 小贴士**
>
> 对送交仓库的不可修复废品，应另填废品交库单，单上注明废品的残料价值。对可修复废品，在返修中所领用的各种材料及所耗工时，应另填领料单、工作通知单及其他有关凭证，并在单上注明"返修废品用"标记。废品通知单、废品交库单、返修用料的领料单、工作通知单等都是核算废品损失的依据。

4.2.2.2　不可修复废品损失的归集和分配

不可修复废品损失的计算，等于废品在截至报废时已经发生的生产成本，扣除残料回收价值和应收赔款后的净额。所以要正确计算不可修复废品所造成的损失，关键是计算废品截至报废时已经发生的生产成本。但由于不可修复废品在报废之前发生的各项费用是与合格产品合在一起列入产品成本明细账的，即不可修复废品的生产成本包含在合格产品成本中，必须采用适当的方法计算不可修复废品的生产成本，将其成本从合格产品成本中转出，然后扣除残料回收价值和应收赔款。不可修复废品的生产成本，可按废品所耗实际费用计算，也可按废品所耗定额费用计算。

1. **按废品所耗实际费用计算**

废品所耗实际费用的计算公式为：

不可修复废品损失＝不可修复废品生产成本－残值－应收赔款

在采用按废品所耗实际费用计算的方法时，由于废品报废以前发生的各项费用是与合格产品一起计算的，因而要将废品报废以前与合格品计算在一起的各项费用，采用适当的分配方法，在合格品与废品之间进行分配，计算出废品的实际成本，从"基本生产成本"科目的贷方转入"废品损失"科目的借方。

如果废品是在完工以后发现的，这时单位废品负担的各项生产费用应与单位合格品完全相同，可按合格品产量和废品的数量比例分配各项生产费用，计算废品的实际成本。

【例4-7】俊逸企业某车间生产乙产品，202×年8月投产384件，完工验收入库后发现不可修复废品24件，合格品生产工时6 580小时，废品工时380小时。乙产品成本明细账所记合格品和废品的全部生产费用(月初和本月发生合计)为：原材料36 864元，燃料及动力12 528元，工资及福利费18 792元，制造费用15 312元，合计83 496元。原材料是在生产开始时一次投入，原材料费用可按合格产品数量和废品数量比例分配，其他费用按所耗生产工时比例分配。废品残料入库作价800元，确认应收王芳赔款为500元。计算不可修复废品成本及废品净损失。

不可修复废品损失计算表，如表4-3所示。

表4-3　不可修复废品损失计算表

产品名称：乙产品　　　　　　　　　　　　202×年8月　　　　　　　　　　金额单位：元

项目	数量/件	原材料	生产工时	燃料及动力	应付职工薪酬	制造费用	合计
生产成本	384	36 864	6 960	12 528	18 792	15 312	83 496
费用分配率	—	96	—	1.8	2.7	2.2	—
不可修复废品生产成本	24	2 304	380	684	1 026	836	4 850

在不可修复废品损失计算表中，原材料费用分配率，应用原材料费用总额除以合格品和废品数量之和；燃料及动力、工资及福利费和制造费用分配率，应根据各项费用总额除以生产工时总额计算而得。

表4-3中所列废品损失，尚未扣除应收过失人赔款，这种废品损失称为废品报废损失；扣除赔款后的废品损失，称为废品的净损失。

不可修复废品损失的账务处理如下。

（1）结转不可修复废品的生产成本：

借：废品损失——乙产品　　　　　　　　　　　　　　　　　4 850
　　贷：基本生产成本——乙产品　　　　　　　　　　　　　　　　　4 850

（2）残料入库作价800元：

借：原材料　　　　　　　　　　　　　　　　　　　　　　800
　　贷：废品损失——乙产品　　　　　　　　　　　　　　　　　　800

（3）应收过失人赔款500元：

借：其他应收款——王芳　　　　　　　　　　　　　　　　　500
　　贷：废品损失——乙产品　　　　　　　　　　　　　　　　　　500

（4）结转废品净损失3 550元：

借：基本生产成本——乙产品——废品损失　　　　　　　　　3 550
　　贷：废品损失——乙产品　　　　　　　　　　　　　　　　　3 550

2. 按废品所耗定额费用计算

在按废品所耗定额费用计算不可修复废品的成本时，不考虑废品实际发生的生产费用，废品的生产成本则按废品的数量和各项费用定额计算，其计算公式如下：

$$原材料费用=原材料费用定额×废品数量$$
$$工资费用（或制造费用）=各项费用定额×定额工时$$

按废品的定额费用计算废品的定额成本，由于费用定额事先规定，不仅计算工作比较简便，还可以使计入产品成本的废品损失数额不受废品实际费用水平的影响。也就是说，废品损失只受废品数量差异（差量）的影响，不受废品成本差异（价差）的影响，从而有利于废品损失和产品成本的分析和考核。但是，采用这一方法计算废品生产成本，必须有准确的消耗定额和费用定额资料。

在按计划成本或定额成本计算不可修复废品的成本时，废品的生产成本系按发生废品的数量和单位产品的计划成本或定额成本，以及发现废品时已投料和已加工的程度来计算的，而不考虑废品实际发生的生产费用。

【例4-8】202×年8月俊逸企业某车间在生产甲产品的过程中，发现有40件不可修复废品，按其定额成本计算废品的生产成本。甲产品的定额成本为150元，其中原材料96

元，生产工人工资及福利费为 32 元，制造费用为 22 元，材料是在生产开始时一次投料，加工程度为 60%。残料回收入库作价为 800 元，应收过失人赔款 500 元。不可修复废品损失计算表如表 4-4 所示。

表 4-4　不可修复废品损失计算表

产品名称：甲产品　　　　　　　　　　202×年 8 月　　　　　　　　　金额单位：元

项目	原材料	生产工人工资及福利费	制造费用	合计
产品单位定额成本	96	32	22	150
不可修复废品数量/件	40	24	24	—
不可修复废品生产成本	3 840	768	528	5 136

注：由于废品的加工程度为 60%，故 40 件废品只相当于 24（40×60%）件产品耗用的生产工人工资及福利费用。

不可修复废品损失的账务处理如下：

（1）结转不可修复废品的定额成本：

借：废品损失——甲产品　　　　　　　　　　　　　　　　　5 136

　　贷：基本生产成本——甲产品　　　　　　　　　　　　　　　　5 136

（2）残料入库作价：

借：原材料　　　　　　　　　　　　　　　　　　　　　　　800

　　贷：废品损失——甲产品　　　　　　　　　　　　　　　　　800

（3）应收过失人赔款：

借：其他应收款　　　　　　　　　　　　　　　　　　　　　500

　　贷：废品损失——甲产品　　　　　　　　　　　　　　　　　500

（4）结转废品净损失：

借：基本生产成本——甲产品——废品损失　　　　　　　　　3 836

　　贷：废品损失——甲产品　　　　　　　　　　　　　　　　　3 836

按废品的计划成本或定额成本计算废品的生产成本，由于计划成本或费用定额事先确定，不仅计算工作比较简便，还可以使计入产品成本的废品损失的数额不受废品实际费用水平的影响。但这种方法，必须具备准确稳定的消耗定额或费用定额资料。

3. 不可修复废品损失的分配

结转废品成本时，借记"废品损失"，贷记"基本生产成本"及相应明细；存在可收回的残料或过失人赔偿时，应从"废品损失"科目中冲销残料价值或过失人赔偿金额。废品损失计入成本时，借记"基本生产成本"及相应明细，贷记"废品损失"科目。

【例 4-9】202×年 8 月，兴旺企业第一车间共生产甲产品 10 000 件，完工发现不可修复废品 200 件，10 000 件甲产品总成本为 206 000 元，其中直接材料成本 120 000 元，直接工资成本 50 000 元，制造费用 36 000 元，废品残料价值 80 元。要求：计算不可修复废品的成本并做会计分录。

废品应负担的直接材料成本 = 120 000÷10 000×200 = 2 400（元）

废品应负担的直接人工成本 = 5 0000÷10 000×200 = 1 000（元）

废品应负担的制造费用 = 3 6000÷10 000×200 = 720（元）

不可修复废品的净损失 = 2 400+1 000+720-80 = 4 040（元）

根据上述计算的结果编制废品损失计算表，如表4-5所示。

表4-5 废品损失计算表(按实际费用计算)

车间名称：第一车间　　　　　　　　　　202×年8月份　　　　　　　　　　产品名称：甲产品

废品数量：200件　　　　　　　　　　　　　　　　　　　　　　　　　　　金额单位：元

项目	数量/件	直接材料	直接人工	制造费用	成本合计
费用总额	10 000	120 000	50 000	36 000	206 000
费用分配率		12	5	3.6	20.6
废品成本	200	2 400	1 000	720	4 120
减：废品残料		80			80
废品损失	200	2 320	1 000	720	4 040

根据表4-5，编制不可修复废品损失的会计分录。

(1)归集废品损失时：

借：废品损失——甲产品　　　　　　　　　　　　　　　　　　4 120

　　贷：生产成本——基本生产成本——甲产品　　　　　　　　　　　　4 120

(2)残料入库、过失人赔偿时：

借：原材料　　　　　　　　　　　　　　　　　　　　　　　80

　　贷：废品损失——甲产品　　　　　　　　　　　　　　　　　　　80

(3)净损失计入产品成本时：

借：生产成本——基本生产成本——甲产品　　　　　　　　　　4 040

　　贷：废品损失——甲产品　　　　　　　　　　　　　　　　　4 040

如果例4-9中，200件不可修复废品是加工到某个阶段时发现的，尚未最终完工，如只加工到80%，则需将废品按加工程度换算成完工产品后进行计算。假定材料是生产开始时一次全部投入，200件不可修复废品的成本计算如下：

废品应负担的材料费用=120 000÷10 000×200=2 400(元)

废品应负担的人工费用=50 000÷(9 800+200×80%)×(200×80%)=803.21(元)

废品应负担的制造费用=36 000÷(9 800+200×80%)×(200×80%)=578.31(元)

不可修复废品的净损失=2 400+803.21+578.31-80=3 701.52(元)

按废品的实际费用归集和分配废品损失，符合实际，但核算工作量大，且废品的实际成本结转在"基本生产成本"实际费用汇总之后进行。

4.2.2.3 可修复废品损失的归集和分配

可修复废品返修发生的各种费用，应根据各种费用分配表，记入"废品损失"科目的借方。其回收的残料价值和应收的赔款，应从"废品损失"科目的贷方，转入"原材料"和"其他应收款"科目的借方。废品修复费用减去残料和赔款后的废品净损失，也应从"废品损失"科目的贷方转入"基本生产成本"科目的借方，在所属有关的产品成本明细账中，记入"废品损失"成本科目。其计算公式为：

可修复废品净损失费用=所耗费修复费用(原材料、工人工资及福利费、动力费、制造费用)-废品残值-应赔款

【例4-10】202×年6月，俊逸企业生产乙产品共发生生产费用40 000元(月初、月末无结存费用)，可修复废品率为6%，废品修复费用为800元，其中，耗用原材料400元，

人工费 400 元，应收过失人李某赔款 200 元。

根据上述资料，按废品入库前、入库后发现的不同情况，其账务处理分述如下。

（1）入库前发现可修复废品的账务处理。

归集的"废品损失"的修复费用=800（元）

①修复废品：

借：废品损失——乙产品　　　　　　　　　　　　800

　　贷：原材料　　　　　　　　　　　　　　　　　　　　400

　　　　应付职工薪酬　　　　　　　　　　　　　　　　　400

②应收赔偿款，冲减废品损失：

借：其他应收款——李某　　　　　　　　　　　　200

　　贷：废品损失——乙产品　　　　　　　　　　　　　　200

③废品损失计入成本：

借：基本生产成本——乙产品　　　　　　　　　　600

　　贷：废品损失——乙产品　　　　　　　　　　　　　　600

（2）入库后发现废品的账务处理。

①结转废品成本：

借：基本生产成本——乙产品　　　　　　　　　　2 400

　　贷：库存商品——乙产品　　　　　　　　　　　　　　2 400

②修复废品：

借：废品损失——乙产品　　　　　　　　　　　　800

　　贷：原材料　　　　　　　　　　　　　　　　　　　　400

　　　　应付职工薪酬　　　　　　　　　　　　　　　　　400

③应收赔偿款冲减废品损失：

借：其他应收款——李某　　　　　　　　　　　　200

　　贷：废品损失——乙产品　　　　　　　　　　　　　　200

④废品损失计入成本：

借：基本生产成本——乙产品　　　　　　　　　　600

　　贷：废品损失——乙产品　　　　　　　　　　　　　　600

⑤修复入库：

借：库存商品——乙产品　　　　　　　　　　　　3 000

　　贷：基本生产成本——乙产品　　　　　　　　　　　　3 000

在不单独核算废品损失的企业中，不设立"废品损失"科目和成本项目，只在回收废品残料时，借记"原材料"科目，贷记"基本生产成本"科目，并从所属有关产品成本明细账的"原材料"成本项目中扣除残值价值。"基本生产成本"科目和所属有关产品成本明细账归集的完工产品总成本，除以扣除废品数量以后的合格品数量，就是合格产品的单位成本。

4.2.3　停工损失的核算

停工损失是指企业的基本生产车间，由于计划减产或因停电、待料、机械设备故障而停止生产所造成的损失，主要包括停工期间所支付的生产工人工资及福利费，以及应负担的制造费用等。

停工损失不满一个工作日的,一般不计算停工损失。应由过失单位或保险公司负担的赔款,应从停工损失中扣除。

💡 **小贴士**

企业发生停工损失时,应由车间填写停工单,并在考勤记录上记录。停工单中应注明停工地点、时间、原因以及造成停工的责任人等。停工期间所发生的费用,都是停工损失。

为了单独核算停工损失,在会计科目中应增设"停工损失"科目,在成本项目中应增设"停工损失"成本项目。"停工损失"科目是为了归集和分配停工损失而设立的,该科目应按车间设立明细账,账内按成本项目分设专栏或专行,进行明细核算。

停工期间发生应计入停工损失的各种费用,都应在该科目的借方归集:借记"停工损失"科目,贷记"原材料""应付职工薪酬""制造费用"等科目。

归集在"停工损失"科目借方的停工损失,其中应取得赔偿的损失和应计入营业外支出的损失,应从该科目的贷方分别转入"其他应收款""营业外支出"科目的借方;应计入产品成本的损失,则应从该科目的贷方转入"基本生产成本"科目的借方。

账务处理如下。

(1)停工期间发生的应计入停工损失的各项费用。

借:停工损失

　　贷:原材料、应付工资、应付福利费等

(2)应取得赔偿的停工损失。

借:其他应收款

　　贷:停工损失

(3)由于自然灾害等引起的非生产停工损失,计入营业外支出。

借:营业外支出

　　贷:停工损失

(4)应计入产品成本的停工损失。

借:基本生产成本

　　贷:停工损失

计入产品成本的停工净损失直接转入只生产一种产品的"基本生产成本"明细账的"停工损失"成本项目。如果停工车间生产多种产品,则应选取适当的分配方法将停工净损失列入该车间各种产品的"基本生产成本"明细账的"停工损失"成本项目。

【例4-11】畅捷开关厂生产微型开关,202×年3月因机器设备故障停工5天,停工期间支付生产工人工资9 000元,应负担制造费用3 000元。经检查机器设备故障是由生产工人违规操作导致的,按规定应由责任人赔偿1 600元。

根据有关资料,编制会计分录如下。

(1)计算归集停工损失。

借:停工损失　　　　　　　　　　　　　　　　　　　12 000

　　贷:应付职工薪酬　　　　　　　　　　　　　　　　　　　9 000

制造费用	3 000

（2）结转责任人赔偿款。

借：其他应收款——事故责任人　　　　　　　　　　　1 600
　　贷：停工损失　　　　　　　　　　　　　　　　　　　　1 600

（3）结转分配停工净损失。

借：基本生产成本——微型开关　　　　　　　　　　　10 400
　　贷：停工损失　　　　　　　　　　　　　　　　　　　　10 400

本章小结

　　通过这一章的学习，理解什么是制造费用、制造费用的内容，了解制造费用应该通过"制造费用"账户进行核算。

　　在制造费用核算里面主要介绍了制造费用归集和分配的核算。制造费用的分配一共有三种方法：实际分配率法、计划分配率法和累计分配率法。实际分配率法主要包括生产工时比例分配法、生产工人工资分配比例法和机器工时比例分配法。

　　生产性损失费用主要包括废品损失和停工损失两大部分。废品损失是在生产过程中造成的产品质量不符合规定的技术标准而发生的损失；停工损失则是指因机械故障、季节性、修理期间或待料等停工而造成的损失。

　　废品损失包含可修复的废品损失和不可修复废品损失。

　　为单独核算生产性损失费用，分别设置"废品损失"和"停工损失"账户来核算废品损失和停工损失，其中"废品损失"账户的使用、可修复废品和不可修复废品会计处理是重点。

关键词

制造费用　　　实际分配率法　　　累计分配率法　　　生产损失　　　废品损失
停工损失

复 习 思 考 题

1. 什么是制造费用？按照我国统一会计制度，制造费用包括哪些内容？

2. 怎样归集制造费用？其明细分类核算如何进行？

3. 制造费用的分配方法有哪几种？各种方法有什么优缺点？

4. 为什么说制造费用的核算对产品成本计算具有重要意义？

5. 简述制造费用核算的主要任务。

6. 制造费用分配的标准如何选择？

7. 辅助生产车间的制造费用在"生产成本——辅助生产成本"账户核算和在"制造费用"账户中核算有什么不同？说明各自的优缺点及其适用性。

8. 可修复废品损失和不可修复废品损失各包括哪些内容？两者核算方法有何不同？

9. 什么是停工损失？为什么要核算停工损失？

同 步 自 测 题

一、单项选择题

1. 在制造费用的分配方法中，适用于季节性生产车间的分配法是(   )。

A. 生产工时比例分配法   B. 生产工人工资比例分配法

C. 年度计划分配率法   D. 机器工时比例分配法

2. 生产车间的照明电力费用，应计入(   )。

A. 辅助生产成本   B. 基本生产成本   C. 管理费用   D. 制造费用

3. 生产产品领用的一次性摊销的专用工具应计入(   )。

A. 直接材料   B. 制造费用   C. 辅助生产成本   D. 销售费用

4. 生产产品的设备折旧费用应归集到(   )。

A. 基本生产成本   B. 制造费用   C. 辅助生产成本   D. 销售费用

5. 年度计划分配率法中，当月分配的计划成本大于实际成本的制造费用部分应在(   )分配差异。

A. 当月末   B. 本年度末   C. 季度末   D. 中期末

6. 下列选项中，不属于废品的是(   )。

A. 无法继续加工的产品   B. 入库前发现的不合格产品

C. 生产中报废的产品   D. 降价出售的不合格品

7. 下列说法中，正确的是(   )。

A. 可修复废品发生的修复费用就是修复后产品的成本

B. 废品在完工后发现的，则单位废品负担的各项生产费用与单位合格产品完全相同

C. 在销售过程中产生的废品应计入废品损失

D. 不可修复废品损失的残料价值应从直接材料账户中扣除

8. 季节性停工损失应转入的科目是(   )。

A. "直接材料"   B. "制造费用"   C. "辅助生产成本"   D. "销售费用"

二、多项选择题

1. 制造费用的分配方法包括(   )。

A. 生产工时比例分配法   B. 机器工时比例分配法

C. 计划成本分配法   D. 年度计划分配率法

2. 采用年度计划分配率法，"制造费用"科目可能(   )。

A. 有月末余额   B. 有年末余额

C. 月末借方有余额   D. 月末贷方有余额

3. 下列关于生产工时比例分配法的说法中，正确的有(   )。

A. 劳动效率与产品负担的制造费用结合起来

B. 适用于机械化程度较高企业

C. 适用于机械化程度较低企业

D. 适用于生产工时计算较精确的企业

4. 机器工时比例法的适用情形包括(　　)。

A. 人工成本较少的生产　　　　　　B. 制造费用中机器设备有关的费用比重大

C. 生产工时计算正确的生产　　　　D. 机械化程度较高的产品生产

5. 下列应归集到制造费用的费用有(　　)。

A. 季节性停工损失　　　　　　　　B. 产品设计费用

C. 车间生产设备折旧　　　　　　　D. 车间生产产品的直接电力消耗

6. "废品损失"账户的贷方可能对应的账户有(　　)。

A. "基本生产成本"　B. "辅助生产成本"　C. "原材料"　　　　D. "其他应收款"

7. "停工损失"月末分配时，所对应的账户可能有(　　)。

A. "基本生产成本"　B. "制造费用"　　　C. "辅助生产成本"　D. "其他应收款"

三、判断题

1. 制造费用是集合分配账户，无论采用什么方法分配，该账户期末都无余额。

(　　)

2. 企业生产部门发生的办公费用、邮电费等尽管与产品生产没有直接关系，但也需计入产品成本。(　　)

3. 辅助生产车间的间接消耗，应列入"制造费用——辅助生产车间"明细账户。

(　　)

4. 产品生产车间管理人员的薪酬应列入"制造费用"账户。(　　)

5. 年度计划分配率法下，当月分配的差异额应转入下月。(　　)

6. 机械化程度大致相当的企业发生的制造费用分配，应采用机器工时比例分配法。

(　　)

7. 废品损失无论是可修复的，还是不可修复的，都由合格产品承担。(　　)

8. 企业的停工损失扣除责任人或保险公司赔偿后都计入产品成本。(　　)

四、业务训练

【业务训练一】

(一)目的：熟练掌握生产工时比例分配法分配制造费用。

(二)资料：某企业202×年6月份有关制造费用发生及分配资料如下所述。

1. 制造费用的分配资料：

(1)第一车间生产甲、乙两种产品，制造费用在这两种产品之间按生产工时进行分配。

(2)第二车间只生产丙产品，制造费用全部计入这种产品。

(3)三种产品的生产工时为：甲产品2 140工时，乙产品1 560工时，丙产品1 000工时。

2. 本月发生费用资料：

(1)耗用原材料(消耗性材料)：第一车间3 430元，第二车间2 450元；第二车间发生修理费1 568元。

(2)耗用低值易耗品(一次摊销)：第一车间1 764元。

(3)劳动保护费：第一车间1 470元，第二车间1 960元。

(4)人工费用：第一车间6 000元，第二车间5 000元。

(5)职工福利费：第一车间840元，第二车间700元。

(6) 支付办公费：第一车间 316 元，第二车间 256 元。

(7) 支付水电费：第一车间 2 350 元，第二车间 2 350 元。

(8) 支付差旅费：第二车间 1 350 元。

(9) 其他费用：1 838 元，两车间各承担 50%。

以上(6)～(9)项均以银行存款支付。

(10) 计提折旧：第一车间 20 860 元，第二车间 13 780 元。

(11) 根据辅助生产费用分配表资料可知，第一车间发生修理费用 6 750 元，第二车间发生修理费用 3 375 元。

(三) 要求：(1) 设置制造费用明细分类账，归集制造费用，并编制会计分录。

(2) 按生产工人实际工时比例分配制造费用，编制制造费用分配表及有关会计分录。

【业务训练二】

(一) 目的：掌握年度计划分配率法分配制造费用。

(二) 资料：某企业基本生产车间生产甲、乙两种产品，本月共发生制造费用 160 000 元，甲产品生产工人工资为 60 000 元，乙产品生产工人工资为 100 000 元。

(三) 要求：按生产工人工资比例分配法分配制造费用。

【业务训练三】

(一) 掌握年度计划分配率法分配制造费用。

(二) 资料：某企业基本生产车间生产 A、B 两种，有关资料如下所示。

(1) 年度制造费用的计划数为 840 000 元，全年产品的计划产量为 A 产品 4 000 件、B 产品 3 000 件，产品工时定额为 A 产品 30 小时、B 产品 100 小时。该车间 1 月份实际发生的制造费用为 70 500 元，1 月份的实际产量为 A 产品 500 件、B 产品 200 件。

(2) 该车间 1 月至 12 月已分配制造费用 841 000 元，其中 A 产品已分 240 000 元，B 产品已分配 601 000 元。全年实际发生的制造费用 845 000 元。

(三) 要求：(1) 计算制造费用年度计划分配率。

(2) 计算并结转 1 月份应分配转出的制造费用并编制会计分录。

(3) 调整全年制造费用差额并编制会计分录。

【业务训练四】

(一) 目的：掌握按工时分配制造费用。

(二) 资料：某工业企业设有一个基本生产车间和一个辅助生产车间。前者生产甲、乙两种产品；后者提供一种劳务。4 月份发生有关的经济业务如下：

(1) 领用原材料 11 570 元。其中直接用于产品生产 5 600 元，用作基本生产车间机物料 1 510 元；直接用于辅助生产 2 620 元，用作辅助生产车间机物料 810 元；用于行政管理部门 1 030 元。

(2) 应付工资 8 400 元。其中基本生产车间生产工人工资 3 200 元，管理人员工资 1 400 元；辅助生产车间生产工人工资 1 500 元，管理人员工资 700 元；行政管理部门人员工资 1 600 元。

(3) 按工资的 14% 提取职工福利费。

(4) 计提固定资产折旧费 6 140 元。其中基本生产车间 2 850 元，辅助生产车间 1 320 元，行政管理部门 1 970 元。

(5) 用银行存款支付开发费用 4 020 元。其中基本生产车间 1 980 元，辅助生产车间

960 元，行政管理部门 1 080 元。

该企业辅助生产的制造费用通过"制造费用"科目核算。基本生产车间的制造费用按产品机器工时比例分配，其机器工时为：甲产品 910 小时，乙产品 818.25 小时。辅助生产车间提供的劳务采用直接分配法，其中应由基本生产车间负担 5 890 元，应由行政管理部门负担 2 328 元。

（三）要求：（1）编制各项费用发生的会计分录，归集和分配辅助生产和基本生产的制造费用。（2）计算基本生产车间甲、乙产品应分配的制造费用。

【业务训练五】

（一）目的：熟练掌握可修复废品损失和不可修复废品损失的核算。

（二）资料：某企业 202× 年 6 月份有关废品损失的资料如下：

（1）6 月 20 日，发现上月完工入库的甲产品中有 5 件不可修复废品和 12 件可修复废品。经查明其中有 3 件不可修复废品和 9 件可修复废品系生产原因造成，另外 2 件不可修复废品和 3 件可修复废品系成品仓库保管不善造成。不可修复废品报废时，每件残值 30 元，可修复废品当即退回车间进行返修。12 件可修复废品的修复费用为：直接材料 360 元，直接人工 108 元，应负担的制造费用 90 元（假定每件可修复废品的修复费用均等）。本月可修复废品修复完工交回产成品仓库。上月甲产品单位成本为 150 元，其中直接材料 120 元，直接人工 18 元，制造费用 10 元，废品损失 2 元。

（2）6 月 25 日，收到上月销售的甲产品退货 10 件，经查明为生产原因所致。其中 4 件属于不可修复废品，收得残料 60 元；另外 6 件为可修复废品，当即退交车间进行修复。本月共发生修复费用 267 元，其中直接材料 168 元，直接人工 54 元，制造费用 45 元。可修复废品至月底尚未修复，下月继续进行。甲产品销售价格为 210 元，退货款已从银行存款户中转账，购买单位退货运费 40 元，尚未付讫。

（三）要求：根据上述资料，编制会计分录。

第 5 章 生产费用在完工产品与在产品之间的归集与分配

知识目标

1. 了解在产品的含义，初步掌握在产品收发结存的日常核算
2. 理解在选择完工产品与在产品之间费用分配方法时应考虑的具体条件
3. 掌握完工产品和在产品之间分配费用的各种方法的特点、适用情况、优缺点以及具体的分配过程
4. 熟练掌握约当产量比例法、按定额成本计算在产品成本法和定额比例法

职业目标

1. 熟悉企业产品成本核算的基本原理
2. 掌握成本核算的一般程序
3. 熟练掌握约当产量比例法、定额比例法

知识结构导图

生产费用在完工产品与在产品之间的归集与分配
- 在产品与完工产品的含义
  - 在产品的含义
  - 完工产品的含义
  - 在产品数量的核算
- 生产费用在完工产品与在产品之间的分配
  - 在产品成本的计算方法
  - 完工产品成本的结转

　　202×年6月，亿达企业生产的A产品，在月末可能有三种情况：(1)全部完工，月末无在产品；(2)全部未完工，月末全部为在产品；(3)一部分完工，一部分未完工。第一种情况应将该种产品的生产费用全部计入完工产品成本；第二种情况由于未完工，全部为在产品，因而无须计算完工产品的成本；第三种情况应将该种产品的生产费用在完工产品与在产品之间采用适当的方法进行分配，此时就形成了期初在产品成本、本月生产费用、本月完工产品成本、期末在产品成本。

　　要求：列举生产费用在完工产品和在产品之间的分配方法。

5.1　在产品与完工产品的含义

5.1.1　在产品的含义

　　广义的在产品指没有完成全部生产过程、不能作为商品销售的产品，包括正在车间加工中的在产品、需要继续加工的半成品、等待验收入库的产品、正在返修和等待返修的废品等。

　　狭义的在产品只包括企业的某一生产单位或生产步骤中尚未加工或者装配完工的产品，某一生产单位或生产步骤完工的半成品不包括在内。

5.1.2　完工产品的含义

　　完工产品是指在一个企业内已完成全部生产过程、按规定标准检验合格、可供销售的产品，也称产成品或成品。生产费用与在产品和完工产品之间的关系，可用公式表示为：

　　　　月初在产品成本+本月生产费用=本月完工产品成本+月末在产品成本

　　公式前两项之和在完工产品和在产品之间的分配方法是多样的，一般先确定月末在产品成本，然后再确定本月完工产品成本。

5.1.3　在产品数量的核算

　　生产费用在完工产品与在产品之间的分配和归集，是成本计算工作中的一个既重要又复杂的问题。企业应根据月末在产品数量的多少、各月在产品数量变化的大小、各项费用在产品成本中比重的大小以及定额管理基础好坏等具体条件，选择既合理又简便的分配方法，正确在完工产品与月末在产品之间分配费用。需要强调的是，无论采用哪一类分配方法，都必须正确组织在产品的数量核算，取得在产品收、发和结存的数量资料，这是正确进行完工产品与在产品之间分配生产费用，正确计算完工产品成本和在产品成本的前提。

5.1.3.1　在产品收发结存的日常核算

　　为加强在产品的实物管理，控制在产品数量，企业应按在产品名称、类别、批别设置在产品台账，以便正确记录在产品的收入、转出、报废及结存数量，为计算在产品成本提供资料。在产品台账可由车间核算人员登记，也可由企业生产调度部门专人登记，在产品台账如表5-1所示。

表5-1　在产品台账

生产车间：第一车间　　　　　　　　产品名称：甲产品　　　　　　　　计量单位：件

202×年		摘要	收入		发出			结存	
月	日		凭证号	数量	凭证号	合格品	废品	已完工	未完工
1	1	上月转入							90
1	31	本月投入		400					
1	31	完工转出				200			
1	31	本月合计		400		200		200	290

5.1.3.2　在产品清查的核算

在产品清查可以定期进行，也可以不定期进行。清查时，应根据盘点结果和账面资料编制在产品盘存表，填制在产品的账面数、实存数、盘盈盘亏数，以及盈亏的原因和处理意见等。对于报废和毁损的在产品，还应登记其残值。

成本核算人员应对在产品的清查结果进行审核，并及时进行账务处理。

(1)在产品盘盈时，按计划成本或定额成本借记"基本生产成本"账户，贷记"待处理财产损溢"账户；按规定核销时，冲减制造费用，则借记"待处理财产损溢"账户，贷记"制造费用""营业外支出"等账户。

(2)在产品盘亏时，应借记"待处理财产损溢"账户，贷记"基本生产成本"账户；按规定核销时，再根据不同情况分别转入"制造费用""其他应收款""营业外支出"等账户。

> 💡 **小贴士**
> 为进行在产品的日常核算，企业必须健全在产品的原始记录制度，建立在产品收发存台账和在产品定期盘点制度。

在设置半成品的工业企业，库存半成品的核算可参照材料费用的核算。

5.2　生产费用在完工产品与在产品之间的分配

5.2.1　在产品成本的计算方法

确定在产品的成本，是计算完工产品成本的基础。完工产品与月末在产品之间分配费用的途径有两种：一是将月初在产品成本与本月生产费用之和按一定比例在本月完工产品成本和月末在产品成本之间分配；二是先确定月末在产品成本，然后倒挤出完工产品成本。

第一种类型分配公式：

月初在产品成本+本月生产费用=本月完工产品成本+月末在产品成本

第二种类型：

本月完工产品成本=月初在产品成本+本月生产费用−月末在产品成本

5.2.1.1 不计算在产品成本法

不计算在产品成本法，又称"在产品不计价法"。这种方法的基本特点是：当月发生的生产费用，全部由当月完工产品负担。计算公式为：

本月完工产品成本=本月生产费用

该方法适用于在产品生产周期较短，月末没有在产品，或月末在产品数量很少的企业或车间，如发电企业、采掘企业。

5.2.1.2 在产品成本按年初固定数计算法

采用该种方法，产品本月发生的生产费用就是本月完工产品的成本。计算公式为：

本月完工产品成本=月初在产品成本(年初数)+本月生产费用−月末在产品成本(年初数)

这种方法适用于各月末在产品数量较小，或者在产品数量虽大，但各月之间变化不大的产品，因为是否考虑各月末在产品成本的差额影响不大，如钢铁企业。

> **小贴士**
>
> 按年初数固定数计算在产品成本的方法，对于每年年末在产品，须根据实地盘存资料，采用其他适当的计算方法计算在产品成本，以免在产品以固定不变的成本价延续时间太长。

5.2.1.3 按所耗直接材料费用计算在产品成本法

按所耗直接材料费用计算在产品成本法，是指月末在产品成本只计算其所耗用的材料费用，不计算直接人工和制造费用。采用这种方法时，本月完工产品成本等于月初在产品材料成本加上本月发生的全部生产费用，再减去月末在产品材料成本。计算公式为：

本月完工产品成本=月初在产品材料成本+本月生产费用−月末在产品材料成本

这种方法适用于各月末在产品数量较多，各月在产品数量较大，且材料费用在成本中所占比重较大的企业。

【例5-1】202×年6月，易网工厂生产甲产品，该产品直接材料费用在产品成本中所占比重较大，在产品只计算直接材料费用。甲产品月初在产品直接材料费用(即月初在产品成本)为1 800元，本月发生的生产费用为直接材料8 200元、直接人工700元、制造费用400元；完工产品850件，月末在产品150件。该产品的原材料是在生产开始时一次投入的，直接材料费用按完工产品和月末在产品数量的比例分配。试计算完工产品和在产品成本，并编制产品成本计算表。

直接材料费用分配率=(1 800+8 500)/(850+150)=10

月末在产品直接材料费用=150×10=1 500(元)

完工产品直接材料费用=850×10=8 500(元)

完工产品成本=8 500+700+400=9 600(元)

根据本月发生的生产费用资料，编制产品成本计算表，如表5-2所示。

表5-2　产品成本计算表

产品名称：甲产品　　　　　　　　　202×年6月　　　　　　　　　金额单位：元

摘　要	直接材料	直接人工	制造费用	合　计
月初在产品成本	1 800			1 800
本月生产费用	8 200	700	400	9 300
生产费用合计	10 000	700	400	11 100
本月完工产品成本	8 500	700	400	9 600
月末在产品成本	1 500			1 500

5.2.1.4　约当产量比例法

约当产量也称在产品约当产量，是指在产品数量按其完工程度折算为相当于完工产品的数量，即在产品大约相当于完工产品的数量。

约当产量比例法，就是按完工产品产量与月末在产品约当产量的比例分配计算完工产品成本和月末在产品成本的方法。该方法适用于月末在产品数量较大，各月末之间变化也较大，同时产品成本中直接材料费用和加工费用比重相差不多的产品。计算公式为：

在产品的约当产量＝在产品的数量×完工率(完工程度)

各项费用分配率＝(期初在产品成本＋本期生产费用)/(完工产品数量＋
月末在产品约当产量)

完工产品成本＝完工产品数量×费用分配率

月末在产品成本＝月末在产品约当产量×费用分配率

采用这种方法时，由于月末在产品的直接材料投入程度和加工程度不一致，费用的分配按成本项目进行，不同项目完工程度的计算是不同的。随着产品进一步加工陆续投入的直接人工、制造费用为加工费用，其分配标准相同。

> **小贴士**
>
> 计算完工程度时对产品的生产流程有一个基本假设：产品的生产过程是多工序的。

1. 分配原材料费用时在产品约当产量的计算

(1)原材料在生产开始时一次投入。如果原材料在生产开始时就已经全部投入，那么无论在产品完工程度如何，单位在产品所负担的材料费用与单位完工产品负担的材料费用是一样的，所以投料程度(完工程度)为100%，此时月末在产品约当产量等于月末在产品数量。

(2)原材料在各工序陆续投入。如果原材料是在生产过程中陆续投入的，并且与产品加工程度一致，则用于分配原材料费用的投料程度与用于分配加工费用的加工程度是相同的。但如果原材料与产品加工程度不一致，则应分两种情况计算各工序的投料程度。

每道工序开始时一次投入本工序所需材料。其计算公式如下：

$$某工序在产品的投料程度＝\frac{前面各工序累计投料定额＋本工序投料定额}{产品原材料消耗定额}×100\%$$

某工序在产品约当产量＝某工序在产品数量×该工序在产品投料程度

在产品约当产量=各工序在产品约当产量之和

【例5-2】202×年6月，易网工厂生产甲产品需经过两道工序加工完成，原材料分别在各工序生产开始时一次投入。原材料消耗定额为500元，其中第一道工序投料定额240元，第二道工序投料定额260元。该厂月末盘存甲产品的在产品数量为350件，其中第一道工序有200件，第二道工序有150件。要求：计算各工序的投料程度，并求月末在产品的约当产量。

约当产量计算过程和结果如表5-3所示。

表5-3　约当产量计算过程和结果

工序	本工序直接材料消耗定额/元	投料率	在产品约当产量/件
1	240	$\frac{240}{500} \times 100\% = 48\%$	$200 \times 48\% = 96$
2	260	$\frac{240+260}{500} \times 100\% = 100\%$	$150 \times 100\% = 150$
合计	500		246

假设每道工序中陆续投入本工序所需材料，而该工序在产品的累计原材料费用定额，就以前面各道工序累计材料消耗定额加上本工序材料消耗定额的50%。其计算公式为：

$$某工序在产品的投料程度 = \frac{前面各工序累计投料定额 + 本工序投料定额 \times 50\%}{产品原材料消耗定额} \times 100\%$$

【例5-3】采用【例5-2】数据，产品在各工序的直接材料消耗定额，但直接材料在各工序中陆续投入。

其约当产量计算过程和结果，如表5-4所示。

表5-4　约当产量计算过程和结果

工序	本工序直接材料消耗定额/元	投料率	在产品约当产量/件
1	240	$\frac{240 \times 50\%}{500} \times 100\% = 24\%$	$200 \times 24\% = 48$
2	260	$\frac{240+260 \times 50\%}{500} \times 100\% = 74\%$	$150 \times 74\% = 111$
合计	500		159

2. 分配加工费用（直接人工、制造费用）时在产品约当产量的计算

（1）平均计算法。在各工序在产品数量和单位产品的加工程度都差不多的情况下，由于后面各工序对在产品加工的程度可以抵补前面各工序少加工的程度，因而对所有在产品的完工程度，都可以按照50%平均计算。计算公式为：

$$月末在产品约当产量 = 月末在产品数量 \times 50\%$$

（2）工序测定法。工序测定法是按照各工序的累计工时定额占完工产品工时定额的比例计算的，其中每一工序内在产品完工程度可以按平均完工50%计算。其计算公式为：

$$某工序在产品的完工程度 = \frac{前面各工序累计工时定额 + 本工序工时定额 \times 50\%}{产品工时定额} \times 100\%$$

$$某工序在产品约当产量 = 该工序在产品数量 \times 该工序在产品完工程度$$

在产品约当产量=各工序在产品约当产量之和

【例5-4】易网工厂生产甲产品单位工时定额40小时,经过三道工序制成,第一道工序工时定额为8小时,第二道工序工时定额为16小时,第三道工序工时定额为16小时。各道工序内各件在产品加工程度均按50%计算。假定甲产品本月完工200件,在产品120件,其中第一道工序的在产品20件,第二道工序的在产品40件,第三道工序的在产品60件。要求:计算各工序的完工率和在产品的约当产量。

约当产量计算过程和结果如表5-5所示。

表5-5　约当产量计算过程和结果

工序	本工序工时定额/小时	完工率	在产品约当产量/件
1	8	$\dfrac{8\times50\%}{40}\times100\%=10\%$	$20\times10\%=2$
2	16	$\dfrac{8+16\times50\%}{40}\times100\%=40\%$	$40\times40\%=16$
3	16	$\dfrac{8+16+16\times50\%}{40}\times100\%=80\%$	$60\times80\%=48$
合计	40		66

3. 约当产量法综合运用

在产品的约当产量计算出来后,就可以将生产费用在完工产品和月末在产品之间进行分配。分配标准是折合的生产总量,即完工产品数量和月末在产品约当产量之和。

【例5-5】202×年6月,易网工厂生产甲产品需要经过三个步骤,本月三个步骤期初与本月发生的材料费用合计9 000元,人工费用合计9 383元,制造费用合计5 971元。该企业期末生产费用在完工产品与在产品间采用约当产量比例法进行分配。原材料在生产开始时一次性投料,各步骤加工程度按50%计算。本月各步骤资料如表5-6所示。

表5-6　各步骤资料

项目	第一步骤	第二步骤	第三步骤
期末在产品数量/件	10	8	2
各步骤加工时间/小时	4	6	10
完工产品数量/件	80		

(1)计算完工产品与在产品各自承担的材料费用:

材料费用分配率=9 000÷(80+10+8+2)=90(元/件)

完工产品承担的材料费用=90×80=7 200(元)

(2)计算期末在产品关于人工及制造费用的约当产量合计数:

第一步骤完工率=4×50%÷(4+6+10)=10%

第二步骤完工率=(4+6×50%)÷(4+6+10)=35%

第三步骤完工率=(4+6+10×50%)÷(4+6+10)=75%

各步骤在产品约当产量合计=10×10%+8×35%+2×75%=5.3(件)

(3)计算完工产品承担的人工费用:

人工费用分配率=9 383÷(80+5.3)=110(元/件)

完工产品承担的人工费用=110×80=8 800(元)

（4）计算完工产品承担的制造费用：

制造费用分配率＝5 971÷（80+5.3）＝70（元/件）

完工产品承担的制造费用＝70×80＝5 600（元）

（5）计算完工产品总成本：

完工产品成本＝7 200+8 800+5 600＝21 600（元）

根据以上计算资料编制完工产品及在产品成本计算表，如表5-7所示。

表5-7 产品成本计算表

产品名称：甲产品　　　　　　　　　　　　　202×年6月

摘　要	直接材料	直接人工	制造费用	合计
生产费用合计/元	9 000	9 383	5 971	24 354
完工品数量/件	80	80	80	—
在产品约当产量/件	20	5.3	5.3	—
费用分配率/（元·件$^{-1}$）	90	110	70	—
本月完工产品成本/元	7 200	8 800	5 600	21 600
月末在产品/元	1 800	583	371	2 754

5.2.1.5　按定额成本计算在产品成本法

按定额成本计算在产品成本法是按照定额材料，预先对各个工序上的在产品，确定一个单位定额成本，月末根据在产品数量，分别乘以各项单位定额成本，即可计算出月末在产品定额成本。最后将某种产品应负担的全部费用，减去月末在产品的定额成本，就等于完工产品总成本。计算公式为：

月末在产品定额成本＝在产品直接材料定额成本+在产品直接人工定额成本+在产品
制造费用定额成本

月末在产品定额成本＝在产品数量×（单位在产品直接材料费用定额+单位工时定额×
计划小时工资率+单位工时定额×计划小时费用率）

完工产品总成本＝月初在产品定额成本+本月发生生产费用-月末在产品定额成本

该方法适用于定额管理基础比较好，各项消耗定额或费用定额比较准确、稳定，且各月末在产品数量变动不大的企业。

【例5-6】202×年6月，易网工厂丙产品月初在产品和本月发生的生产费用累计数为直接材料费用9 800元、直接人工费用13 000元、制造费用12 400元，合计35 200元。本月完工1 000件，月末在产品100件，每件在产品直接材料费用定额为10元，全部在产品工时定额为600小时，每小时各项费用的计划分配率为直接人工2.8元、制造费用8元。要求：计算月末在产品定额成本和完工产品总成本，并编制产品成本计算表。

月末在产品定额直接材料成本＝100×10＝1 000（元）

月末在产品定额直接人工成本＝600×2.8＝1 680（元）

月末在产品定额制造费用成本＝600×8＝4 800（元）

月末在产品定额成本＝1 000+1 680+4 800＝7 480（元）

完工产品总成本＝35 200-7 480＝27 720（元）

根据以上计算资料编制完工产品及在产品成本计算表，如表5-8所示。

表5-8　产品成本计算表

产品名称：丙产品　　　　　　　　　　202×年6月　　　　　　　　金额单位：元

摘　要	直接材料	直接人工	制造费用	合计
生产费用合计	9 800	13 000	12 400	35 200
本月完工产品成本	8 800	11 320	7 600	27 720
完工产品单位成本	8.8	11.32	7.6	27.72
月末在产品定额成本	1 000	1 680	4 800	7 480

5.2.1.6　定额比例法

定额比例法是按照完工产品和月末在产品定额消耗量或定额费用的比例，分配计算完工产品成本的方法。通常原材料费用按照原材料定额消耗量或原材料定额费用比例分配，而其他各项费用按定额工时的比例分配。它适用于定额管理较好，各项定额消耗或定额费用比较准确、稳定，但各月末在产品数量变动较大的产品。

（1）材料分配。

$$直接材料费用分配率=\frac{月初在产品直接材料实际费用+本月发生直接材料费用}{完工产品直接材料定额费用+月末在产品直接材料定额费用}$$

$$直接材料费用分配率=\frac{月初在产品直接材料实际费用+本月发生直接材料费用}{完工产品直接材料定额消耗量+月末在产品直接材料定额消耗量}$$

完工产品直接材料费用=完工产品材料定额费用（量）×直接材料费用分配率

月末在产品直接材料费用=月末在产品材料定额费用（量）×直接材料费用分配率

（2）加工费用（直接人工、制造费用）分配。

$$某项加工费用分配率=\frac{月初在产品加工费用的实际金额+本月发生加工费用的实际金额}{完工产品定额工时+月末在产品定额工时}$$

完工产品的某项加工费用=完工产品定额工时×该项加工费用分配率

月末在产品的某项加工费用=月末在产品定额工时×该项加工费用分配率

【例5-7】丙产品月初在产品费用为：直接材料1 400元，直接人工6 000元，制造费用40 000元。202×年6月生产费用为：直接材料8 200元，直接人工30 000元，制造费用20 000元。完工产品4 000件，直接材料定额费用8 000元；定额工时5 000小时。月末在产品1 000件，直接材料定额费用2 000元；定额工时1 000小时。完工产品与月末在产品之间，直接材料费用按直接材料定额费用比例分配，其他费用按定额工时比例分配。要求：采用定额比例法分配本月生产费用。

根据以上资料，编制完工产品与月末在产品费用分配表，如表5-9所示。

表5-9　完工产品与月末在产品费用分配表

产品名称：丙产品　　　　　　　　　　202×年6月　　　　　　　　金额单位：元

项　目	直接材料	直接人工	制造费用	合计
生产费用合计数	9 600	36 000	60 000	105 600
完工产品定额成本或定额工时	8 000	5 000	5 000	—
月末在产品定额成本或定额工时	2 000	1 000	1 000	—
费用分配率	0.96	6	10	—
完工产品成本	7 680	30 000	50 000	87 680
月末在产品成本	1 920	6 000	10 000	17 920

按照上述公式计算分配费用，必须取得完工产品和月末在产品的定额消耗量或定额费用资料。完工产品的直接材料定额消耗量和定额工时可以根据完工产品的实际数量乘以单位直接材料消耗定额和工时消耗定额计算求得，但在产品的种类和生产工序繁多，核算工作量大。因此，在产品定额资料可采用简化的方法计算（倒轧法），其计算公式为：

月末在产品定额消耗量＝月初在产品定额消耗量＋本月投入的定额消耗量−本月完工产品定额消耗量

【例5-8】沿用【例5-7】的资料，某产品月初在产品定额原材料费用1 500元，定额工时1 500小时。本月投入生产定额直接材料费用8 500元，定额工时4 500小时。本月实际发生的费用和完工产品定额资料等同【例5-7】。

在计算各项费用分配时，先计算月末在产品定额资料。

月末在产品原材料定额费用＝1 500＋8 500−8 000＝2 000（元）

月末在产品定额工时＝1 500＋4 500−5 000＝1 000（小时）

5.2.2 完工产品成本的结转

企业生产产品所发生的各项生产费用，先在各种产品之间进行分配，然后再将累计生产费用在完工产品和月末在产品之间进行分配，最后计算出各种完工产品和月末在产品的实际成本。把月末在产品成本留在账上，作为下月的月初在产品成本；完工产品成本则应转入"库存商品"账户。

5.2.2.1 编制产品成本汇总表

为了便于结转完工产品成本，期末企业可根据成本计算资料编制产品成本汇总表，其格式如表5-10所示。

表5-10 产品成本汇总表

202×年6月 金额单位：元

产品名称	完工产量/件	直接材料	直接人工	制造费用	总成本	单位成本
甲产品	100	8 000	2 000	1 000	11 000	110
乙产品	300	3 000	5 000	1 000	9 000	30
合　计	—	11 000	7 000	2 000	20 000	—

5.2.2.2 结转完工产品成本

生产费用在完工产品和月末在产品之间分配后，完工产品的成本已计算出来，可据以进行完工产品结转的账务处理。

编制结转分录如下。

借：库存商品——甲产品　　　　　　　　　　　　　　　　　11 000
　　　　　　——乙产品　　　　　　　　　　　　　　　　　　9 000
　　贷：生产成本——基本生产成本——甲产品　　　　　　　　　　11 000
　　　　　　　　　　　　　　　　——乙产品　　　　　　　　　　　9 000

"基本生产成本"总账账户的月末余额，就是基本生产在产品的成本，也就是占用在基本生产过程中的生产资金，应与所属各种产品成本明细账中月末在产品成本之和相互核对。

本章小结

狭义上的在产品是企业的某一生产单位或生产步骤中尚未加工或者装配完工的产品。计算产品成本的公式为：

月初在产品成本+本月发生生产费用=完工产品成本+在产品成本

确定月末完工产品成本，一般先确定在产品数量，具体方法：①根据在产品的收发存台账确定；②月末，通过在产品进行实地盘点法确定。会计实务中，这两种方法可以结合使用。

在产品成本的计算方法包括不计算在产品成本法、在产品成本按年初固定数计算法、按所耗直接材料费用计算在产品成本法、约当产量比例法、按定额成本计算在产品成本法和定额比例法。

月末汇总产品成本，再把完工产品转出"基本生产成本"明细账，转入"库存商品"账户。

关键词

在产品　　完工产品　　在产品成本计算方法　　库存商品

复习思考题

1. 进行完工产品与月末在产品之间的费用分配，为什么要以在产品的数量核算为基础？

2. 完工产品与月末在产品之间分配费用的方法，一般有几种类型？

3. 确定完工产品与月末在产品之间分配费用的方法时，应考虑哪些具体条件？

4. 比较各种完工产品与在产品之间费用分配方法的优缺点、适用范围、计算分配程序。

5. 在原材料每道工序随加工进度陆续投入的情况下，如何分别计算各工序的完工率（投料率）？

同步自测题

一、单项选择题

1. 完工产品与在产品之间分配费用的在产品不计算成本法适用于(　　)的产品。

A. 没有在产品　　　　　　　　　　B. 各月末在产品数量很小

C. 各月末在产品数量变化很小　　　D. 各月末在产品数量固定

2. 某企业 A 产品经过两道工序加工完成。A 产品耗用的原材料在开始生产时一次投入。生产成本在完工产品和在产品之间分配采用约当产量比例法。202×年 6 月与 A 产品有关的资料如下：A产品单位工时定额100小时，其中第一道工序40小时，第二道工序60小时，每道工序在产品工时定额按本工序工时定额的50%计算。第二道工序在产品完工程度为(　　　)。

　　A. 70%　　　　　　　B. 30%　　　　　　　C. 20%　　　　　　　D. 40%

3. 各月在产品数量变动较大的情况下，采用在产品按定额成本计价法将生产费用在完工产品和在产品之间进行分配时，可能导致(　　　)。

A. 月初在产品成本为负数　　　　　　B. 本月发生的生产费用为负数

C. 本月完工产品成本为负数　　　　　　D. 月末在产品成本为负数

4. 财产清查中发现在产品盘盈，在进行账务处理时应借记(　　　)账户。

A. "生产成本"　　　B. "产成品"　　　C. "在产品"　　　D. "营业外收入"

5. 完工产品与在产品之间分配费用的在产品按所耗原材料费用计价法适用(　　　)产品。

A 各月末在产品数量较大　　　　　　B 各月末在产品数量变化较大

C 原材料费用在产品成本中比重较大　　D 以上三项条件同时具备

二、多项选择题

1. 企业在确定生产成本在完工产品与在产品之间的分配方法时，应考虑的具体条件有(　　　)。

A. 在产品数量的多少　　　　　　B. 定额管理基础的好坏

C. 各项成本比重的大小　　　　　　D. 各月在产品数量变化的大小

2. 下列各项中，属于生产费用在完工产品与在产品之间分配的方法有(　　　)。

A. 约当产量比例法　　　　　　B. 交互分配法

C. 在产品不计算成本法　　　　　　D. 定额比例法

3. 下列划分完工产品成本与在产品成本的方法中，能使某种产品本月发生的生产费用就是本月完工产品的成本的有(　　　)。

A. 在产品不计算成本法　　　　　　B. 在产品按年初固定成本计算的方法

C. 在产品按所耗直接材料成本计价法　　D. 约当产量比例法

4. 某企业生产的产品需要经过若干加工工序才能形成产成品，且月末在产品数量变动较大，产品成本中原材料所占比重较小。该企业在完工产品和在产品之间分配生产费用时，不宜采用(　　　)。

A. 在产品不计算成本法　　　　　　B. 在产品按年初固定成本计算的方法

C. 在产品按所耗直接材料成本计价法　　D. 约当产量比例法

5. 在产品成本按年初固定成本计算的方法适用于(　　　)。

A. 月末在产品数量很大的情况

B. 月末在产品数量很小的情况

C. 月末在产品数量大且变动较大的情况

D. 月末在产品数量大但变动较小的情况

三、判断题

1. 月末在产品约当产量是指将月末在产品数量按照完工程度折算成的相当于完工产品的产量。　　　　　　　　　　　　　　　　　　　　　　　　(　　　)

2. 某企业生产的产品需要经过若干加工工序，且月末在产品数量变动较大，产品成

本中原材料所占比重较小，宜采用在产品按年初固定成本计算的方法。　　　（　　）

3. 在期初在产品与期末在产品的数量基本平衡的情况下，对生产费用进行分配时，可以不考虑期初和期末在产品应负担的生产费用。　　　（　　）

4. 约当产量是指月末在产品数量和产成品数量之和。　　　（　　）

5. 在计算各工序在产品的完工率或定额工时，同一道工序内完工程度不同的每件在产品均可以按完工 50% 计算。　　　（　　）

四、业务训练

【业务训练一】

（一）目的：熟练掌握约当产量比例法的运用。

（二）资料：202×年 6 月，某企业生产甲产品需经过三道工序加工完成，原材料分别在各道工序中陆续投入。该产品单位产品成本中原材料消耗定额为 1 000 元，其中第一道工序投料定额 300 元，第二道工序投料定额 200 元，第三道工序投料定额 500 元。该厂月末盘存甲产品的在产品数量为 600 件，其中第一道工序进行中的有 300 件，第二道工序进行中的有 200 件，第三道工序进行中的有 100 件。

（三）要求：计算分配材料费用时各道工序的完工程度，并计算月末在产品的约当产量。

【业务训练二】

（一）目的：熟练掌握约当产量比例法的运用（材料一次投入）。

（二）资料：某企业生产甲产品经两道工序完工，采用约当产量比例法分配各项生产费用。202×年 6 月，甲产品完工产品 500 件，月末在产品数量为：第一道工序 200 件，第二道工序 100 件。其他有关资料如下：

（1）原材料分两道工序，在每道工序开始时一次投入；第一道工序的消耗定额为 20 千克，第二道工序的消耗定额为 30 千克。甲产品月初在产品和本月发生的原材料费用共计 136 000 元。

（2）甲产品完工产品工时定额为 50 小时，其中第一道工序为 20 小时，第二道工序为 30 小时。每道工序在产品工时定额按本工序工时定额的 50% 计算。甲产品月初在产品和本月发生的直接人工共计 9 150 元，制造费用共计 12 200 元。

（三）要求：（1）按原材料消耗定额计算甲产品各工序在产品完工率。

（2）按工时定额计算甲产品各工序在产品完工率。

（3）按以原材料消耗定额确定的完工率计算甲产品在产品约当产量。

（4）按以工时定额确定的完工率计算甲产品在产品约当产量。

（5）计算原材料费用、直接人工、制造费用分配率，分别计算完工产品成本及月末在产品成本。

【业务训练三】

（一）目的：掌握定额比例法分配完工产品与在产品成本。

（二）资料：202×年 6 月，某企业生产 F 产品的生产成本明细资料，如表 5-11 所示。

表5-11　F产品生产成本明细资料

成本项目	月初在产品成本		本月生产费用	
	定额	实际	定额	实际
原材料	5 400 元	4 600 元	14 600 元	13 000 元
直接人工	1 200 元/工时	2 500 元/工时	3 800 元/工时	3 500 元/工时
制造费用		1 600 元		2 400 元
合　计		8 700 元		18 900 元

本月 F 产品完工 80 件，单件产品定额原材料费用 110 元，定额工时 50 小时。

（三）要求：采用定额比例法分配完工产品和月末在产品费用，填入表5-12。

表5-12　产品成本计算表

产品名称：F 产品　　　　　　　　202×年 6 月　　　　　　　　金额单位：元

摘　要		直接材料	直接人工	制造费用	合　计
月初在产品成本					
本月发生费用					
生产费用合计					
成本分配率					
完工产品成本	定额成本				
	实际成本				
在产品成本	定额成本				
	实际成本				

第6章 产品成本计算的基本方法

知识目标

1. 了解产品成本计算基本方法的含义和适用范围
2. 掌握产品成本计算基本方法核算的一般程序
3. 熟悉逐步结转分步法的成本还原过程

职业目标

1. 熟练运用品种法计算产品成本
2. 能够运用简化分批法计算产品成本并正确填制产品成本计算表
3. 熟练掌握分步法计算产品成本

知识结构导图

产品成本计算的基本方法
- 品种法的应用
  - 品种法的分类及适用范围
  - 品种法的具体核算程序
  - 品种法的应用
- 分批法的应用
  - 分批法概述
  - 分批法的成本核算程序
  - 分批法在应用中应注意的事项
  - 分批法的种类
  - 一般分批法的应用
  - 简化分批法的应用
- 分步法的应用
  - 分步法的概念及分类
  - 逐步结转分步法
  - 平行结转分步法

　　佛山弘毅工厂生产、销售甲、乙、丙三种产品，其中甲、乙产品每月投产和完工的产品数量都很大，属于大批大量、多步骤生产。生产步骤具有以下特点：甲产品生产过程中半成品较多；甲、乙产品产量稳定，针对甲、乙产品的定额管理基础良好；甲产品期末在产品较多，但不稳定；乙产品期末在产品稳定。丙产品生产数量较少，生产周期长，属于小批量、单个生产，期末没有在产品。

　　甲产品生产过程中的半成品不单独出售，无须计算半成品成本。乙产品生产过程中的半成品大都供给乙产品加工使用，但也有少量单独出售，因而需要计算半成品成本。丙产品无须计算半成品成本。

　　根据公司成本管理需要，甲产品须进行多步骤计算生产成本以反映各步骤生产费用的消耗及明确各责任单位经济责任；乙产品无须按多步骤计算生产成本，只需按品种计算成本即可。

　　要求：甲、乙、丙三种产品采用什么成本计算方法最能体现公司成本管理要求？针对所选方法说明理由。

　　产品成本计算方法的确定必须从企业（成本中心）的具体情况出发，充分考虑企业生产经营特点和成本管理要求。生产经营特点包括生产工艺过程特点和生产组织方式特点两个方面，前者是指企业生产的工艺过程是单步骤生产还是多步骤生产，后者是指企业生产的组织方式是大量生产、成批生产还是单件生产。为了适应不同类型生产经营特点和成本管理要求，在产品成本计算工作中常以产品品种、产品类别和生产步骤为成本计算对象，对应产生了产品成本计算的三种基本方法，分别为品种法、分批法和分步法。

6.1　品种法的应用

　　品种法是指以产品品种为成本计算对象，归集和分配生产性支出，计算产品成本的一种方法。品种法是产品成本计算方法中最基本的方法，其他成本计算方法都是在此基础之上发展而来的。

6.1.1　品种法的分类及适用范围

　　品种法主要分为两类：一类是单品种的成本法，又称简单品种法；另一类是多品种的成本法，又称典型品种法。

　　简单品种法适用于大批量、单步骤的生产型企业。其主要核算特点：在月末成本核算时，将生产过程所发生的费用汇总，按实际生产数量进行成本分摊。这种成本核算方法应用面较为狭窄，只适用于产品种类少、生产步骤单一、生产周期短，并且在成本核算期末仅存少量或没有在产品的情况。

典型品种法适用于大批量、多步骤的生产型企业。这类企业的生产通常具有两个特点：一是生产周期较长；二是月末有大量在产品。

典型品种法的主要核算特点：在月末核算成本时，对在产品和完工产品成本一同进行核算。由于当前产品生产大多具有专门化、多步骤等特点，典型品种法适用范围相对更广。

品种法的成本计算对象是每种产品，按产品品种设置成本明细账及归集生产费用；成本核算期为定期，通常在月末，成本计算期与生产周期并不一致。

6.1.2 品种法的具体核算程序

采用品种法计算产品成本时，核算的一般程序如下。

1. 按产品品种设置产品成本明细账

企业应根据成本计算对象开设"基本生产成本"明细账；按辅助生产车间、生产车间分别开设"辅助生产成本"明细账和"制造费用"明细账，并在明细账内按成本项目设置生产费用专栏，对月初有在产品的，产品成本明细账中应登记期初在产品的成本。

2. 分配月内发生的各项要素支出

根据月内发生的各项要素支出，编制有关费用分配表，据以登记"基本生产成本"明细账、"辅助生产"明细账、"制造费用"明细账等。

3. 分配辅助生产费用

根据"辅助生产"明细账计算出的本期发生额，采用适当的分配方法编制辅助生产成本分配表，分配辅助生产费用给有关受益产品或受益部门。

4. 分配制造费用

根据"制造费用"明细账所归集的费用，编制制造费用分配表，把制造费用分配到有关受益产品或受益对象。

5. 汇总本月产品总成本，并在完工产品和在产品之间分配

将基本生产成本明细账或成本计算表中按成本项目归集的生产费用汇总，然后采用适当的分配方法在完工产品和在产品之间进行分配。

6. 月末结转完工产品成本

根据"基本生产成本"明细账，计算出完工产品总成本和单位成本，汇总编制完工产品成本汇总表。

品种法计算产品成本的流程如图6-1所示。

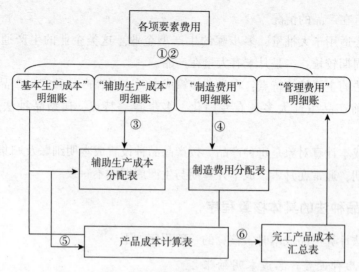

图 6-1　品种法计算产品成本的流程

6.1.3　品种法的应用

【任务导入 6-1】佛山亨毅工厂生产、销售甲、乙两种产品。厂内设有一个基本生产车间，另设机修车间和运输车间两个辅助生产车间。该厂 202×年 6 月有关成本资料如表 6-1、表 6-2 所示。

表 6-1　产品产量资料　　　　　　　　　　　　　　　　　　　　　　产量单位：件

产品名称	月初在产品	本月投产	本月完工产品	月末在产品
甲产品	35	85	80	40
乙产品	27	38	35	30

注：甲、乙产品月末在产品的加工程度均为 50%。

表 6-2　月初在产品成本　　　　　　　　　　　　　　　　　　　金额单位：元

产品名称	直接材料	燃料及动力	直接人工	制造费用	合计
甲产品	8 700	912	3 361	4 321.65	17 294.65
乙产品	6 218	864	2 468	3 315.35	12 865.35

其他有关资料如下：

（1）本月甲、乙产品的生产工时分别为 4 100 小时和 3 100 小时。

（2）本月机修车间提供修理工时 5 232 个小时。其中基本生产车间受益 3 100 工时，企业管理部门受益 1 332 工时，运输车间受益 800 工时。运输车间提供运输劳务 5 490 吨千米，其中基本生产车间受益 3 690 吨千米，企业管理部门受益 1 200 吨千米，机修车间受益 600 吨千米。

（3）基本生产车间的制造费用按甲、乙产品的生产工时比例分配法分配。

（4）辅助生产费用的分配采用直接分配法。

（5）按约当产量比例法将生产费用在本月完工产品和月末在产品之间进行分配，材料在开始生产时一次投入。

采用品种法，计算佛山亨毅工厂 6 月份甲、乙完工产品成本。

1. 归集和分配生产费用

（1）材料费用的归集和分配。根据本月领退料凭证汇总，发出原材料的计划成本为59 100元。其中甲、乙产品耗用主要材料分别为25 000元、16 000元，甲、乙产品共同耗用辅助材料8 200元；基本生产车间、机修车间、运输车间一般耗用辅助材料分别为3 600元、900元、800元；机修车间、运输车间提供劳务分别耗用辅助材料2 100元、2 500元。甲、乙产品共同耗用辅助材料按所耗主要材料的比例分配。本月材料成本差异率为+1%。

> 💡 **小贴士**
>
> 材料费用的分配方法包括重量分配法、体积分配法、定额耗用量比例分配法以及定额费用比例法。

运用直接分配法分配材料费用，编制材料费用分配表，如表6-3所示。

表6-3 材料费用分配表

202×年6月 金额单位：元

应借科目		主要材料	辅助材料	计划成本	材料成本差异（+1%）	实际成本
基本生产成本	甲产品	25 000	5 000	30 000	300	30 300
	乙产品	16 000	3 200	19 200	192	19 392
	小计	41 000	8 200	49 200	492	49 692
辅助生产成本	机修车间		3 000	3 000	30	3 030
	运输车间		3 300	3 300	33	3 333
	小计		6 300	6 300	63	6 363
制造费用	基本生产车间		3 600	3 600	36	3 636
合计		41 000	18 100	59 100	591	59 691

注：材料费用分配率=8 200÷（25 000+16 000）= 0.2。

根据材料费用分配表编制的会计分录如下。

借：生产成本——基本生产成本——甲产品　　　　　　30 000
　　　　　　　　　　　　　　——乙产品　　　　　　19 200
　　　　　　——辅助生产成本——机修车间　　　　　3 000
　　　　　　　　　　　　　　——运输车间　　　　　3 300
　　制造费用　　　　　　　　　　　　　　　　　　3 600
　　贷：原材料　　　　　　　　　　　　　　　　　　　　59 100
借：生产成本——基本生产成本——甲产品　　　　　　300
　　　　　　　　　　　　　　——乙产品　　　　　　192
　　　　　　——辅助生产成本——机修车间　　　　　30
　　　　　　　　　　　　　　——运输车间　　　　　33

制造费用   36

贷：材料成本差异   591

（2）职工薪酬费用。根据工资结算汇总表，本月应付工资总额为 40 000 元。其中：基本生产车间生产工人工资 21 600 元，车间管理人员工资 1 800 元；机修车间生产工人工资 8 100 元，车间管理人员工资 1 200 元；运输车间生产工人工资 6 400 元，车间管理人员工资 900 元。基本生产工人的工资按甲、乙产品的生产工时比例分配法分配，同时按 14% 计提福利费。

采用生产工时比例分配法，编制职工薪酬费用分配表，如表 6-4 所示。

表 6-4　职工薪酬费用分配表

202×年 6 月   金额单位：元

应借科目		成本或费用项目	直接计入	分配计入			合计	福利费（14 %）	工资及福利合计
				生产工时	分配率	分配额			
基本生产成本	甲产品	直接人工		4 100		12 300	12 300	1 722	14 022
	乙产品	直接人工		3 100		9 300	9 300	1 302	10 602
	小计			7 200	3	21 600	21 600	3 024	24 624
辅助生产成本	机修车间	直接人工	9 300				9 300	1 302	10 602
	运输车间	直接人工	7 300				7 300	1 022	8 322
	小计		16 600				16 600	2 324	18 924
制造费用	基本生产车间	职工薪酬	1 800				1 800	252	2 052
合计			18 400				40 000	5 600	45 600

根据职工薪酬分配表 6-4，编制会计分录如下。

借：生产成本——基本生产成本——甲产品   14 022

                ——乙产品   10 602

      ——辅助生产成本——机修车间   10 602

                ——运输车间   8 322

   制造费用   2 052

   贷：应付职工薪酬——工资   40 000

             ——职工福利   5 600

> **小贴士**
>
> 职工薪酬费用的分配以工时为分配标准，分配方法包括实际生产工时分配法、定额生产工时分配法。

（3）外购电费。根据电表和用电单价计算，月末应付本月外购电费共计 9 150 元，其中甲、乙产品生产用电共 7 200 元，基本生产照明用电 800 元；机修车间修理设备用电 750 元，照明用电 400 元。甲、乙产品生产用电按生产工时比例分配。

按生产工时比例分配法，编制外购电费分配表，如表 6-5 所示。

表6-5　外购电费分配表

202×年6月　　　　　　　　　　　　　　　　　　　金额单位：元

应借科目		成本项目	生产工时分配(1工时/度)	分配金额
基本生产成本	甲产品	燃料及动力	4 100度	4 100
	乙产品	燃料及动力	3 100度	3 100
	小计		7 200度	7 200
辅助生产成本	机修车间	燃料及动力		1 150
	小计			1 150
制造费用	基本生产车间	电力费用		800
合计				9 150

根据表6-5，编制会计分录如下。

借：生产成本——基本生产成本——甲产品　　　　　4 100

　　　　　　　　　　　　　　——乙产品　　　　　3 100

　　——辅助生产成本——机修车间　　　　　1 150

制造费用　　　　　　　　　　　　　　　　　　800

贷：应付账款　　　　　　　　　　　　　　　　　　9 150

(4)固定资产折旧费用。根据固定资产折旧计算表，本月应计提折旧额为：基本生产车间600元，机修车间120元，运输车间100元。

据此编制固定资产折旧费分配表，如表6-6所示。

表6-6　固定资产折旧费分配表

202×年6月　　　　　　　　　　　　　　　　　　　金额单位：元

部门	应借科目	本月折旧额
基本生产车间	制造费用	600
机修车间	辅助生产成本	120
运输车间	辅助生产成本	100
合计		820

根据表6-6，编制会计分录如下。

借：制造费用　　　　　　　　　　　　　　　　　600

生产成本——辅助生产成本——机修车间　　　　120

　　——运输车间　　　　100

贷：累计折旧　　　　　　　　　　　　　　　　　　820

(5)长期待摊费用。6月，该工厂应摊销长期待摊费用1 410元，其中基本生产车间800元，机修车间360元，运输车间250元。

据此编制长期待摊费用分配表，如表6-7所示。

表6-7　长期待摊费用分配表

202×年6月　　　　　　　　　　　　　　　　　　　金额单位：元

应借科目		金额
总账科目	明细科目	
制造费用	基本生产车间	800

续表

应借科目		金额
总账科目	明细科目	
生产成本——辅助生产成本	机修车间	360
	运输车间	250
合计		1 410

根据表6-7，编制会计分录如下。

借：制造费用 800

生产成本——辅助生产成本——机修车间 360

——运输车间 250

贷：长期待摊费用 1 410

> **小贴士**
>
> 待摊费用是企业已经发生，应由当期及以后各期负担的费用，直接表现为经济利益流出企业，按照是否跨期分为待摊费用和长期待摊费用。新的《企业会计准则》已取消了"待摊费用"一级科目，仅保留"长期待摊费用"一级科目。

(6)其他费用。本月通过银行存款支付的办公及劳动保护费，如表6-8所示。

表6-8　办公及劳动保护费资料

金额单位：元

费用项目	基本生产车间	机修车间	运输车间
办公费	190	90	100
劳动保护费	240	160	120
合计	430	250	220

据此编制其他费用分配表，如表6-9所示。

表6-9　其他费用分配表

202×年6月

金额单位：元

应借科目		金额
总账科目	明细科目	
制造费用	基本生产车间	430
生产成本——辅助生产成本	机修车间	250
	运输车间	220
合计		900

根据表6-9，编制会计分录如下。

借：制造费用 430

生产成本——辅助生产成本——机修车间 250

——运输车间 220

贷：银行存款 900

2. 分配辅助生产成本

核算辅助生产成本应设置"辅助生产成本"明细账。月末，应根据明细账归集的费用，采用适当的分配方法把辅助生产费用分配给各受益对象。辅助生产车间的制造费用明细账可以单独设置，也可以不单独设置。如果辅助车间规模小，发生的辅助生产费用较少，辅助生产车间不对外销售产品或劳务，为简化核算，辅助生产车间可不单独设置"制造费用"明细账。

辅助生产成本明细如表 6-10 和表 6-11 所示。

表 6-10　辅助生产成本明细账

车间：机修车间　　　　　　　　　　　202×年 6 月　　　　　　　　　　金额单位：元

202×年 月	202×年 日	凭证 字号	摘　要	费用项目 材料费	费用项目 电费	费用项目 薪酬	费用项目 折旧费	费用项目 其他	费用项目 合计
6	30		耗用材料	3 030					3 030
	30		分配电力费		1 150				1 150
	30		分配职工薪酬			10 602			10 602
	30		分配折旧费				120		120
	30		分配长期待摊费用等					610	610
	30		本月合计	3 030	1 150	10 602	120	610	15 512
	30		分配转出	3 030	1 150	10 602	120	610	15 512

表 6-11　辅助生产成本明细账

车间：运输车间　　　　　　　　　　　202×年 6 月　　　　　　　　　　金额单位：元

202×年 月	202×年 日	凭证 字号	摘　要	费用项目 材料费	费用项目 电费	费用项目 薪酬	费用项目 折旧费	费用项目 其他	费用项目 合计
6	30		耗用材料	3 333					3 333
	30		分配电力费						
	30		分配职工薪酬			8 322			8 322
	30		分配折旧费				100		100
	30		分配长期待摊费用等					470	470
	30		本月合计	3 333		8 322	100	470	12 225
	30		分配转出	3 333		8 322	100	470	12 225

采用直接分配法给各受益对象分配辅助费用，如表 6-12 所示。

表6-12　辅助生产费用分配表（直接分配法）　　　　　金额单位：元

辅助车间	待分配金额	提供服务总量	分配率	行政管理部门		基本生产车间		合计
				服务量	金额	服务量	金额	
机修车间	15 512	4 432 小时	3.5	1 332 小时	4 662	3 100 小时	10 850	15 512
运输车间	12 225	4 890 吨千米	2.5	1 200 吨千米	3 000	3 690 吨千米	9 225	12 225
合计	27 737	—	—		7 662	—	20 075	27 737

根据表6-12，编制会计分录如下。

借：制造费用 20 075

管理费用 7 662

贷：生产成本——辅助生产成本——机修车间 15 512

——运输车间 12 225

3. 分配制造费用

根据制造费用明细账归集费用按生产工时比例分配法分配。制造费用明细如表6-13所示。

表6-13　制造费用明细账　　　　　金额单位：元

202×年		凭证字号	摘　要	费用项目					
月	日			材料费	电费	薪酬	折旧费	其他	合计
6	30		耗用材料	3 636					3 636
	30		分配电力费		800				800
	30		分配职工薪酬			2 502			2 502
	30		分配折旧费				600		600
	30		分配长期待摊费用等					1 230	1 230
	30		分配辅助生产费用					20 075	20 075
	30		本月合计	3 636	800	2 502	600	21 305	28 843
	30		分配转出	3 636	800	2 502	600	21 305	28 843

采用生产工时比例分配法对表6-13中的制造费用进行分配，如表6-14所示。

表6-14　制造费用分配表（生产工时比例分配法）

车间：基本生产车间　　　　　202×年6月30日　　　　　金额单位：元

应借科目		生产工时/小时	分配率	分配金额
基本生产成本	甲产品	4 100		16 424.6
	乙产品	3 100		12 418.4
合计		7 200	4.006	28 843

根据表6-14，编制会计分录如下。

借：生产成本——基本生产成本——甲产品 16 424.6

——乙产品 12 418.4

贷：制造费用——基本生产车间 28 843

4. 汇总产品成本,并在在产品和完工产品之间分配

经过上述分配后,本月生产费用均已根据所编制的会计分录分配登记到甲、乙两种产品的基本生产成本明细账中,如表6-15和表6-16所示。

表6-15 基本生产成本明细账

车间:基本生产车间

产品:甲产品 金额单位:元

202×年		摘 要	成本项目				合 计
月	日		直接材料	燃料及动力	直接人工	制造费用	
6	1	月初余额	8 700	912	3 361	4 321.65	17 294.65
	30	材料费用分配表	30 300				30 300
	30	动力费用分配表		4 100			4 100
	30	工资福利分配表			14 022		14 022
	30	制造费用分配表				16 424.60	16 424.60
	30	成本计算表	26 000	4 009.6	13 906.4	16 392	60 308

表6-16 基本生产成本明细账

车间:基本生产车间

产品:乙产品 金额单位:元

202×年		摘 要	成本项目				合 计
月	日		直接材料	燃料及动力	直接人工	制造费用	
6	1	月初余额	6 218	864	2 468	3 315.35	12 865.35
	30	材料费用分配表	19 3392				19 392
	30	动力费用分配表		3 100			3 100
	30	工资福利分配表			10 602		10 602
	30	制造费用分配表				12 418.40	12 418.40
	30	成本计算表	13 790	2 774.8	9 149	10 878	36 951.8

采用约当产量比例法,在完工产品和在产品之间分配甲、乙产品的生产费用,如表6-17和表6-18所示。

表6-17 产品成本计算表

产品:甲产品 202×年6月 金额单位:元

成本项目	直接材料	燃料及动力	直接人工	制造费用	合计
月初在产品成本	8 700	912	3 361	4 321.65	17 294.65
本月生产费用	30 300	4 100	14 022	16 424.60	64 846.60
生产费用合计	39 000	5 012	17 383	20 746.25	82 141.25
约当总产量	120	100	100	100	
分配率	325	50.12	173.83	207.46	
月末在产品成本	13 000	1 002.40	3 476.60	4 149.45	21 628.45
本月完工产品成本	26 000	4 009.60	13 906.40	16 596.80	60 512.80

表6-18　产品成本计算表

产品：乙产品　　　　　　　　　　　　202×年6月　　　　　　　　　　　　金额单位：元

成本项目	直接材料	燃料及动力	直接人工	制造费用	合计
月初在产品成本	6 218	864	2 468	3 315.35	12 865.35
本月生产费用	19 392	3 100	10 602	12 418.40	45 512.40
生产费用合计	25 610	3 964	13 070	15 733.75	58 377.75
约当总产量	65	50	50	50	
分配率	394	79.28	261.40	314.675	
月末在产品成本	11 820	1 189.20	3 921	4 720.12	21 650.32
本月完工产品成本	13 790	2 774.80	9 149	11 013.63	36 727.43

根据表6-17和表6-18汇总，得到产品成本汇总表，如表6-19所示。

表6-19　产品成本汇总表

202×年6月　　　　　　　　　　　　金额单位：元

产品名称	单位	产品数量	直接材料	燃料及动力	直接人工	制造费用	合计
甲产品	件	80	26 000	4 009.60	13 906.40	16 596.80	60 512.80
乙产品	件	35	13 790	2 774.80	9 149	11 013.63	36 727.43

根据表6-19结转完工产品成本，编制会计分录如下。

借：库存商品——甲产品　　　　　　　　　　　　　　60 512.80

　　　　——乙产品　　　　　　　　　　　　　　36 727.43

　　贷：生产成本——基本生产成本——甲产品　　　　　　60 512.80

　　　　　　　　　　　　　　——乙产品　　　　　　36 727.43

6.2　分批法的应用

6.2.1　分批法概述

分批法又称订单法，是指按照产品批别或订单来归集生产费用、计算产品成本的一种成本计算方法。分批法主要适用于单件、小批量生产，管理上不需要采用分步计算产品成本的产品。

产品批别是在成批组织产品生产的企业或生产车间中，按一定批量、一定品种或一定订单产品划分的。因此，分批法也是计算一定品种、一定批量的产品成本计算方法。

分批法以产品批别为成本计算对象。在实际工作中，企业可以根据客户订单组织生产，并设置生产成本明细账，归集生产费用，再计算产品成本。

6.2.2　分批法的成本核算程序

1. 按批别开设产品成本明细账，并按成本项目分设专栏

在投入生产时，企业应依据每一批产品的生产通知单开设产品成本明细账。产品成本

明细账可按照车间、成本项目分设专栏，把相关的直接成本或间接成本计入相应成本核算科目。

2. 费用凭证注明用途，分清批次产品的用途

企业对于能分清批次的直接费用，应依据原始凭证写明订单号、生产通知单和批别号，登入相关产品成本明细账；对于不能分清批次的几批产品共同耗用的费用，应采用适当方法分配登入各批产品成本明细账。辅助生产成本、各车间制造费用、管理部门有关费用要按原始凭证填明的发生地点、费用明细项目，通过材料费用、职工薪酬等分配表汇总登入辅助生产成本、制造费用和管理费用明细账。

3. 编制要素费用分配表，归集和分配生产费用

月末，编制辅助生产成本费用分配表，采用一定的分配方法，按各批受益产品和各受益部门耗用的辅助生产产品和劳务数量，将辅助生产费用计入有关批别产品的成本，以及制造费用等。若辅助生产车间单独设置"制造费用"账户核算制造费用，则应先将所归集的制造费用分配结转计入辅助生产成本费用。

车间所发生的不能直接分清是哪一批产品应负担的制造费用，应按照生产工时、生产工人工资等标准进行合理分配，并分别记入有关批别产品成本明细账。

分批法下，废品损失一般能直接归属于各订单。在计算废品损失时从各有关成本明细账的直接材料、直接工资、燃料及动力和制造费用等成本项目中将不可修复废品成本减除，转入废品损失，再将废品损失明细账直接转入各有关订单的产品成本明细账。

4. 生产费用在完工产品与在产品之间的分配

在分批法下，成本计算期与生产周期相同，而与会计报告期不一致。一般情况下，生产费用无须在完工产品与在产品之间分配。

分批法核算程序如图6-2所示。

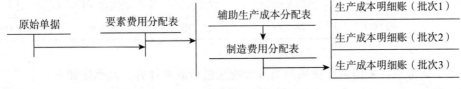

图6-2　分批法核算程序

6.2.3　分批法在应用中应注意的事项

1. 成本核算批次与客户订单并不完全一致

在会计实务中，成本核算的分批与客户的订单并不完全一致。企业产品成本核算的分批是以企业生产计划部门开出的生产通知单为依据，客户的订单与企业生产通知单所规定的内容可以不同。在实际生产中，考虑到产品品种、交货日期、生产周期等诸多因素，企业常常会适当调整生产批次。

（1）如订单中规定生产单样产品，且数量较大，不便于集中一次投产，或者客户要求分批次交货，这种情况下一般将单个订单分批组织生产，核算成本。

（2）同样是订单中规定生产单种产品，但该种产品属大型复杂产品，如大型飞机、游艇的制造。由于其生产周期长、价值大，也可将产品按其组成部分分批核算。

（3）在同一时期内多张订单均生产同一产品，考虑到更为合理的组织生产，通常将多张符合条件的订单合并为同一批次进行产品生产和成本核算。

（4）当一张订单中规定生产多种产品时，为分析和考核各种产品成本计划的执行情况，要按照产品的品种分批次组织生产。

2. 成本计算期与产品生产周期基本一致，而与会计报告期不一致

为了保证产品成本核算的准确性，产品成本核算期应从生产任务通知单的签发开始至产品完工发货为止，即各批次或各订单产品的成本总额，在其完工后（完工月的月末）计算确定，因此产品成本计算期与会计报告期并不一致，但与生产周期基本相同。

6.2.4 分批法的种类

根据企业产品特点和批次数量的不同，将分批法分为一般分批法和简化分批法。

6.2.4.1 一般分批法

一般分批法适用于产品生产周期短（一般当月投产当月完工）或者批次较少的生产型企业，主要特点是在月末按照当月分配率划分各批次产品的间接费用，并在在产品和完工产品之间分配，该方法也称当月分配法。

【例6-1】佛山亿达公司根据客户订单组织生产甲产品，202×年6月发生的生产费用资料如表6-20和表6-21所示。

表6-20　生产资料表

计量单位：台

产品名称	批号	批量	本月完工产品	在产品
甲产品	961	6	6	—

表6-21　生产费用表

金额单位：元

批次	直接材料	燃料及动力	直接人工	制造费用	合计
961	40 000	26 230	23 770	20 000	110 000

根据上述资料，采用生产费用的当月分配法进行成本计算，其程序如下。

第一步，按生产批次设置基本生产成本明细账，如"基本生产成本——961（甲产品）"。

第二步，分配归集生产费用。各月按产品的完工程度，把生产费用直接或间接计入基本生产成本。间接计入费用须采用一定的分配方法进行分配。

第三步，根据各费用分配表登记基本生产成本明细账。基本生产成本明细账一般格式如表6-22所示。

表6-22　基本生产成本明细账一般格式

生产批次：961（甲产品）　生产批量：6台　完工数量：6台　开工时间：6月　完工时间：6月

金额单位：元

202×年		摘　要	成本项目				合　计
月	日		直接材料	燃料及动力	直接人工	制造费用	
6	1	月初余额					
	30	材料费用分配表	40 000				40 000

续表

202×年		摘　要	成本项目				合　计
月	日		直接材料	燃料及动力	直接人工	制造费用	
	30	动力费用分配表		26 230			26 230
	30	工资福利分配表			23 770		23 770
	30	制造费用分配表				20 000	20 000
	30	成本计算表	40 000	26 230	23 770	20 000	110 000

6.2.4.2　简化分批法

简化分批法适用于生产周期较长(一般超过一个月)并且投入生产的批次较多的生产型企业。简化分批法在账务处理程序具有以下几个特点。

(1)在产品按批次设立产品成本明细账的基础上,同时设置基本生产成本二级账,用以按成本项目归集各批次产品产生的原材料费用和加工费用的合计数。

(2)月末计算成本时,仅对当月完工批次进行费用分配和成本计算,各批次间共同耗用的生产成本根据成本核算当月的累计分配率按批次进行分配。

6.2.5　一般分批法的应用

【任务导入6-2】佛山亿达公司根据客户订单,第一车间组织生产甲、乙两种产品,采用分批法计算产品成本。202×年6月份其有关生产资料如表6-23和表6-24所示。

表6-23　各批产品生产情况表

产品批号	产品名称	投产日期	投产量/台	完工产量/台		耗用工时/小时		
				5月	6月	4月	5月	6月
401#	甲产品	4月	30	15	15	500	700	600
501#	甲产品	5月	20		10		300	800
602#	乙产品	6月	10					400
合计			60	15	25	500	1 000	1 800

表6-24　生产性支出情况　　　金额单位:元

月份	直接材料	直接人工	制造费用	合计
4月	4 600	1 800	800	7 200
5月	3 200	2 600	1 200	7 000
6月	2 700	3 600	1 200	7 500
合计	10 500	8 000	3 200	21 700

甲、乙两种产品在产品完成程度均为50%,材料在生产开始时一次性投入,燃料及动力、人工费用和制造费用均衡消耗,需采用约当产量比例法分配完工产品和月末在产品的成本。

根据上述资料,运用一般分批法进行成本计算的过程如下。

(1)按生产批号、时间设置基本生产明细账。

（2）分配归集生产费用。材料为生产开始时一次性投入，则各月投入的原材料为当月各批次产品消耗，直接计入各批次产品的基本生产成本。人工费用和制造费用按实际耗用工时进行分配。第一车间4月份只生产一批产品，发生的生产费用直接计入401甲产品中；5月份和6月份，第一车间共生产了三批次的产品，其中发生的生产费用应在各受益单位之间进行分配。

编制5月份和6月份直接人工、制造费用分配表，如表6-25～表6-28所示。

表6-25　人工费用分配表

生产车间：第一车间　　　　　　　　　　　202×年5月　　　　　　　　　　　金额单位：元

应借科目		成本费用项目	实际工时/小时	分配率	分配额
二级账	明细账				
基本生产成本	401	直接人工	700		1 820
	501	直接人工	300		780
合计			1 000	2.6	2 600

根据表6-25，编制会计分录如下。

借：生产成本——基本生产成本——401（甲产品）　　　1 820
　　　　　　　　　　　　　　　——501（甲产品）　　　　780
　　贷：应付职工薪酬——工资等　　　　　　　　　　　　　　　　2 600

表6-26　人工费用分配表

生产车间：第一车间　　　　　　　　　　　202×年6月　　　　　　　　　　　金额单位：元

应借科目		成本费用项目	实际工时/小时	分配率	分配额
二级账	明细账				
基本生产成本	401	直接人工	600		1 200
	501	直接人工	800		1 600
	602	直接人工	400		800
合计			1 800	2	3 600

根据表6-26，编制会计分录如下。

借：生产成本——基本生产成本——401（甲产品）　　　1 200
　　　　　　　　　　　　　　　——501（甲产品）　　　1 600
　　　　　　　　　　　　　　　——601（乙产品）　　　　800
　　贷：应付职工薪酬——工资等　　　　　　　　　　　　　　　　3 600

按当月分配法计算制造费用的分配率的公式为：

$$制造费用分配率 = \frac{本月制造费用实际发生额}{本月制造费用实际总工时}$$

表6-27　制造费用分配表

生产车间：第一车间　　　　　　　　　　　202×年5月　　　　　　　　　　　金额单位：元

应借科目		成本费用项目	实际工时/小时	分配率	分配额
二级账	明细账				
基本生产成本	401	制造费用	700		840
	501	制造费用	300		360
合计			1 000	1.2	1 200

根据表6-27，编制会计分录如下。

借：生产成本——基本生产成本——401（甲产品）　　　　840

　　　　　　　　　　　　　——501（甲产品）　　　　360

　　贷：制造费用——第一车间　　　　　　　　　　　　　　　1 200

表6-28　制造费用分配表

生产车间：第一车间　　　　　　　　　　　202×年6月　　　　　　　　　　　金额单位：元

应借科目		成本费用项目	实际工时/小时	分配率	分配额
二级账	明细账				
基本生产成本	401	制造费用	600		402
	501	制造费用	800		530
	602	制造费用	400		268
合计			1 800	0.67	1 200

注：分配表6-28中分配率保留了两位小数，"530"是考虑了尾差的结果。

根据表6-28，编制会计分录如下。

借：生产成本——基本生产成本——401（甲产品）　　　　402

　　　　　　　　　　　　　——501（甲产品）　　　　530

　　　　　　　　　　　　　——601（乙产品）　　　　268

　　贷：制造费用——第一车间　　　　　　　　　　　　　　　1 200

（3）根据人工费用、制造费用分配情况登记基本生产成本明细账，如表6-29所示。由于4月份没有完工产品，只需进行费用结算，从而形成各批号的在产品成本；5月份和6月份还需计算完工产品成本并结转，生产费用在完工产品和在产品之间的分配方法采用约当产量比例法。

表6-29　基本生产成本明细账

生产车间：第一车间　　　　　　生产批次：401　　　　　　产品名称：甲产品(30台)

金额单位：元

202×年		摘　要	成本项目			合　计
月	日		直接材料	直接人工	制造费用	
4	30	领用材料	4 600			4 600
	30	分配人工费用		1 800		1 800
	30	分配制造费用			800	800
	30	本月合计	4 600	1 800	800	7 200

续表

202×年		摘 要	成本项目			合 计
月	日		直接材料	直接人工	制造费用	
5	31	分配人工费用		1 820		1 820
	31	分配制造费用			840	840
	31	本月合计		1 820	840	2 660
	31	成本累计	4 600	3 620	1 640	9 860
	31	成本计算表	2 300	2 413.33	1 093.33	5 806.66
	31	月末在产品成本	2 300	1 206.67	546.67	4 053.34
6	30	分配人工费用		1 200		1 200
	30	分配制造费用			402	402
	30	本月合计		1 200	402	1 602
	30	成本累计	2 300	2 406.67	948.67	5 655.34
	30	成本计算表	2 300	2 406.67	948.67	5 655.34

5 月份结转完工产品甲产品，填制甲产品的产品成本计算表，如表 6-30 所示。

表 6-30 产品成本计算表

生产批次：401　　产品名称：甲产品　　202×年 5 月

完工数量：15 台　　　　　　　　　　　　　　　　　　金额单位：元

成本项目	直接材料	直接人工	制造费用	合 计
月初在产品成本	4 600	1 800	800	7 200
本月生产费用		1 820	840	2 660
生产费用合计	4 600	3 620	1 640	9 860
完工产品成本	2 300	2 413.33	1 093.33	5 806.66
完工产品单位成本	153.33	160.89	72.89	387.11

根据表 6-30，编制完工产品结转会计分录如下。

借：库存商品——甲产品　　　　　　　　　　　5 806.66

　　贷：生产成本——基本生产成本——401（甲产品）　　　5 806.66

6 月份结转完工产品甲产品，填制甲产品的产品成本计算表，如表 6-31 所示。

表 6-31 产品成本计算表

生产批次：401　　产品名称：甲产品　　202×年 6 月

　　　　　　　　　　　　　　　　　　　　　　　金额单位：元

成本项目	直接材料	直接人工	制造费用	合 计
月初在产品成本	2 300	1 206.67	546.67	4 053.34
本月生产费用		1 200	402	1 640
生产费用合计	2 300	2 406.67	948.67	5 655.34
完工产品成本	2 300	2 406.67	948.67	5 655.34
完工产品单位成本	153.33	160.45	63.24	370.02

根据表 6-31，编制完工产品结转会计分录如下。

借：库存商品——甲产品　　　　　　　　　　　5 655.34

　　贷：生产成本——基本生产成本——401（甲产品）　　　5 655.34

501（甲产品）的基本生产成本明细账如表 6-32 所示。

表 6-32 基本生产成本明细账

生产车间：第一车间　　　　　　生产批次：501#（甲产品）　　　　　　产品名称：甲产品(20 台)

金额单位：元

| 202×年 | | 摘 要 | 成本项目 | | | 合 计 |
月	日		直接材料	直接人工	制造费用	
5	31	领用材料	3 200			3 200
	31	分配人工费用		780		780
	31	分配制造费用			800	800
	31	本月合计	3 200	780	800	4 780
6	30	分配人工费用		1 600		1 600
	30	分配制造费用			530	530
	30	本月合计		1 600	530	2 130
	30	成本累计	3 200	2 380	1 330	6 910
	30	成本计算表	1 600	1 886.67	948.67	4 435.34
	30	月末在产品成本	1 600	493.33	381.33	2 474.66

6 月末，根据表 6-32 结转 501（甲产品）完工产品，编制产品成本计算表，如表 6-33 所示。

表 6-33 产品成本计算表

生产批次：501　　产品名称：甲产品　　202×年 6 月　　　　　金额单位：元

成本项目	直接材料	直接人工	制造费用	合计
月初在产品成本	3 200	780	800	4 780
本月生产费用		1 600	530	2 130
生产费用合计	3 200	2 380	1 330	6 910
完工产品成本	1 600	1 886.67	948.67	4 435.34
完工产品单位成本	160	188.67	94.86	443.53

根据表 6-33 编制完工产品结转会计分录如下。

借：库存商品——甲产品　　　　　　　　　　　　　　　4 435.34

　　贷：生产成本——基本生产成本——401（甲产品）　　　4 435.34

6 月份，602（乙产品）的基本生产成本明细账如表 6-34 所示。

表 6-34 基本生产成本明细账

生产车间：第一车间　　　　　　生产批次：602（乙产品）　　　　　　产品名称：乙产品(10 台)

金额单位：元

| 202×年 | | 摘 要 | 成本项目 | | | 合 计 |
月	日		直接材料	直接人工	制造费用	
6	30	领用材料	2 700			2 700
	30	分配人工费用		800		800
	30	分配制造费用			268	268
	30	本月合计	2 700	800	268	3 768

6.2.6 简化分批法的应用

【任务导入6-3】承【任务导入6-2】，佛山亿达公司改为累计分批法核算产品成本。根据有关资料，归集、分配的核算过程如下。

1. 设置基本生产成本二级账及明细账

在产品完工前，各批次成本明细账中，只登记直接计入的成本和生产工时，不用按月登记间接计入成本。"基本生产成本"二级账户应按成本项目登记全部产品的月初在产品成本、本月发生的直接计入成本和间接计入成本。没有完工产品的月份，间接费用不进行分配，只有某批次的产品全部完工时，才将二级账户归集的间接费用转出，记入该批产品的基本生产成本明细账。

2. 登记二级账及明细

根据4月至6月发生的工时和费用资料，登记基本生产成本二级账和明细账，分别如表6-35、表6-36、表6-37和表6-38所示。

表6-35 基本生产成本二级账

生产车间：第一车间

金额单位：元

202×年		摘 要	生产工时/小时	成本项目			合 计
月	日			直接材料	直接人工	制造费用	
4	30	本月发生工时和费用	500	4 600	1 800	800	7 200
5	31	本月发生工时和费用	1 000	3 200	2 600	1 200	7 000
6	30	本月发生工时和费用	1 800	2 700	3 600	1 200	7 500
	30	累计工时和费用	3 300	10 500	8 000	3 200	21 700
	30	间接费用分配率	—	—	2.424 2	0.969 7	—
	30	本月完工转出	2 533.33	6 733.33	6 141.3	2 456.39	15 331.02
	30	月末在产品工时与费用	766.67	3 766.67	1 858.7	743.61	6 368.98

注：直接人工累计分配率＝8 000÷3 300＝2.424 2。

制造费用累计分配率＝3 200÷3 300＝0.969 7。

表6-36 基本生产成本明细账

生产车间：第一车间   生产批次：401（甲产品）   产品名称：甲产品（30台）

金额单位：元

202×年		摘 要	生产工时/小时	成本项目			合 计
月	日			直接材料	直接人工	制造费用	
4	30	本月发生工时和费用	500	4 600	—	—	
5	31	本月发生工时和费用	700	—	—	—	
6	30	本月发生工时和费用	600	—	—	—	
	30	累计工时和费用	1 800	4 600	—	—	
	30	间接费用分配率	—	—	2.424 2	0.969 7	—

202×年		摘　要	生产工时/	成本项目			合　计
月	日		小时	直接材料	直接人工	制造费用	
	30	完工产品总成本	1 800	4 600	4 363.56	1 745.46	10 708.84
	30	本月完工转出	1 800	4 600	4 363.56	1 745.46	10 708.84

注：完工产品直接人工成本=1 800×2.424 2=4 363.56（元）。

　　制造费用累计分配率=1 800×0.969 7=1 745.46（元）。

根据表6-36结转401甲产品的成本，编制会计分录如下。

借：库存商品——401（甲产品）　　　　　　　　　　10 708.84

　　贷：生产成本——基本生产成本——401（甲产品）　　10 708.84

表6-37　基本生产成本明细账

生产车间：第一车间　　　　　　　生产批次：501（甲产品）　　　　　　　产品名称：甲产品（20台）

　　　　　　　　　　　　　　　　　　　　　　　　　　　　　　　　　　金额单位：元

202×年		摘　要	生产工时/	成本项目			合　计
月	日		小时	直接材料	直接人工	制造费用	
5	31	本月发生工时和费用	300	3 200	—	—	—
6	30	本月发生工时和费用	800	—	—	—	—
	30	累计工时和费用	1 100	3 200	—	—	—
	30	间接费用分配率	—	—	2.424 2	0.969 7	—
	30	完工产品总成本	733.33	2 133.33	1 777.74	711.11	4 622.18
	30	本月完工转出	733.33*	2 133.33*	1 777.74*	711.11*	4 622.18
	30	月末在产品工时费用	366.67	1 066.67			

注：完工产品结转生产工时=1 100×10÷（10+10×50%）=733.33（小时）。

　　完工产品直接材料成本=3 200×10÷（10+10×50%）=2 133.33（元）。

　　完工产品直接人工成本=733.33×2.424 2=1 777.74（元）。

　　完工产品制造费用成本=733.33×0.969 7=711.11（元）。

　　表6-37中附带*号的数据都取了近似值。

结转501甲产品的成本，编制会计分录如下。

借：库存商品——501（甲产品）　　　　　　　　　　4 622.18

　　贷：生产成本——基本生产成本——501（甲产品）　　4 622.18

表6-38　基本生产成本明细账

生产车间：第一车间　　　　　　　生产批次：602（乙产品）　　　　　　　产品名称：乙产品（10台）

　　　　　　　　　　　　　　　　　　　　　　　　　　　　　　　　　　金额单位：元

202×年		摘　要	生产工时/	成本项目			合　计
月	日		小时	直接材料	直接人工	制造费用	
6	30	本月发生工时和费用	400	2 700	—	—	—

6.3 分步法的应用

6.3.1 分步法的概念及分类

分步法是建立在品种法基础之上，以产品生产过程中各个生产步骤为成本计算对象，归集生产费用的一种方法。

分步法主要适用大量、大批、多步骤生产的企业，如机械制造型企业、纺织企业等。这些企业共同的特点就是将产品生产过程划分为若干个步骤，这些步骤可以相互独立，也可以是上下游关系。企业按照生产步骤设立产品成本明细账，对每一个生产步骤都进行独立的成本核算。

分步法按是否需要计算和结转各步骤半成品成本可分为逐步结转分步法和平行结转分步法。

6.3.2 逐步结转分步法

6.3.2.1 逐步结转分步法的含义和分类

逐步结转法亦称计算半成品成本的分步法，其成本核算按照生产步骤的先后顺序进行，在每一生产步骤中都结转完工半成品成本的一种成本计算方法。

逐步结转分步法主要适用于各步骤所产半成品可用于加工成不同产品或者有半成品对外出售和需要考核半成品成本的企业。根据半成品在下一步骤产品成本明细账（或产品成本计算单）中反映的方法不同，可分为逐步综合结转分步法和逐步分项结转分步法。

逐步综合结转分步法又称综合结转法，即将上一步的完工半成品转入下一生产步骤的"直接材料"或专设的"自制半成品"等综合性成本项目。在产品完工入库时，须对半成品的成本进行结转，将综合性成本项目归集到相应的原始成本核算项目中。其结转可依据实际成本，也可按照计划成本。

当自制半成品交由半成品库收发时，由于各月入库的完工半成品单位成本不尽相同，应采用先进先出法或加权平均法计算所耗用的上一步骤自制半成品成本。如果自制半成品直接从上一步骤移交至下一步骤进行加工，则下一步骤所耗用的上一步骤半成品成本按上一步骤本月实际完工数额核算。

> **小贴士**
>
> 当综合成本按计划成本结转时，自制半成品的日常收发应按计划成本核算，在半成品的实际成本计算完成之后，应当对半成品成本差异进行核算，最后调整所耗半成品应负担的半成品成本差异。其具体方法与材料按计划成本核算一样。

分项逐步结转法又称分项结转法，是指将各步骤所耗用的上一步骤半成品成本，按照成本项目分项转入各步骤产品成本明细账的各个成本项目。在此方法下，各步骤半成品和产成品明细账能直接提供各成本项目的原始资料，因此无须对成本进行还原。

如果半成品通过仓库收发，在自制半成品明细账登记半成品成本时，亦需按成本项目分别登记，这样增加了成本核算的难度。分项结转可按半成品实际单位成本结转，也可按计划成本结转，但后者工作量较大，会计实务中，一般采用前者结转。该方法的基本原理与综合结转法类似。

6.3.2.2　逐步结转分步法的成本核算程序

使用逐步结转分步法，上一步骤生产的半成品成本转入下一步骤会受到半成品实物流转程序的制约。半成品的实物流转程序包括半成品不通过仓库收发和通过仓库收发两种。

对于不通过仓库收发的情况，逐步结转分步法的核算程序如图 6-3 所示。

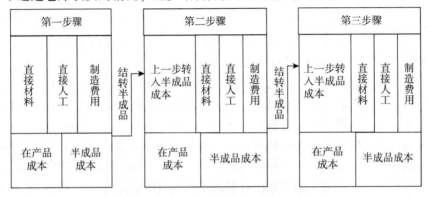

图 6-3　不通过仓库收发的半成品流转程序

图 6-3 的具体流程为：先计算第一步骤的半成品成本；然后将半成品实物转移，将成本转入第二步骤成品明细账，加上本步骤的生产费用，计算出半成品的成本；再依次转入下一步骤，直到计算出产成品成本为止。

对于需要通过仓库收发的情况，逐步结转分步法的核算程序如图 6-4 所示。

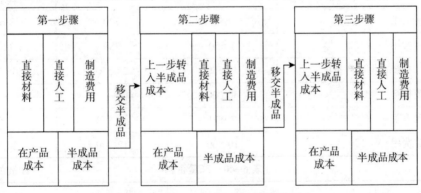

图 6-4　通过仓库收发的半成品流转程序

图 6-4 的具体流程为：先计算第一步骤的半成品成本；然后将半成品通过半成品库实现转移，这时应设置"自制半成品"明细账进行核算；第二步骤需要时，直接从半成品库领用，并将成本转入第二步骤成品明细账，加上本步骤的生产费用，计算出半成品的成本，再入库；下一步骤领用材料时，借记"自制半成品"，贷记"生产成本——基本生产成本"。

6.3.2.3 逐步结转分步法的应用

1. 逐步综合结转分步法

运用逐步综合结转分步法时，各步骤的半成品成本转入下一步骤时不按成本项目综合转入，最后为了反映半成品的各成本项目构成，须进行成本还原。

【任务导入6-4】佛山金旺工厂设有第一、第二、第三三个基本生产车间，主要用于生产甲产品，生产步骤依次由第一车间至第三车间完成。为便于核算，第一、二车间生产的完工半成品分别称为A、B半成品。经第一车间加工完成后的产成品A半成品交由第二车间进一步加工为B半成品，直至经第三车间继续加工成为甲产品。产品完工后交由仓库保管。

该厂经半成品仓库收发的B半成品，设置"自制半成品——B半成品"明细账组织收发存核算。各步骤转入下一步或移送至半成品仓库的半成品均按实际成本综合结转，半成品仓库发出的B半成品采用加权平均法计算实际成本。

各车间完工产品和月末在产品之间的费用分配均采用约当产量比例法。甲产品原材料在第一车间生产步骤开始时一次性投入；各车间本身的直接人工费用和制造费用的发生都比较均衡，月末各车间产品的完工程度均按50%计算。

该厂采用逐步结转分步法进行成本核算，按成本核算对象设有甲产品、B半成品、A半成品成本明细账，成本明细账按照直接材料、直接人工和制造费用三个成本项目组织核算。202×年9月，各车间发生的费用已在各成本核算对象之间进行了分配，其他资料如表6-39、表6-40所示。

表6-39 生产费用资料 金额单位：元

项目	第一车间	第二车间	第三车间
月初在产品成本	7 200	5 000	25 500
其中：直接材料（自制半成品）	5 000	3 500	18 500
直接人工	650	720	3 650
制造费用	1 550	780	3 350
本月本步发生生产费用	47 550	23 550	45 750
其中：直接材料	30 000	——	——
直接人工	7 050	10 850	25 500
制造费用	10 500	12 700	20 250

表6-40 产量资料 计量单位：件

项目	第一车间	第二车间	第三车间
月初在产品	50	20	70
本月投入或上步转入	300	250	200
本月完工转入下步或交库	250	200	260
月末在产品	100	70	30

根据上述资料，设置"自制半成品"明细账和各步骤"基本生产成本"明细账，分别如

表 6-41 ～ 表 6-44 所示。

表 6-41　基本生产成本明细账

车间：第一车间　　　　　　　　　　　202×年 9 月

产品名称：A 半成品　　　　　　　　　　　　　　　　　　　　金额单位：元

摘要	直接材料	直接人工	制造费用	合计
月初在产品成本	5 000	650	1 550	7 200
本月本步发生费用	30 000	7 050	10 500	47 550
生产费用合计	35 000	7 700	12 050	54 750
约当总产量/件	350	300	300	——
费用分配率（单位成本）	100	25.67*	40.17*	——
本月完工 A 半成品总成本	25 000	6 417.5	10 042.5	41 460
月末在产品成本	10 000	1 282.5	2 007.5	13 290

注：附带 * 号的数值取了近似值。月末在产品成本项采用倒挤法计算，即本月生产费用合计数减去完工产品成本，以保证在费用分配率为非整数时，完工产品成本与在产品成本合计数同生产总成本一致，下同。

（1）直接材料单位成本 = 35 000÷(250+100×100%) = 100（元/件）。

（2）直接人工单位成本 = 7 057÷(250+100×50%) = 25.67（元/件）。

（3）制造费用单位成本 = 12 050÷(250+100×50%) = 40.17（元/件）。

根据上述基本生产成本明细账，编制会计分录如下。

借：生产成本——基本生产成本——第二车间（B 半成品）　41 460

　　贷：生产成本——基本生产成本——第一车间（A 半成品）　　41 460

表 6-42　基本生产成本明细账

车间：第一车间　　　　　　　　　　　202×年 9 月

产品名称：B 半成品　　　　　　　　　　　　　　　　　　　　金额单位：元

摘要	直接材料（A 半成品）	直接人工	制造费用	合计
月初在产品成本	3 500	720	780	5 000
本月发生费用	41 460	10 850	12 700	65 010
生产费用合计	44 960	11 570	13 480	70 010
约当总产量/件	270	235	235	——
费用分配率（单位成本）	166.52*	49.23*	57.36*	——
本月完工 B 产品总成本	33 304	9 846	11 472	54 622
月末在产品成本	11 656	1 724	2 008	15 388

注：附带 * 号的数值取了近似值。

根据表 6-42，编制相关会计分录如下。

借：生产成本——基本生产成本——第三车间（甲半成品）　54 622

　　贷：生产成本——基本生产成本——第二车间（B 半成品）　　54 622

表6-43　自制半成品明细账

产品：B半成品　　　　　　　　　202×年9月　　　　金额单位：元　　　　实物单位：件

202×年		摘要	收入		发出		结存	
月	日		数量	金额	数量	单价	数量	金额
9	1	月初结存					40	10 924.40
	15	第二车间交库	200	54 622				
	17	第三车间领用			200	273.11*		
	31	本月合计	200	54 622	200	273.11	40	10 924.40

注：附带 * 号的数值取了近似值。

半成品库发出自制半成品的实际成本采用加权平均法计算。

计算过程如下：

当月半成品库产品单位成本=（10 924.40+54 622）/（40+200）=273.11（元/件）

第三车间领用实际总成本=273.11×200=54 622（元）

根据上述明细账，编制会计分录如下。

借：生产成本——基本生产成本——第三车间（甲半成品）　54 622

　　贷：自制半成品——B半成品　　　　　　　　　　　　　　54 622

表6-44　基本生产成本明细账

车间：第三车间　　　　　　　　　202×年9月

产品名称：甲产品　　　　　　　　　　　　　　　　　　　　金额单位：元

摘要	直接材料（B半成品）	直接人工	制造费用	合计
月初在产品成本	18 500	3 650	3 350	25 500
本月发生费用	54 622	25 500	20 250	100 372
生产费用合计	73 122	29 150	23 600	125 872
月末在产品约当量/件	30	15	15	—
约当总产量	290	275	275	—
费用分配率（单位成本）	252.14*	106	85.82*	—
本月完工甲产品总成本	65 556.4	27 560	22 313.2	115 429.6
月末在产品成本	7 565.6	1 590	1 286.8	10 442.4

注：附带 * 号的数值取了近似值。

根据上述明细账，编制会计分录如下。

借：库存商品——甲产品　　　　　　　　　　　　115 429.6

　　贷：生产成本——基本生产成本——第三车间（甲产品）　115 429.6

2. 逐步综合结转分步法的成本还原

成本还原是指将计入自制半成品等综合成本项目的半成品成本还原为按照"直接材料""直接人工""制造费用"等原始成本项目反映的成本，以实现反映产品成本原始构成的目的。

成本还原的方法按照逆向生产顺序进行，即从最后一个步骤到第一个步骤，将当前步骤所耗用的上一步骤的半成品按照上一步骤半成品的成本构成，分解为原来的成本核算项目，依次进行，直至第一个生产步骤。

最后将各原始成本项目计算汇总，得到与结转前产成品总成本一致并依照原始成本项目进行归集核算的完工产品成本。

成本还原的核算步骤：第一步，计算成本还原率；第二步，计算产成品所耗上一步骤半成品的各成本项目；第三步，编制成本还原计算表，核算还原后产成品各成本项目和总成本。

成本还原的具体方法可分为两种：成本项目结构百分比法和成本还原分配率法。

（1）成本项目结构百分比法。成本项目结构百分比，即各步骤完工半成品各成本项目占本月完工半成品总成本的百分比。还原方法如下：

某成本项目结构百分比=某步骤完工半成品某成本项目费用/该步骤完工半成品总成本×100%

将完工产品成本中的"半成品"综合成本按照成本项目结构率进行分解。

"半成品"综合成本还原为某成本项目费用="半成品"综合成本×某成本项目结构百分比

将上述步骤从倒数第二步依次进行到第一步，并计算还原后成本。

【例6-2】根据【任务导入6-4】的有关资料，金旺工厂202×年9月完工入库260件产成品，实际总成本为115 429.6元，其中B半成品65 556.4元，直接人工27 560元，制造费用22 313.2元。

甲产品实际总成本中"B半成品"项目的成本65 556.4元以及"B半成品"综合成本中包含的"A半成品"综合成本这两项成本，都需要进行成本还原。

按照成本项目结构百分比法，第二车间本月完工入库B半成品200件，实际总成本为54 622元，其中A半成品33 304元，直接人工9 846元，制造费用11 472元。

计算结果如表6-45～表6-48所示。

表6-45 半成品成本结构计算表

半成品名称：B半成品　　　　　　　　202×年9月　　　　　　　　金额单位：元

项目	本月实际总成本	半成品成本构成（结构百分比）
A半成品	33 304	33 304/54 622×100%=60.97%
直接人工	9 846	9 846/54 622×100%=18.03%
制造费用	11 472	11 472/54 622×100%=21%
合计	54 622	100%

根据第二车间B半成品的成本结构对第三车间中的B半成品综合成本进行还原。

表6-46 半成品成本还原计算表

半成品名称：B半成品　　　　　　　　202×年9月　　　　　　　　金额单位：元

成本项目	还原B半成品成本	B半成品成本结构	半成品成本还原
B半成品	65 556.40		
A半成品		60.97%	65 556.40×60.97%=39 969.74
直接人工		18.03%	65 556.40×18.03%=11 819.82
制造费用		21%	65 556.40×21%=13 766.84
合计	65 556.40	100%	65 556.40

对"B半成品"项目的成本还原后，仍有自制半成品 A 半成品待进一步还原，方法同上。

第一车间本月完工 A 半成品 250 件，实际总成本为 41 460 元，其中直接材料 25 000 元，直接人工 6 417.5 元，制造费用 10 042.5 元。

表6-47　半成品成本还原计算表

半成品名称：A 半成品　　　　　　　　　　202×年 9 月　　　　　　　　　金额单位：元

成本项目	还原 A 半成品成本	A 半成品成本结构	半成品成本还原
A 半成品	39 969.74		
直接材料		25 000/41 460＝60.30%	39 969.74×60.3%＝24 101.75
直接人工		6 417.5/41 460＝15.48%	39 969.74×15.48%＝6 187.32
制造费用		10 042.5/41 460＝24.22%	39 969.74×24.22%＝9 680.67
合计	39 967.74	100%	39 969.74

最后将各项原始成本项目进行汇总，计算出甲产品还原后的总成本。

表6-48　半成品成本还原计算表

产品：甲产品　　　产量：260 件　　　　　202×年 9 月　　　　　　　　　金额单位：元

成本项目	还原前总成本	还原后总成本	还原后单位成本
B 半成品	65 556.40	—	—
直接材料		24 101.75+0+0＝24 101.75	92.70
直接人工	27 560.00	11 819.82+6 187.32+27 560.00＝45 567.14	175.26
制造费用	22 313.20	13 766.84+9 680.67+22 313.20＝45 760.71	176.00
合计	115 429.60	115 429.60	443.96

（2）成本还原分配率法。成本还原分配率是按完工半成品综合成本占上一生产步骤本月完工半成品总成本的比重对完工产品成本中的半成品进行还原的方法。其还原步骤如下：

第一步，计算各步骤成本还原率。计算公式为：

$$成本还原分配率＝\frac{完工半成品综合成本}{上一步骤本月完工该半成品总成本}$$

第二步，将完工半成品综合成本按照成本还原分配率进行分解归集。计算公式为：

半成品综合成本还原为某成本项目费用＝上一步骤完工半成品某项目金额×还原分配率

将上述步骤从倒数第二步依次进行到第一步，并计算还原后成本。

【例6-3】根据【任务导入6-4】的相关资料，金旺工厂202×年 9 月完工入库 260 件产成品，实际总成本为 115 429.6 元，其中 B 半成品 65 556.4 元，直接人工 27 560 元，制造费用 22 313.2 元。第二车间本月完工入库 B 半成品 200 件，实际总成本为 54 622 元，其中 A 半成品的综合成本为 33 304 元，直接人工为 9 846 元，制造费用为 11 472 元。第一车间当月完工 A 半成品 250 件，实际总成本为 41 460 元，其中直接材料为 25 000 元，直接人工为 6 417.5 元，制造费用为 10 042.5 元。

按照成本还原分配率法（保留四位小数），计算过程如下。

①从第三步骤向第二步骤还原，计算 B 半成品成本还原分配率，将其综合成本还原成用上一生产步骤成本项目列示的 B 半成品成本。

B 半成品成本还原分配率=65 556.4÷54 622=1.200 2

A 半成品项目=3 3304×1.200 2=39 971.46(元)

直接人工项目=9 846×1.200 2=11 817.17(元)

制造费用项目=65 556.4−39 971.46−11817.17=13 767.77(元)

≠11 472×1.200 2=13 768.694 4(元)

在现实工作中，分配率常常会以无限不循环小数的形式出现，为保证所分摊在各成本项目中的合计数与应分摊的半成品综合成本一致，最后一个成本项目的还原常常采用倒挤法，即用半成品综合成本减去已分摊在各成本项目中的数额。

②由第二步骤向第一步骤对 A 半成品项目进行还原，方法同上。

A 半成品成本还原分配率=39 971.46÷41 460=0.964 1

直接材料项目=25 000×0.964 1=24 102.5(元)

直接人工项目=6 147.5×0.964 1=5 926.80(元)

制造费用项目=39 971.46−24 102.5−5 926.80=9 942.16(元)

③最后对还原的各成本项目进行汇总登记。

直接材料项目=24 102.5(元)

直接人工项目=11 817.17+5 926.80+27 560=45 303.97(元)

制造费用项目=13 767.77+9 942.16+22 313.2=46 023.13(元)

还原后成本合计=24 102.5+45 303.97+46 023.13=115 429.6(元)

3. 分项结转分步法

在实际工作中一般采用实际成本分项结转。分项结转分步法成本计算程序如图6-5所示。

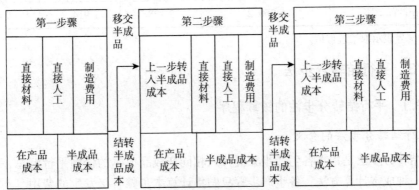

图6-5 分项结转分步法成本计算程序

从图6-5可以看出，采用分项结转分步法逐步结转半成品成本，可以直接、准确提供按原始成本项目反映的产成品资料，便于从整个企业角度考核和分析产品成本的执行情况。这种结转方法一般管理上不要求分别提供各步骤完工产品所耗半成品费用和各步骤加工资料，但要求按成本项目反映产品成本的企业。

【例6-4】仍以【任务导入6-4】的甲产品为例，采用分项结转分步法计算产品成本。

第一步骤同前，登记 B 半成品明细账，如表6-49所示。

表6-49　自制半成品明细账

产品：B半成品　　　　　　　　　　202×年9月　　　　　　　　　　金额单位：元

202×年		摘要	实际成本			
月	日		直接材料	直接人工	制造费用	合计
9	1	月初在产品成本	9 484.4	—	—	9 484.4
	15	第二车间交库	33 304	9 846	11 472	54 622
	17	第三车间领用	33 304	9 846	11 472	54 622
	30	本月合计	9 484.4	—	—	9 484.4

B半成品转入第三车间，编制第三车间产品成本计算单，如表6-50所示。

表6-50　产品成本计算表

车间：第三车间　　　　　　　　　　202×年9月

产品名称：甲产品　　　　　　　　　　　　　　　　　　金额单位：元

摘要	直接材料（B半成品）	直接人工	制造费用	合计
月初在产品成本	18 500	3 650	3 350	25 500
本月发生费用	—	25 500	20 250	45 750
第二车间转入	33 304	9 846	11 472	54 622
生产费用合计	51 804	38 996	35 072	125 872
月末在产品约当量/件	30	15	15	—
费用分配率（单位成本）	178.63*	141.80*	127.53*	—
本月完工甲产品成本	46 443.8	36 868	33 157.8	116 469.6
月末在产品成本	5 360.2	2 128	1 914.2	9 402.4

注：附*号表示取了近似值。

6.3.3　平行结转分步法

6.3.3.1　平行结转分步法的核算程序

1. 平行结转分步法的含义

平行结转分步法是指将各生产步骤应计入相同产成品成本的份额平行汇总，以求得产品成本的一种成本计算方法。各生产步骤只归集计算本步骤直接发生的费用，不计算上步骤结转的半成品成本。

2. 平行结转分步法的适用范围

平行结转分步法主要适用于按步骤进行产品生产，并且在成本管理上不要求计算半成品成本的多步骤连续生产企业，以及没有半成品对外出售的大量大批装配式多步骤生产企业。

一般来说，采用平行结转分步法进行成本核算的企业不对外销售半成品，只计算各步骤所产生的生产费用以及这些费用中归属于该步骤产成品的份额，步骤之间也不结转所耗用半成品的成本。

3. 平行结转分步法的成本核算

平行结转分步法下的成本核算程序包括：第一步，计算各步骤发生的生产费用，结合月初在产品成本计算当月本步骤生产费用合计；第二步，对总成本中的在产品和产成品份额进行分配，费用的分配应按照广义在产品和最终产成品进行。平行结转分步法成本核算程序如图 6-6 所示。

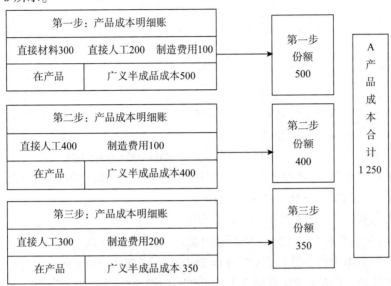

图 6-6　平行结转分步法成本核算程序

6.3.3.2　平行结转分步法的应用

【任务导入 6-5】202×年 9 月，兴安公司生产 A 产品，依次经过第一、第二、第三车间加工，原材料在第一车间一次性投入，各车间职工薪酬费用和其他费用消耗比较均衡，月末本车间在产品完工程度为 50%，月末采用约当产量比例法计算在产品成本。本月 A 产品的有关生产费用资料如表 6-51 和表 6-52 所示。

表 6-51　产量资料

产品：A 产品　　　　　　　　　　202×年 9 月　　　　　　　　　　产量单位：件

项目	第一车间	第二车间	第三车间
月初在产品	150	50	100
本月投入或上步转入	300	350	300
本月完工转入下步或交库	350	300	250
月末在产品	100	100	150

表 6-52　生产费用资料

产品：A 产品　　　　　　　　　　202×年 9 月　　　　　　　　　　金额单位：元

项目	第一车间	第二车间	第三车间
月初在产品成本	7 000	1 500	4 400

续表

项目	第一车间	第二车间	第三车间
其中：直接材料（自制半成品）	5 000	—	—
直接人工	500	700	2 300
制造费用	1 500	800	2 100
本月本步发生生产费用	47 700	22 800	45 000
其中：直接材料	31 000	—	—
直接人工	5 000	11 000	25 000
制造费用	11 700	11 800	20 000

要求：根据资料采用平行结转分步法计算 A 产品的成本，并登记 A 产品明细账。

第一车间产品成本份额计算过程如下。

第一车间约当总产量（直接材料）＝ 250＋150＋100＋100＝600（件）

第一车间约当总产量（直接人工/制造费用）＝ 250＋150＋100＋100×50%＝550（件）

单位成本（直接材料）＝ 36 000÷600＝60（元）

单位成本（直接人工）＝ 5 500÷550＝10（元）

单位成本（制造费用）＝ 13 200÷550＝24（元）

应计入产品成本中的份额（直接材料）＝ 250×60＝15 000（元）

应计入产品成本中的份额（直接人工）＝ 250×10＝2 500（元）

应计入产品成本中的份额（制造费用）＝ 250×24＝6 000（元）

应计入产品成本中份额＝ 15 000＋2 500＋6 000＝23 500（元）

根据以上计算结果，编制第一车间产品成本计算表，如表6-53 所示。

表6-53 第一车间产品成本计算表
金额单位：元

摘要		直接材料	直接人工	制造费用	合计
月初在产品成本		5 000	500	1 500	7 000
本月发生费用		31 000	5 000	11 700	47 700
生产费用合计		36 000	5 500	13 200	54 700
产量/件	完工产品数量	250	250	250	—
	广义在产品数量	350	300	300	—
	合计	600	550	550	—
单位成本		60	10	24	—
应计入产品成本中的份额		15 000	2 500	6 000	23 500
月末在产品成本		21 000	3 000	7 200	31 200

第二车间产品成本份额计算过程如下。

第一车间约当总产量（直接人工）＝ 250＋150＋100×50%＝450（件）

单位成本（直接人工）＝ 11 700÷450＝26（元）

单位成本（制造费用）＝ 12 600÷450＝28（元）

应计入产品成本中的份额（直接人工）＝ 250×26＝6 500（元）

应计入产品成本中的份额(制造费用)=250×28=7 000(元)

应计入产品成本中份额=6 500+7 000=13 500(元)

由以上计算结果,可编制第二车间产品成本计算表,如表6-54所示。

表6-54　第二车间产品成本计算表　　　　　　　　金额单位:元

摘要		直接材料	直接人工	制造费用	合计
月初在产品成本			700	800	1 500
本月发生费用			11 000	11 800	22 800
生产费用合计			11 700	12 600	24 300
产量/件	完工产品数量		250	250	—
	广义在产品数量		200	200	—
	合计		450	450	—
单位成本			26	28	—
应计入产品成本中的份额			6 500	7 000	13 500
月末在产品成本			5 200	5 600	10 800

第三车间产品成本份额计算过程如下。

第一车间约当总产量(直接人工)=250+150×50%=325(件)

第一车间约当总产量(制造费用)=250+150×50%=325(件)

单位成本(直接人工)=27 300÷325=84(元)

单位成本(制造费用)=22 100÷325=68(元)

应计入产品成本中的份额(直接人工)=250×84=21 000(元)

应计入产品成本中的份额(制造费用)=250×68=17 000(元)

应计入产品成本中份额=21 000+17 000=38 000(元)

根据计算结果,编制第三车间产品成本计算表,如表6-55所示。

表6-55　第三车间产品成本计算表　　　　　　　　金额单位:元

摘要		直接材料	直接人工	制造费用	合计
月初在产品成本			2 300	2 100	4 400
本月发生费用			25 000	20 000	45 000
生产费用合计			27 300	22 100	49 400
产量/件	完工产品数量		250	250	—
	广义在产品数量		75	75	—
	合计		325	325	—
单位成本			84	68	—
应计入产品成本中的份额			21 000	17 000	38 000
月末在产品成本			6 300	5 100	11 400

根据上述计算,可将各车间中应计入产品成本中的份额平行进行汇总,编制成A产品成本汇总计算表,如表6-56所示。

表6-56　A产品成本汇总计算表　　　　　　　　　金额单位：元

摘要	直接材料	直接人工	制造费用	合计
第一车间	15 000	2 500	6 000	23 500
第二车间	—	6 500	7 000	13 500
第三车间	—	21 000	17 000	38 000
成本合计	15 000	30 000	30 000	75 000
单位成本	60	120	120	—

根据表6-56，编制结转9月份完工入库的A产品的会计分录，具体如下：

借：库存商品——A产品　　　　　　　　　　　　　　75 000

　　贷：生产成本——基本生产成本——A产品　　　　　　　　75 000

本章小结

品种法、分批法和分步法是产品成本核算的基本方法，分批法和分步法是在品种法基础上演化而来的。

品种法是以产品品种为成本计算对象来归集生产费用计算产品成本的一种方法。品种法的主要特点：一是成本计算对象是产品品种；二是成本计算周期与报告期一致；三是月末一般将生产费用在完工产品和在产品之间分配。

分批法是以产品批别为成本计算对象来归集生产费用计算产品成本的一种方法。在成本会计实务中，成本计算可将订单作为对象归集，因而分批法也称订单法。分批法的成本计算周期与报告期不一致。月末生产费用无须在完工产品和在产品之间进行分配。

分步法是以产品的各生产步骤和最后阶段的产成品为成本计算对象归集生产费用计算产品成本的一种方法。成本计算期和报告期一致，月末要将生产费用在完工产品和在产品之间进行分配。分步法可分为逐步结转分步法和平行结转分步法。

关键词

品种法　　分批法　　分步法　　逐步结转分步法　　平行结转分步法　　成本还原

复习思考题

1. 简述品种法的特点和适用范围。
2. 采用综合结转分步法时为什么要进行成本还原？如何进行成本还原？
3. 简述分批法的特点及核算程序。

同 步 自 测 题

一、单项选择题

1. 产品成本计算最基本的方法是( )。

A. 品种法   B. 分批法   C. 分类法   D. 分步法

2. 品种法的成本计算期是( )。

A. 产品的生产周期   B. 月份   C. 季度   D. 年度

3. 对于分批法,下列说法正确的是( )。

A. 不存在完工产品和在产品之间费用分配的问题

B. 成本计算期与会计报告期一致

C. 适用于小批、单件、管理上不要求分步骤计算成本的多步骤生产

D. 以上说法全部正确

4. 如果一张订单中规定了几种产品,产品批别应按( )划分。

A. 订单   B. 各种产品数量的多少

C. 订单或产品品种   D. 产品品种

5. 采用简化分批法,累计间接计入费用分配率( )。

A. 只是各批产品之间分配间接计入费用的依据

B. 只是各批产品在产品之间分配间接计入费用的依据

C. 既是各批产品之间又是完工产品与月末在产品之间分配间接计入费用的依据

D. 只是完工产品与月末在产品之间分配间接计入费用的依据

6. 平行结转分步法中的在产品含义是( )。

A. 狭义在产品   B. 广义在产品   C. 半成品   D. 产成品

7. 成本还原的对象是( )。

A. 产成品成本

B. 产成品成本中所耗上一步骤半成品的综合成本

C. 各半成品成本

D. 产成品成本和各步骤半成品成本

8. 采用平行结转分步法来计算产品成本的决定性条件是( )。

A. 不需要计算半成品成本

B. 必须是连续式多步骤生产

C. 必须是装配式多步骤生产

D. 需要提供按原始成本项目核算的产成品资料

二、多项选择题

1. 品种法的主要特点有( )。

A. 不分批不分步,分品种计算产品成本   B. 一般定期计算产品成本

C. 通常需要划分完工产品和在产品成本   D. 成本计算期与生产周期基本一致

2. 下列企业中,适用品种法计算产品成本的有( )。

A. 发电企业   B. 供水企业   C. 采掘企业   D. 铸造企业

3. 采用分批法计算产品成本时,成本核算对象可以按( )。

A. 一张订单中的不同产品品种分别确定

B. 一张订单中的同种产品分批确定

C. 一张订单中单件产品的组成部分分别确定

D. 多张订单中的同种产品确定

4. 采用简化的分批法(　　　)。

A. 不计算在产品成本

B. 不分批计算在产品成本

C. 计算全部在产品成本

D. 分批计算，登记完工产品和在产品的直接计入费用

5. 下列方法中，成本计算期与会计报告期一致的有(　　　)。

A. 品种法　　　　　B. 分步法　　　　　C. 分批法　　　　　D. 定额法

6. 逐步结转分步法的特点有(　　　)。

A. 计算各步骤半成品成本　　　　　B. 半成品成本随实物的转移而结转

C. 在产品的含义是狭义在产品　　　D. 不要求计算各步骤半成品成本

7. 以下情况中，一般需要采用逐步结转分步法的是(　　　)。

A. 有半成品对外销售的企业　　　　B. 需要考核半成品成本的企业

C. 大量大批连续式多步骤生产的企业　　D. 大量大批装配式多步骤生产的企业

三、判断题

1. 大量大批多步骤生产企业也可以采用品种法计算产品成本。　　　　　　　(　　　)

2. 由于每个工业企业最终都必须按照产品品种计算出成本，因而品种法适用于所有工业企业，应用范围最广泛。　　　　　　　　　　　　　　　　　　　　(　　　)

3. 采用简化分批法时，产品完工以前产品成本明细账只登记间接计入费用，不登记直接计入费用。　　　　　　　　　　　　　　　　　　　　　　　　　　(　　　)

4. 分批法的成本计算期与会计报告期一致，与生产周期不一致。　　　　　(　　　)

5. 单件生产的产品采用分批法计算成本时，不需要在完工产品和期末在产品之间分配费用。　　　　　　　　　　　　　　　　　　　　　　　　　　　　　(　　　)

6. 逐步结转分步法和平行结转分步法在完工产品成本的计算程序上是一致的。

(　　　)

四、业务训练

【业务训练一】

(一)目的：运用品种法核算产品成本。

(二)资料：兴旺公司生产甲、乙两种产品，设有一个基本生产车间、一个辅助生产车间——机修车间。202×年6月初在产品成本资料，如表6-57所示。

表6-57　月初在产品成本资料　　　　　　　　　　　金额单位：元

项目	直接材料	直接人工	制造费用	合计
甲产品月初在产品成本	16 000	11 900	16 600	44 500
乙产品月初在产品成本	9 500	3 500	5 000	18 000

本月生产数量：(1)甲产品完工500件，月末在产品100件；(2)乙产品完工200件，月末在产品50件；(3)甲、乙两种产品的原材料开始生产时一次性投入，加工费用发生比较均衡，月末在产品完工程度均为50%。

发出材料汇总表如表6-58所示。

表6-58　发出材料汇总表　　　　　　　　计量单位：千克

领用部门和用途	材料类别			合计
	原材料	包装物	低值易耗品	
基本生产车间				
甲产品耗用	10 000			10 000
乙产品耗用	15 000			15 000
甲、乙产品共同耗用	20 000			20 000
一般消耗	5 000		2 000	7 000
辅助生产车间				
机修车间	6 000			6 000
合计	56 000		2 000	58 000

材料费用的分配：按甲、乙产品的定额消耗量进行分配，甲产品的定额消耗量为4 000千克，乙产品的定额消耗为1 000千克。低值易耗品采用五五摊销法进行摊销，预计报废残值为零。

职工薪酬汇总表如表6-59所示。

表6-59　职工薪酬汇总表　　　　　　　　金额单位：元

人员类型	工资	职工福利	合计
基本生产车间			
产品生产工人	20 000	2 800	22 800
车间管理人员	4 000	560	4 560
辅助生产车间			
机修车间	6 000	840	6 840
行政管理人员	1 500	210	1 710
合计	31 500	4 410	35 910

甲、乙产品耗用人工费用按生产工时比例法分配，甲产品的生产工时为10 000小时，乙产品的生产工时为5 000小时。

其他资料：(1)基本生产车间的固定资产折旧为1 000元，机修车间的为400元；(2)基本生产车间发生的其他支出为4 540元，机修车间发生的其他支出为3 050元，共计7 590元，均通过银行转账支付；(3)辅助车间为基本车间提供8 000小时服务，为行政部门提供1 000小时服务，辅助费用按工时进行分配。

基本生产车间的制造费用按生产工时比例在甲、乙产品之间进行分配。

(三)要求：计算甲、乙产品成本，填入表6-60、表6-61，并进行相应账务处理。

表6-60 产品成本明细账

产品名称：甲产品　　　　　　　　　　　　202×年6月　　　　　　　　　　　　金额单位：元

项目	直接材料	直接人工	制造费用	合计
月初在产品成本	16 000	11 900	16 600	44 500
本月生产费用				
生产费用合计				
约当总产量/件				
分配率				
完工产品成本				
在产品成本				

表6-61 产品成本明细账

产品名称：乙产品　　　　　　　　　　　　202×年6月　　　　　　　　　　　　金额单位：元

项目	直接材料	直接人工	制造费用	合计
月初在产品成本	9 500	3 500	5 000	18 000
本月生产费用				
生产费用合计				
约当总产量/件				
分配率				
完工产品成本				
在产品成本				

【业务训练二】

（一）目的：运用分批法核算产品成本。

（二）资料：佛山亚星工厂第一车间生产401批次乙产品、502批次丙产品、602批次丁产品三批产品。202×年6月份有关成本资料如下。

（1）月初在产品成本：401批次乙产品为14 000元，其中直接材料6 400元，直接人工4 600元，制造费用3 000元；502批次丙产品12 400元，其中直接材料7 400元，直接人工3 000元，制造费用2 000元。

（2）本月生产资料：401批次乙产品于上月8日投产30件，本月28日全部验收入库，本月生产实际工时2 000小时；502批次丙产品于本月6日投产80件，本月已完工入库40件，本月实际生产工时1 200小时；602批次丁产品于上月12日投产40件，本月尚未完工，本月实际投入工时1 000小时。

（3）本月发生的生产费用：投入甲材料96 000元，全部为502丙产品消耗；生产工人薪酬24 000元；本月制造费用总额18 000元。

（4）单位产品定额成本：502丙产品单位定额成本1 800元，其中直接材料1 150元，直接人工400元，制造费用300元。

（三）要求：根据上述资料采用分批法计算产品成本。

具体步骤：

（1）按产品批次开设产品成本计算单并登记月初在产品成本。

（2）编制502批次丙产品耗用原材料的会计分录并登记产品成本计算单。

（3）采用生产工时法在各批次产品之间分配本月发生的直接人工费用，并根据分配结果编制会计分录，填写如表6-62所示的有关产品成本计算单。

（4）采用生产工时法在各批次产品之间分配本月发生的制造费用，并根据分配结果编制会计分录，填写如表6-63所示的有关产品成本计算表。

表6-62 直接人工分配表

生产车间：第一车间　　　　　　　　　　202×年6月　　　　　　　　　　金额单位：元

产品	生产工时/小时	分配率	分配金额
401 乙产品			
501 丙产品			
602 丁产品			
合计			

表6-63 制造费用分配表

生产车间：第一车间　　　　　　　　　　202×年6月　　　　　　　　　　金额单位：元

产品	生产工时/小时	分配率	分配金额
401 乙产品			
502 丙产品			
602 丁产品			
合计			

（5）计算本月完工产品和在产品成本，填入表6-64~表6-66，并编制结转完工产品成本的会计分录。

表6-64 第一车间产品成本计算表

生产批次：401　产品名称：乙产品　　　　202×年6月　　　　　　金额单位：元

成本项目	直接材料	直接人工	制造费用	合计
月初在产品成本				
本月生产费用				
生产费用合计				
完工产品成本				
完工产品单位成本				

表6-65 第一车间产品成本计算表

生产批次：502　产品名称：丙产品　　　　202×年6月　　　　　　金额单位：元

成本项目	直接材料	直接人工	制造费用	合计
月初在产品成本				
本月生产费用				
生产费用合计				

续表

成本项目	直接材料	直接人工	制造费用	合计
完工产品成本				
完工产品单位成本				
在产品成本				

表6-66 第一车间产品成本计算表

生产批次：602 产品名称：丁产品　　202×年6月　　　　　　金额单位：元

成本项目	直接材料	直接人工	制造费用	合计
月初在产品成本				
本月生产费用				
生产费用合计				
在产品成本				

【业务训练三】

（一）目的：运用分步法核算产品成本。

（二）资料：202×年6月，某企业生产甲产品，分别由第一、第二车间完成，采用分项结转分步法计算产品成本，在产品按定额成本计算，原材料在生产开始时一次投入，产量定额及相关生产费用资料分别如表6-67、表6-68所示。

表6-67 产量资料

单位：件

项目	第一车间	第二车间
月初在产品	80	50
本月投产	200	220
本月完工	220	190
月末在产品	60	80

表6-68 生产费用资料表

金额单位：元

项目	单件定额成本		月初在产品成本(定额成本)		本月发生生产费用	
	一车间	二车间	一车间	二车间	一车间	二车间
直接材料	20	30	1 600	1 500	6 500	—
直接人工	10	18	800	250	2 150	1 050
制造费用	9	14	360	350	1 650	750
合计	39	62	2 760	2 100	10 300	1 800

（三）要求：根据上述资料，采用分项结转分步法计算产品成本，并将计算结果填入表6-69、表6-70。

表6-69 第一车间产品成本计算表

金额单位：元

成本项目	直接材料	直接人工	制造费用	合计
月初在产品成本(定额成本)				

成本项目	直接材料	直接人工	制造费用	合 计
本月生产费用				
生产费用合计				
完工半产品成本				
月末在产品成本(定额成本)				

表 6-70　第二车间产品成本计算表　　　　　　金额单位：元

成本项目	直接材料	直接人工	制造费用	合 计
月初在产品成本(定额成本)				
本月生产费用				
上车间转入				
生产费用合计				
完工半产品成本				
月末在产品成本(定额成本)				

第7章 产品成本计算的辅助方法

知识目标

1. 了解分类法的含义和适用范围
2. 了解定额法的含义和适用范围
3. 掌握定额法的核算程序

职业目标

1. 熟练掌握系数法、定额比例法的应用
2. 熟练运用定额法计算产品成本
3. 掌握选用恰当产品成本计算方法的技能

知识结构导图

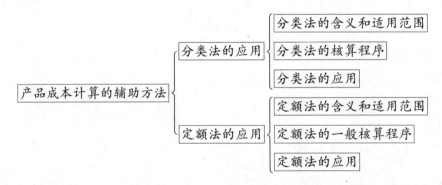

情景导入

佛山亿达陶瓷厂是一家大型的陶瓷生产商,主要产品包括瓷碗(如饭碗、菜碗等)、瓷杯(如咖啡杯、礼品杯等)、瓷花瓶(如小瓷花瓶、冰瓷花瓶等)等,该厂拥有 24 小时的生产流水线,产品所需的原材料按配料比例耗用。该厂为各类瓷器产品制定了精准的消耗费用定额,月末在产品数量稳定,原材料费用占全部生产费用的 50% 以上。

问题思考:该厂应采用哪种成本计算方法?

7.1　分类法的应用

7.1.1　分类法的含义和适用范围

7.1.1.1　分类法的含义

分类法是以产品的类别为成本计算对象，用以归集生产费用，计算各类产品实际成本，然后在同类产品中按品种进行分配，最后得到产品生产成本的一种方法。

实际上，分类法并不是一种独立的成本计算方法，它是建立在品种法的基础上，综合分批法和分步法来应用的。

7.1.1.2　分类法的适用范围

分类法适用于使用同种材料，经过基本类似的生产工艺过程，所生产的产品品种、规格、型号繁多，且产品之间可以按照一定标准划分类别的车间或企业。分类法与产品的生产工艺没有直接联系，它可运用到各类企业的生产中。

分类法也适用于主要产品中的联产品和副产品成本计算，如协作单位生产少量的零部件或自制少量材料和工具等。

7.1.2　分类法的核算程序

运用分类法计算产品成本的结果是否准确取决于：是否合理划分产品类别；类别内部是否采用合理的标准分配成本。分类法的核算程序一般为以下几步。

1. 划分产品类别

应依据企业生产产品所用原材料和工艺过程的不同，将产品划分为若干类。

2. 按产品类别设置生产成本明细账

划分产品类别后，应按产品类别设置生产成本明细账，归集各类产品的生产费用。成本计算期不固定的，应根据企业的生产特点和经营管理要求结合品种法、分批法和分步法计算实际总成本。对于可直接计入相关成本项目的费用直接计入，不可直接计入的共同耗用，则按照一定的标准分配后计入不同类别的成本项目。

3. 计算类内各品种产品的实际总成本和单位成本

计算出类内实际总成本之后，还应将成本费用在不同品种之间按一定标准进行分配。按品种分配类内完工产品实际成本时，通常要从产品定额消耗量、定额费用、售价等方面考虑，其中材料定额消耗量（定额费用）作为直接材料的分配标准，采用定额工时比例法作为加工费用的分配标准。目前，类内完工产品实际成本分配方法主要有两种，即系数法和定额比例法。

7.1.3 分类法的应用

7.1.3.1 系数法

系数法又称标准产量法，它将分配标准折合成系数，按系数分配生产费用，这种系数一经确定，可以在较长时间内适用。系数法的具体应用有如下几个。

(1)在类内产品中选取一种产量大、生产稳定、规格适中的产品，将其设为标准产品，将其单位系数确定为"1"。

(2)将其他类内产品与标准产品进行比较，按照相应公式求得其他类内产品的系数。计算公式为：

类内各种产品系数=该产品定额消耗量(定额工时)÷标准产品定额消耗量(定额工时)

(3)按照类内各产品的系数乘以各种产品的实际产量，得到总系数。总系数亦称为标准产量，它是系数分配法的分配标准。

某产品的标准产量=该种产品的实际产量×该产品系数

(4)按分配标准，计算出分配率，可得到类内每种产品的实际总成本和单位成本。

【例7-1】佛山亿达陶瓷厂生产各类花瓶，采用分类法计算产品成本。该厂生产的瓷花瓶 K 类产品中，包含 K_1、K_2、K_3 三种规格的产品，其中 K_2 为标准产品。各种产品材料在开始生产时一次投入，月末生产费用在完工产品与在产品之间采用约当产量比例分配法进行分配。202×年9月，该厂的有关生产资料如表7-1～表7-3所示。

表7-1 产品消耗定额

产品名称	原材料消耗定额/千克	工时消耗定额/小时
K_1	1	10
K_2	0.5	5
K_3	0.2	2

表7-2 月末产量资料　　　　　　　　　　单位：个

产品	在产品		在产品约当产量	完工产品数量
	数量	完工程度		
K_1	200	50%	100	2 000
K_2	100	50%	50	1 500
K_3	100	50%	50	2 000

表7-3 K 类产品成本资料　　　　　　　　金额单位：元

项目	直接材料	直接人工	制造费用	合计
月初在产品成本	1 200	800	600	2 600
本月发生费用	15 000	10 000	9 000	34 000
生产费用合计	16 200	10 800	9 600	36 600

根据上述资料，采用系数法计算 K 类产品成本。

(1)计算材料费用系数和工时消耗定额系数，如表7-4所示。

表7-4　系数计算表

产品名称	原材料消耗定额/千克	材料费用系数	工时消耗定额/小时	工时定额系数
K_1	1	2	10	2
K_2	0.5	1	5	1
K_3	0.2	0.4	2	0.4

（2）计算标准总产量。

K_1 完工产品原材料折合标准产量 = 2 000×2 = 4 000（个）

K_1 在产品原材料折合标准产量 = 200×2 = 400（个）

K_1 原材料折合标准产量合计 = 4 000+400 = 4 400（个）

K_1 完工产品工时定额折合标准产量 = 2 000×2 = 4 000（个）

K_1 在产品工时定额折合标准产量 = 200×50%×2 = 200（个）

K_1 工时定额折合标准产量合计 = 4 000+200 = 4 200（个）

K_2、K_3 的标准产量计算方法同 K_1，结果如表7-5所示。

表7-5　标准产量　　　　　　　　　　　　　　　　　　　单位：个

产品名称	原材料			工时定额		
	完工产品折合标准产量	在产品折合标准产量	合计	完工产品折合标准产量	在产品折合标准产量	合计
K_1	4 000	400	4 400	4 000	200	4 200
K_2	1 500	100	1 600	1 500	50	1 550
K_3	800	40	840	800	20	820
合计	6 300	540	6 840	6 300	270	6 570

（3）计算K类完工产品成本，如表7-6所示。

表7-6　K类产品生产成本明细账　　　　　　　　　　　金额单位：元

摘要	直接材料	直接人工	制造费用	合计
月初在产品成本	1 200	800	600	2 600
本月发生费用	15 000	10 000	9 000	34 000
合计	16 200	10 800	9 600	36 600
分配率	2.368*	1.644*	1.461*	—
完工产品成本	14 918.4	10 357.2	9 204.3	34 479.9
在产品成本	1 281.6	442.8	395.7	2 120.1

注：附 * 表示取了近似值。直接材料费用的分配率 = 1 6200÷6 640 ≈ 2.368；直接人工费用分配率 = 10 800÷6 570 ≈ 1.644，制造费用分配率计算同直接人工费用。

（4）计算类内产品的成本，结果如表7-7所示。

表 7-7　K 类产品成本计算表
金额单位：元

项目	产量/个	原材料折合标准产量/个	工时折合标准产量/个	直接材料	直接人工	制造费用	合计	单位成本
分配率				2.368	1.644	1.461		
K_1	2 000	4 000	4 000	9 472	6 576	5 844	21 892	10.95*
K_2	1 500	1 500	1 500	3 552	2 466	2 191.5	8 209.5	5.47*
K_3	2 000	800	800	1 894.4	1 315.2	1 168.8	4 378.4	2.19*
合计	5 500	6 300	6 300	14 918.4	10 357.2	9 204.3	34 479.9	—

注：附 * 号表示取近似值。

7.1.3.2　定额比例法

定额比例法是指将各类产品的总成本，按照定额比例在类内各种产品之间分配产品成本的一种方法。

定额比例法不仅可以用于类内各种产品之间的成本分配，还可以用于实际生产费用在类内所有完工产品和月末在产品之间的分配。定额比例法简便易行，但是这种方法要求企业定额消耗较为准确和稳定。采用定额比例法分配费用一般应区分不同的成本项目，具体的核算程序如下。

（1）计算本期定额耗用量总数。在实际工作中，材料费用一般按定额消耗量进行计算；直接人工和制造费用按生产工时比例法进行计算。

（2）计算各成本项目的分配率。计算公式为：

直接材料分配率＝该类产品直接材料本月费用合计/该类产品原材料定额耗用量
费用分配率＝该类产品直接人工(制造费用)本月费用合计/该类产品定额工时总和

（3）计算类内完工产品和在产品的成本。

某类完工产品的直接材料成本＝该类产品直接材料定额消耗量×直接材料分配率
某类在产品的直接材料成本＝该类产品在产品直接材料定额消耗量×直接材料分配率

某类完工产品的直接人工(制造费用)成本＝该类产品定额工时总量×费用分配率
某类在产品的直接人工(制造费用)成本＝该类产品在产品定额工时总量×费用分配率
分类法成本核算程序可用图 7-1 来表示。

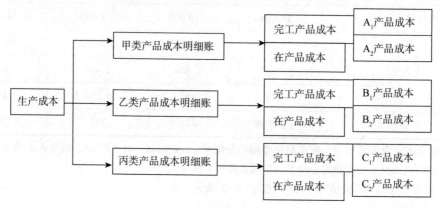

图 7-1　分类法成本核算程序

【例7-2】佛山东方工厂为大量大批单步骤生产企业。202×年9月，该厂大量生产5种不同规格的产品。根据产品特点和所耗用材料将这5种产品划分为A、B两类，其中A类产品包括A_1、A_2、A_3三种规格，B类产品包括B_1、B_2两种规格。9月份A类产品的有关生产资料如下：A类单位产品材料消耗定额分别为12元、10元、8元，工时消耗定额分别为2小时、1.5小时、1小时；A类产品的原材料是在生产开始时一次投入，月末在产品的完工程度按50%计算，月末在产品和完工产品的成本之间分配采用约当产量比例法；A_1、A_2、A_3的在产品数量分别为50件、40件、20件，A_1、A_2、A_3的完工产品数量分别为600件、400件和300件。A类产品成本资料如表7-8所示。

表7-8　A类产品成本资料　　　　　　　　　　　　金额单位：元

项目	直接材料	直接人工	制造费用	合计
月初在产品成本	1 796	950	760	3 506
本月发生费用	14 440	10 000	8 000	32 440
生产费用合计	16 236	10 950	8 760	35 946

根据上述资料，采用定额比例法，计算A类内完工产品和在产品成本。

（1）计算本月定额耗用量总数，如表7-9所示。

表7-9　定额耗用总量表　　　　　　　　　　　　金额单位：元

产品名称		原材料定额成本			工时定额		
		实际产量/件	单位定额	定额总成本	约当产量/件	单位定额	定额总工时/小时
完工产品	A_1	600	12	7 200	600	2	1 200
	A_2	400	10	4 000	400	1.5	600
	A_3	300	8	2 400	300	1	300
	小计			13 600			2 100
在产品	A_1	50	12	600	25	2	50
	A_2	40	10	400	20	1.5	30
	A_3	20	8	160	10	1	10
	小计			1 160			90

（2）计算各成本项目分配率。

直接材料成本分配率=16 236÷（13 600+1 160）=1.1

直接人工成本分配率=10 950÷（2 100+90）=5

制造费用分配率=8 760÷（2 100+90）=4

（3）计算A类内完工产品和在产品的成本，结果如表7-10所示。

表7-10　A类产品成本计算表　　　　　　　　　　金额单位：元

项目		实际产量/件	直接材料	定额工时	直接人工	制造费用	总成本	单位成本
分配率			1.1		5	4		
完工产品	A_1	600	7 920	1 200	6 000	4 800	18 720	31.2
	A_2	400	4 400	600	3 000	2 400	9 800	24.5
	A_3	300	2 640	300	1 500	1 200	5 340	17.8
	小计		14 960	2 100	10 500	8 400	33 860	

续表

项目		实际产量/件	直接材料	定额工时	直接人工	制造费用	总成本	单位成本
在产品	A_1	50	660	50	250	200	1 110	
	A_2	40	440	30	150	120	710	
	A_3	20	176	10	50	40	266	
	小计		1 276	90	450	360	2 086	

7.2　定额法的应用

7.2.1　定额法的含义和适用范围

7.2.1.1　定额法的含义

　　定额法是以产品的定额成本为基础，加上或减去脱离定额的差异、材料成本差异和定额变动差异来计算产品实际生产成本的一种方法。这种成本核算方法有助于企业及时反映和监督生产费用及产品成本脱离定额的差异，加强定额管理和成本控制。定额法同分类法一样，都需要结合成本核算的基本方法才能进行成本核算。

　　采用定额法时，产品实际成本与定额成本的关系：

　　　产品实际成本＝产品定额成本±脱离定额差异±材料成本差异±定额变动差异

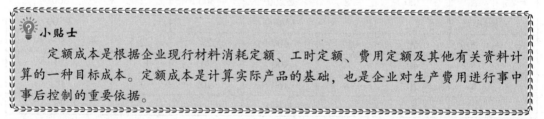

　　小贴士

　　定额成本是根据企业现行材料消耗定额、工时定额、费用定额及其他有关资料计算的一种目标成本。定额成本是计算实际产品的基础，也是企业对生产费用进行事中事后控制的重要依据。

　　脱离定额差异是产品在生产过程中各项实际费用脱离现行定额的差异。材料成本差异是产品生产费用脱离定额的一部分。定额变动差异是由于修订定额而产生的新旧定额之间的差异。

7.2.1.2　定额法的适用范围

　　定额法主要适用于已制定一整套完整的定额管理制度，产品定型，各项生产费用消耗定额稳定、准确，财会人员基本知识、基本技能较强的企业，主要是进行大批量生产的企业。由于定额法的成本计算对象既可以是最终完工产品，也可以是半成品，所以定额法既可以在整个企业运用，也可以只运用于某些生产车间。

7.2.2　定额法的一般核算程序

1. 制定定额成本

采用定额法，必须制定单位产品的材料、工时等定额，并用以核算单位产品的定额成本。

产品定额成本的计算公式如下：

$$直接材料定额 = 单位产品材料定额用量 \times 材料计划单价$$

$$直接人工定额 = 单位产品定额工时 \times 计划小时工资率$$

$$制造费用定额 = 单位产品定额工时 \times 计划小时制造费用率$$

若定额成本发生变化，应在当月调整月初在产品的定额成本，并计算月初定额变动差异。

2. 按成本计算对象设置产品成本明细账

专栏内各成本项目下，应分设"定额成本""脱离定额成本差异""定额变动差异"等专栏。

3. 计算脱离定额差异

在生产费用发生时，企业应分别编制符合定额的费用凭证和脱离定额的差异凭证，并在有关费用分配表和生产成本明细账中进行登记。脱离定额差异按成本项目计算，具体包括直接材料脱离定额差异、直接人工脱离定额差异和制造费用脱离定额差异的计算，它的计算是定额法的主要部分。

（1）直接材料脱离定额差异的计算。直接材料脱离定额差异的计算方法，一般包括限额法、切割法和盘存法三种。

①限额法。采用定额法时，企业应实行限额领料制度，符合定额的原材料应根据限额领料单等定额凭证发出。增加的产量，根据办理的追加定额手续，通过专设的超额领料单、代用领料单等差异凭证发出。月末，企业应根据领料部门退回的余料编制退料单。限额领料单和退料单都属于差异凭证，属于材料脱离定额的节约差异；超额领料单和代用领料单属于材料脱离定额的超支差异。

【例7-3】 恒兴工厂9月份限额领料单规定丙产品投产数量300件，单位产品 K 材料的消耗量为2千克，计划单价为8元/千克。实际领用 K 材料550千克，企业实际投产240件，车间月初余料为40千克，月末余料为30千克。则丙产品的 K 材料脱离定额差异的计算过程如下。

丙产品的 K 材料脱离定额差异 $= [(550+40-30)-240 \times 2] \times 8 = 6\,400$（元）

则恒兴工厂材料用量超支6 400元。

②切割法。切割法是依据材料切割核算单来计算直接材料脱离定额差异的一种方法。一般程序为：材料切割核算单按切割材料的批别设置，单中填列切割材料的种类、数量、消耗定额和应切割的毛坯数量；切割完成后，把实际切割的毛坯数量和材料实际消耗量填列于材料切割核算单中；根据实际切割的毛坯数量和材料消耗定额计算材料定额消耗量与材料实际消耗量对比，计算出直接材料脱离定额差异，并把差异及产生差异的原因填列到材料切割核算单中，由主管人员签字。材料切割核算单如表7-11所示。

表7-11　材料切割核算单

材料编号或名称：1201 材料　　　　材料计量单位：平方米　　　　材料计划单价：10 元
产品名称：甲产品　　　　　　　　　部件编号：401　　　　　　　　图纸号：201
切割工人姓名：李兰　　　　　　　　完工日期：202×年 9 月 5 日　　　金额单位：元

发料数量		退料数量	材料实际消耗量		废料实际回收量
120		8	112		4
单件消耗定额	单件回收定额	应割成的毛坯数量	实际切割的毛坯数量	材料定额消耗量	废料定额回收量
8	0.1	14	13	101	3
材料脱离实际差异		废料脱离实际差异		脱离定额差异原因	责任人
数量	金额	数量	单价	未按设计规定切割，造成浪费	李三
14	140	−1	4		

③盘存法。盘存法是指在大量生产的企业中采用定期盘点的方法来计算材料脱离定额差异的一种方法。其具体核算过程是：首先，根据完工产品数量和在产品盘存数量计算本期产品投产数量；其次，将产品投产数量乘以材料消耗定额，求得直接材料定额消耗量；再次，根据限额领料单、超额领料单和退料单等凭证及车间余料的盘存资料，求得直接材料实际消耗量；最后，将材料定额消耗量与实际消耗量相比，求得直接材料脱离定额差异。

在原材料在生产开始时一次投入的情况下，本期产品投产数量的计算公式为：

本期产品投产数量＝本期完工产品数量+期末在产品数量−期初在产品数量

原材料随着生产的进行陆续投入的情况下，本期产品投产数量的计算公式为：

本期产品投产数量＝本期完工产品数量+期末在产品约当产量−期初在产品约当产量

【例7-4】恒兴工厂本月甲产品投产情况为完工产品产量 240 件，期初在产品数量 30 件，期末在产品数量 40 件。甲产品生产时原材料系一次投入，产品单位消耗定额为 5 千克，计划单价为 40 元/千克；材料限额领料单数量为 1 250 千克，期初车间余料为 30 千克，期末车间余料为 20 千克。计算过程为：

本月投产数量＝240+40−30＝250（件）

本月材料定额消耗量＝250×5＝1 250（千克）

本月材料实际消耗量＝1 250+30−20＝1 260（千克）

材料脱离定额差异＝（1 260−1 250）×40＝400（元）

不管采用何种方法核算直接材料定额消耗量和脱离定额差异，都应分批或定期地按成本计算对象汇总，编制直接材料定额费用和脱离定额差异汇总表。

（2）直接人工脱离定额差异的计算。直接人工脱离定额差异的计算，应按工资计算的具体制度进行。

在计件工资制度下，生产工人工资属于直接计入费用，其脱离定额差异的计算与原材料脱离定额差异的计算类似。

直接人工定额费用计算公式为：

直接人工定额费用＝计件数量×计件单价

按上式计算即是定额工资，不存在脱离定额的差异。在这一制度下，脱离定额差异通常是指因工作条件变化而在计件之外支付的工资、津贴、补贴等。企业应将符合定额的工资反映在产量记录中，脱离定额差异应当单独设置工资补付单等凭证，其中注明产生差异的原因,并经过一定的审批手续。

在计时工资制度下,生产工人工资属于间接计入费用,只能在月末确定本月实际直接人工费用总额和产品生产总工时后才能计算。

计算公式如下:

$$某产品实际人工费用=该产品实际生产工时×实际小时工资率$$
$$某产品定额人工费用=该产品定额生产工时×计划小时工资率$$
$$脱离定额差异=某产品实际人工费用-某产品定额人工费用$$

其中,

$$实际小时工资率=实际生产工人工资总额÷实际生产工时总数$$
$$计划小时工资率=计划产量定额生产工人工资总额÷计划产量定额生产工时总数$$

【例7-5】恒兴工厂生产车间全部产品计划产量的定额直接人工费用为 150 000 元,计划产量的定额工时为 60 000 小时;实际人工费用为 143 520 元,实际工时为 59 800 小时。其中甲产品定额工时为 20 000 小时,实际工时为 19 800 小时。

甲产品直接人工费用脱离定额差异计算过程:

实际小时工资率=143 520÷59 800=2.4(元)

计划小时工资率=150 000÷60 000=2.5(元)

甲产品实际人工费用=2.4×19 800=47 520(元)

甲产品定额人工费用=20 000×2.5=50 000(元)

甲产品直接人工费用脱离定额差异=47 520-50 000=-2 480(元)

不管采用何种方法核算直接人工定额费用和脱离定额差异,都应分批或定期地按成本计算对象汇总,编制直接人工定额费用和脱离定额差异汇总表。

(3)制造费用脱离定额差异的计算。制造费用多为间接计入费用,月末时通过实际费用总额与定额费用对比,计算出制造费用脱离定额差异。其计算与计时工资的计算方法类似。

【例7-6】恒兴工厂生产车间全部产品计划产量的定额制造费用为 60 000 元,计划产量的定额工时为 60 000 小时;实际制造费用为 53 820 元,实际工时为 59 800 小时。其中甲产品定额工时为 20 000 小时,实际工时为 19 800 小时。

甲产品制造费用脱离定额差异计算过程:

实际小时制造费用率=53 820÷59 800=0.9(元)

计划小时制造费用率=60 000÷60 000=1(元)

甲产品实际制造费用=0.9×19 800=17 820(元)

甲产品定额制造费用=20 000×1=20 000(元)

甲产品制造费用脱离定额差异=17 820-20 000=-2 180(元)

不管采用何种方法核算制造费用定额费用和脱离定额差异,都应分批或定期地按成本计算对象汇总,编制制造费用定额费用和脱离定额差异汇总表。

4. 计算材料成本差异

在定额法下,企业的材料费用是按计划成本进行日常核算的,因此在月末计算产品的实际材料费用时,还需计算分配材料成本差异。其计算公式为:

$$某产品分配材料成本差异=(该产品直接材料定额费用±直接材料脱离定额差异)×$$
$$材料成本差异率$$

【例7-7】承【例7-4】，假设恒兴工厂的材料成本差异率为-1.5%，则甲产品材料成本差异为：

甲产品材料成本差异=（1 250×40+400）×（-1.5%）= -756（元）

5. 计算定额变动差异

定额变动差异是定额修改的结果，它与生产费用节约或超支无关，也与管理水平无关。定额变动差异主要是计算月初在产品定额变动差异。其计算公式为：

月初在产品定额变动差异=月初在产品按旧定额计算的定额成本-月初在产品按
新定额计算的定额成本

计算月初在产品定额成本差异的目的是使月初在产品按新定额反映定额成本。在消耗定额降低的情况下，定额变动差异应从月初在产品成本中扣除，再将属于月初在产品生产费用实际支出的该项差异，列入本月产品成本。在消耗定额提高的情况下，月初在产品增值的差异应列入月初在产品定额成本之中，同时从本月成本中予以扣除。

【例7-8】恒兴工厂从202×年7月1日起修订原材料消耗定额，单位甲产品旧定额为40元，新的定额为36元；甲产品6月30日在产品的原材料定额成本为1 200元。

7月初在产品定额变动差异计算过程：

定额变动系数=36÷40=0.9

月初在产品定额变动差异=1 200×（1-0.9）=120（元）

月初在产品定额成本调整=-120（元）

6. 将各项差异在本月完工产品和在产品之间进行分配

月末，计算出的定额成本、脱离定额差异、定额变动差异以及材料成本差异，应在完工产品和月末在产品之间按照定额成本比例进行分配。如果各种差异数额不大，或者差异虽较大，但各月在产品数量比较均衡的情况下，月末在产品按定额成本计价，即不负担差异，差异全部由完工产品负担。

7.2.3 定额法的应用

【任务导入7-1】佛山恒兴工厂生产甲产品，采用定额法计算产品成本。202×年6月定额成本资料如表7-12所示。7月份投产情况如下：月初在产品100件，本月投产600件，本月完工650件，月末在产品50件。本月实际发生费用包括：原材料54 200元，直接人工16 400元，制造费用9 000元。7月初原材料定额成本修订为90.09元/件，材料成本差异率为-1%，材料在生产开始时一次投入。为简化核算，定额变动差异和材料成本差异全部由完工产品负担。要求：计算完工产品实际成本。

表7-12 产品定额成本资料

202×年6月

金额单位：元

成本项目		直接材料	直接人工	制造费用	合计
产成品定额成本		91	26	14	121
在产品定额成本		91	13	7	111
月初在产品成本（200件）	定额成本	9 100	1 300	700	11 100
	定额差异	-100	40	30	-30

甲产品成本具体计算过程如下。

（1）计算月初在产品定额成本及脱离定额差异。

月初在产品定额成本及脱离定额差异均根据上月末在产品成本资料填列。

（2）计算月初在产品定额变动差异。

由于案例中材料定额下降，因此定额调整为负数。具体计算过程为：

定额变动系数 = 90.09÷91 = 0.99

月初在产品定额变动差异 = 9 100×(1−0.99) = 91(元)

月初在产品定额成本调整 = −91(元)

（3）计算本月生产费用的定额成本、脱离定额差异、材料成本差异。

本月生产费用的定额成本、脱离定额差异、材料成本差异的计算可根据【例7-3】、【例7-5】、【例7-6】、【例7-7】填列。其中直接人工和制造费用是逐步投入的，在产品按约当产量比例法计算，完工程度默认为50%。

当月投产量 = 650+50×50%−100×50% = 625(件)

（4）生产费用合计。

直接材料定额成本 = 9 100−91+54 054 = 63 063(元)

直接人工定额成本 = 1 300+16 250 = 17 550(元)

制造费用定额成本 = 700+8 750 = 9 450(元)

脱离定额差异 = −月初在产品脱离定额差异+本月生产费用中的脱离定额差异

如：直接材料脱离定额差异 = −100+146 = 46(元)

材料成本差异 = 0+(−542) = −542(元)

定额变动差异 = 月初在产品定额变动差异 = 91(元)

（5）计算差异率。

脱离定额差异率 = 生产费用合计中的脱离定额差异÷生产费用合计中的定额成本×100%

如：直接材料脱离定额差异率 = 46÷63 063×100% = 0.073%

（6）计算本月完工产品成本。

①产成品定额成本 = 完工产品数量×定额消耗量×计划单价

直接材料定额成本 = 650×90.09 = 58 558.5(元)

直接人工定额成本 = 650×26 = 16 900(元)

制造费用定额成本 = 650×14 = 9 100(元)

②产成品脱离定额差异 = 完工产品定额成本×脱离定额成本差异率

直接材料脱离定额差异 = 58 558.5×0.073% = 42.75(元)

直接人工脱离定额差异 = 16 900×0.51% = 182.52(元)

制造费用脱离定额差异 = 9 100×2.96% = 269.36(元)

③材料成本差异和定额变动差异全部由完工产品负担。

产成品材料成本差异 = −542(元)

产成品材料定额变动差异 = 91(元)

④产成品实际成本 = 定额成本+脱离定额差异+材料成本差异+定额变动差异

直接材料实际成本 = 58 558.5+42.75+91−542 = 58 150.25(元)

直接人工实际成本 = 16 900+182.52 = 17 082.52(元)

制造费用实际成本 = 9 100+269.36 = 9 369.36(元)

（7）计算月末在产品成本。

月末在产品定额成本=生产费用合计中的定额成本-完工产成品定额成本

月末在产品脱离定额差异=生产费用合计中的脱离定额差异-完工产成品脱离定额差异

甲产品的产品成本计算表（定额法）如表7-13所示。

表7-13 产品成本计算表（定额法）

产品名称：甲产品　　　　　　　　　　202×年7月　　　　　　　　　　金额单位：元

成本项目		直接材料	直接人工	制造费用	合计
月初在产品成本	定额成本	9 100	1 300	700	11 100
	脱离定额差异	−100	40	30	−30
月初在产品定额变动	定额成本调整	−91			−91
	定额变动差异	91			91
本月生产费用	定额成本	54 054	16 250	8 750	79 054
	脱离定额差异	146	150	250	546
	材料成本差异	−542			−542
生产费用合计	定额成本	63 063	17 550	9 450	90 063
	脱离定额差异	46	190	280	516
	材料成本差异	−542			−542
	定额变动差异	91			91
差异率	脱离定额差异	0.07%	1.08%	2.96%	
本月完工产品成本	定额成本	58 558.50	16 900	9 100	84 558.50
	脱离定额差异	42.75	182.52	269.36	494.63
	材料成本差异	−542			−542
	定额变动差异	91			91
	实际成本	58 150.25	17 082.52	9 369.36	84 602.13
月末在产品成本	定额成本	4 504.50	650	350	5 504.50
	脱离定额差异	3.25	7.48	10.64	21.37

根据上述计算结果可知：本月产成品的定额成本为84 558.50元，实际成本为84 602.13元，成本超支43.63元。

根据表7-13，月末转出产成品成本，编制会计分录如下。

借：库存商品——甲产品　　　　　　　　　　　　　　　　84 602.13

　　基本生产成本——甲产品（材料成本差异）　　　　　　　542

　　　贷：基本生产成本——甲产品（定额成本）　　　　　　84 558.50

　　　　　　——甲产品（脱离定额差异）　　　　　　　　　494.63

　　　　　　——甲产品（定额变动差异）　　　　　　　　　91

本章小结

　　分类法是以产品的类别为成本计算对象，按类归集生产费用，先计算出各类完工产品成本，然后再按一定标准分配计算类内各种产品成本的一种方法。分类法不是一种独立的方法，必须结合品种法、分批法和分步法加以应用。

　　分类法的关键：一是合理确定产品类别，以准确计算各类产品成本；二是选用适当的分配标准分配类内各种产品成本。产品的类别一般可根据产品性质、生产工艺过程和耗用材料等来划分；分配类内产品的标准主要是通过产品的生产工艺过程来确定，分配方法可采用定额比例法和系数法。

　　定额法是将各项生产费用按定额来进行归集和分配，同时反映各项费用定额与实际差异以计算出产品的定额成本和实际成本的一种成本计算方法。在定额法下，产品实际成本是在定额成本基础上，加上（或减去）脱离定额的差异、材料成本差异和定额变动差异计算求得的。

　　定额法同分类法一样，都需要综合成本计算的基本方法进行计算。采用定额法的工作量较大，但它便于及时揭示成本差异，提供有关成本形成动态的各种信息，此法常被定额管理制度比较健全、消耗定额比例比较稳定的企业采用。

关键词

辅助方法　　分类法　　系数法　　定额比例法　　定额法

1. 简述分类法的含义及适用范围。
2. 系数法的计算步骤分为哪几步？
3. 系数法和定额比例法的主要特点是什么？
4. 简述定额法的含义及适用范围。
5. 定额法的计算步骤有哪些？

同 步 自 测 题

一、单项选择题

1. 定额成本是按（　　）制定的成本。

A. 现行消耗额　　　　　　　　　　B. 计划期平均消耗额

C. 标准消耗定额　　　　　　　　　D. 实际消耗定额

2. 分类法是在产品品种、规格繁多，但可按一定标准对产品进行分类的情况下，为了（　　）的目的而采用的。

A. 简化成本核算工作   B. 计算产成品成本

C. 加强成本管理   D. 计算类产品成本

3. 在分类法中，按照系数比例在类内各种产品之间分配费用所采用的方法，称为（　　　）。

A. 约当产量法   B. 系数法   C. 分批法   D. 定额法

4. 分类法的成本计算对象是（　　　）。

A. 产品品种   B. 产品类别   C. 产品批别   D. 消耗定额

5. 原材料脱离定额差异是（　　　）。

A. 数量差异   B. 原材料实际成本与现行定额成本的差异

C. 价格差异   D. 定额变动差异

6. 采用定额法计算产品成本时，月初在产品定额变动差异是正数，说明（　　　）。

A. 定额成本降低了   B. 本月实际发生的成本增加了

C. 定额成本提高了   D. 本月累计的成本增加了

7. 下列选项中，既是一种成本核算方法，又是一种成本管理方法的是（　　　）。

A. 品种法   B. 分批法   C. 分类法   D. 定额法

8. 分类法在按消耗定额或费用定额计算产品系数的情况下，按系数比例分配费用的结果与按定额耗用比例或定额费用比例分配费用的结果是（　　　）。

A. 前者大于后者   B. 前者小与后者

C. 两者结果相同   D. 定额耗用量或定额费用比例更为精准

二、多项选择题

1. 核算脱离定额差异的目的有（　　　）。

A. 简化产品成本计算   B. 进行产品成本的日常分析和事中控制

C. 为月末产品成本控制提供依据   D. 为考核成本管理工作提供依据

2. 产品成本核算的分类法（　　　）。

A. 适用于品种、规格繁多的产品

B. 只适用于大批大量生产的产品

C. 适用于可以按照一定的标准分类的产品

D. 适用于品种单一且规格繁多的产品

3. 定额法适用于（　　　）。

A. 任何企业   B. 定额管理工作基础较好的企业

C. 大批量生产的企业   D. 各项消耗定额较准确、稳定的企业

4. 在定额法下，产品的实际成本是（　　　）。

A. 按现行定额计算的产品定额成本   B. 脱离现行定额的差异

C. 材料成本差异   D. 月初在产品定额变动差异

5. 采用分类法计算产品成本的关键点有（　　　）。

A. 产品的分类   B. 产品的售价

C. 类内产品成本分配标准   D. 系数

6. 计算和分析脱离定额成本差异包括（　　　）。

A. 直接材料脱离定额差异   B. 直接人工脱离定额差异

C. 制造费用脱离定额差异   D. 月初在产品定额变动差异

三、判断题

1. 定额成本就是计划成本。   （   ）
2. 副产品成本必须采用分类法计算。   （   ）
3. 如果月初在产品定额变动差异为负数，说明本月定额降低了。 （   ）
4. 分类法可以单独使用，无须与其他方法结合。   （   ）
5. 定额变动差异反映了费用本身的超支和节约。   （   ）
6. 在定额法下，产品应负担的原材料成本差异为该产品的原材料定额费用与成本差异率的乘积。   （   ）
7. 直接材料脱离定额差异核算的限额法可以有效地控制用料，使之不超过定额。
                                                        （   ）
8. 进行材料切割核算时，回收材料超过定额的差异可以冲减材料费用。 （   ）

四、业务训练

【业务训练一】

(一)目的：熟练掌握分类法的核算程序。

(二)资料：某企业采用分类法计算成本，202×年6月生产 K_1、K_2、K_3 三种产品，这三种产品的所耗原材料和生产工艺相近，可同划为 K 类产品。类内各完工产品和在产品之间的费用都按标准产品产量系数进行分配，原材料在生产开始时一次投入。月初在产品和本月生产费用如表7-14所示。

表7-14　K类产品有关成本资料　　　　　　　　　　金额单位：元

项目	直接材料	直接人工	制造费用	合计
月初在产品成本	3 000	1 800	1 600	6 400
本月发生费用	32 000	20 000	18 000	80 000
生产费用合计	35 000	21 800	19 600	86 400

K 类三种产品产量资料如表7-15所示。

表7-15　K类三种产品产量资料

产品名称	标准产品系数	完工产品数量/件	在产品数量/件	在产品完工程度
K_1	0.9	1 000	300	50%
K_2	1	800	200	50%
K_3	1.1	600	100	50%

(三)要求：

(1)编制标准产品产量计算表。

(2)计算 K 类产品的完工产品和月末在产品成本。

(3)计算 K_1、K_2、K_3 三种产品的成本。

【业务训练二】

(一)目的：熟练掌握定额法的核算程序。

(二)资料：佛山某企业生产丙产品，采用定额法计算成本。为简化核算，定额变动差异和材料成本差异全部由完工产品负担，脱离定额差异按定额比例在完工产品和在产品之间分配。

202×年6月投产情况：月初在产品100件，本月投产500件，本月完工产品550件，月末在产品50件。本月发生实际费用：原材料37 200元，直接人工费用12 850元，制造费用10 730元。定额变动情况：月初原材料定额成本修订为73元。

月初在产品定额成本资料如表7-16所示。

表7-16　月初在产品定额成本资料　　　　　　　　　　金额单位：元

成本项目		直接材料	直接人工	制造费用	合计
产成品定额成本		75	24	20	119
在产品定额成本		75	12	10	97
月初在产品成本(200件)	定额成本	7 500	1 200	1 000	9 700
	定额差异	−100	40	30	−30
	定额变动差异	200			150

（三）要求：

（1）计算本月完工产品的实际成本和定额成本，以及月末在产品定额成本。

（2）编制丙产品成本计算表，并编制结转完工产品成本的会计分录。将表7-17填写完整。

表7-17　产品成本计算表（定额法）

产品名称：丙产品　　　　　　　　　　202×年6月　　　　　　　　　　金额单位：元

成本项目		直接材料	直接人工	制造费用	合计
月初在产品成本	定额成本				
	脱离定额差异				
月初在产品定额变动	定额成本调整				
	定额变动差异				
本月生产费用	定额成本				
	脱离定额差异				
	材料成本差异				
生产费用合计	定额成本				
	脱离定额差异				
	材料成本差异				
	定额变动差异				
差异率	脱离定额差异				
本月完工产品成本	定额成本				
	脱离定额差异				
	材料成本差异				
	定额变动差异				
	实际成本				
月末在产品成本	定额成本				
	脱离定额差异				

第 8 章　其他行业成本核算

知识目标

1. 理解施工企业、商品流通企业和公立医院的成本核算特点
2. 掌握施工企业、商品流通企业和公立医院成本核算方法
3. 了解政府会计准则制度的相关内容

职业目标

1. 熟练掌握施工企业成本的归集与分配
2. 掌握商品流通企业成本的归集与分配
3. 了解公立医院的成本核算方法

知识结构导图

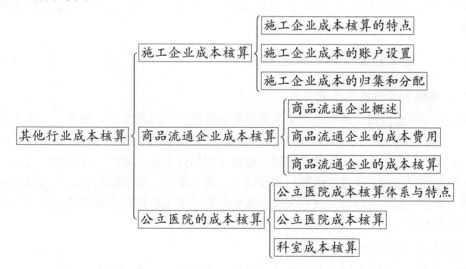

目前，国内相当多地区的医院的薪酬制度主要采取与科室收入挂钩的方式。计算方式是，每月科室总收益（操作费、药费算作科室总收入，材料费、耗材算作科室成本，科室收益等于两者的差）除以科室人员总系数，等于当月每份系数（1.0）对应的金额。如果当月整个科室总收入少，1.0 算下来假设是 2 000 元，那么一位中级职称的医生（对应系数1.2），当月绩效为 2 400（2 000×1.2）元。这种分配方式受到了众多的质疑：工作人员的工作量无法体现，由此带来分配的不公平。

2017 年国家开始试点《关于公立医院薪酬制度改革的指导意见》，到目前取得了不少成效。该指导意见对成本控制也是十分重视的，目前国内 30 多个城市开展疾病诊断相关分组（DRG）付费试点，可把 DRG 用于绩效评价和激励，从内部管理角度，能够激励医务人员在保证诊疗效果的前提下将成本控制在一定范围内。以此方式，不仅能降低地区总体医疗成本，还可以将结余的医保资金用于提高医护人员的技术服务项目的价格，特别是提高具有高技术含量和高风险的技术服务的价格。

问题思考：公立医院为何要将成本控制与薪酬体系挂钩？

8.1　施工企业成本核算

施工企业是指主要承揽工业与民用房屋建筑、设备安装、矿山建设和铁路、公路和桥梁等施工的生产经营性企业。施工企业应当根据自身施工组织特点和承包工程的实际情况进行成本核算。

8.1.1　施工企业成本核算的特点

1. 以单位工程为成本核算对象

施工企业一般以每个独立编制施工图预算的单位工程为成本核算对象。一个单位工程由几个施工单位施工时，各施工单位都以同一单位工程为成本核算对象，核算各自完成的部分。对于规模大、工期长的单位工程，应将工程划分为若干部位，以各部位为成本核算对象。当然，对于同一项目，由同一单位施工，施工地点、施工结构和竣工时间相同或相近的若干单位工程，可以合并成一个成本核算对象。成本核算对象确定后，在成本核算过程中不得随意更改。

2. 成本项目内容增多

施工企业成本由直接成本和间接成本组成，直接成本包括直接人工费用、直接材料费用、机械使用费用、其他直接费用，间接成本包括下属施工单位为组织施工的管理费用。在设置成本项目时，通常设置"直接人工费用""直接材料费用""机械使用费用""其他直接费用""间接成本"五个成本项目。

3. 成本开支受自然影响大

施工企业所生产的产品体积庞大，决定了施工企业大都只能露天施工，有些施工机械和施工材料也只能露天堆放。因此，成本核算应考虑风、霜、雨、雪等造成的停窝工损失。施工机械除使用磨损外，受自然侵蚀的损耗也较大，在成本核算时需要考虑自然因素造成的损失。

8.1.2 施工企业成本的账户设置

为了便于正确计算工程成本，施工企业在工程成本核算中需要设置以下成本核算账户。

8.1.2.1 "工程施工"账户

"工程施工"账户用来核算施工企业进行工程施工发生的合同成本和合同毛利，账户借方登记施工过程实际发生的各项直接费用、应负担的间接费用及确认的工程毛利，账户贷方登记确认的工程亏损；期末借方有余额，表示工程自开工至本期累计发生的施工费用及各期确认的毛利。工程竣工后，本账户应与"工程结算"账户对冲结平。

本账户应按合同成本和合同毛利设置两个二级账户进行明细账核算。"合同成本"明细账用来核算工程施工发生的各项施工生产费用，并确定各个成本对象的成本，账户登记施工过程中实际发生的直接费用和应负担的间接费用，贷方登记工程竣工后与"工程结算"结算账户的对冲费用。账户按成本项目设置专栏，格式如表8-1所示。

表8-1 工程成本明细账

二级科目：合同成本

摘要	借方金额						贷方	余额
	直接人工	直接材料	机械使用费用	其他直接费用	间接费用	合计		

如果施工企业的工程项目较多，应按不同的工程项目设置三级账户"工程成本卡"，其格式与合同成本明细账的格式相同。

"合同毛利"二级账户用来核算建筑施工企业各项建造工程合同确认的合同毛利。确认合同成本和合同收入时，按合同成本记入"主营业务成本"账户的借方，贷记"主营业务收入"，主营业务收入与主营业务成本差额记入"合同毛利"账户。合同完工后，"合同毛利"应与"工程结算"对冲结平。期末"合同毛利"有余额则反映建筑企业尚未完工的建造合同毛利。

8.1.2.2 "机械作业"账户

"机械作业"账户用来核算施工企业及内部独立的施工单位、机械站和运输队使用自有施工机械和运输设备进行机械作业所发生的各项费用，具体核算时可按施工机械或运输设备的种类确定成本项目进行明细核算。租入施工机械发生的机械租赁费在"工程施工"账户下的合同成本中进行核算。

该账户借方登记发生的各项费用，包括直接人工、燃料及动力、折旧及修理费其他直接费用、间接费用；贷方登记分配结转的费用；该账户期末应无余额。

【例8-1】202×年6月，联海建筑公司承建的悦和小区项目1号楼和2号楼共同使用A塔吊，分别使用160台时和120台时，机械作业的明细账归集如表8-2所示。

表8-2　联海建筑公司机械作业费用明细账

机械类别或名称：A塔吊　　　　　　　　202×年6月　　　　　　　　金额单位：元

摘要	直接人工	燃料及动力	折旧费	其他直接费用	间接费用	合计
计提折旧			4 400			4 400
领用配件				1 000		1 000
工具摊销				400		400
动力费		2 000				2 000
组织施工费用					1 200	1 200
人工薪酬	5 000					5 000
本月合计	5 000	2 000	4 400	1 400	1 200	14 000

根据表8-2的明细账资料，编制会计分录如下。

借：工程施工——合同成本——悦和1号楼　　　　　　8 000
　　　　　　——合同成本——悦和2号楼　　　　　　6 000
　　贷：机械作业——A塔吊　　　　　　　　　　　　　　14 000

8.1.2.3　"工程结算"账户

"工程结算"账户用来核算企业根据建造合同约定企业向业主办理结算的累计金额，须按建造合同进行明细核算。

施工企业向业主办理工程结算时，应按应收金额借记"应收账款"等账户，贷记"工程结算"。合同完工时，将本账户余额与工程施工对冲，借记本账户。期末贷方余额反映企业未完工建造合同已办理结算的累计金额。

8.1.3　施工企业成本的归集和分配

8.1.3.1　施工企业成本的核算程序

施工企业进行工程成本总分类核算的一般核算程序包括以下几步。

（1）将本期发生的施工费用，按发生地点和经济用途分配和归集到有关的施工费用账户。

（2）将归集在"机械作业"账户中的费用，按受益对象进行分配并转入"工程施工"等账户。

（3）期末，将已计算确定的已完工工程实际成本从"工程施工"账户转入"工程结算"等账户进行对冲结平。

8.1.3.2　施工企业成本的归集和分配具体内容

施工项目成本核算内容包括材料费用、人工费用、机械使用费和间接费用的归集与分配，建造合同成本转入工程成本清算等。

1. 材料费用的归集和分配

材料费用是指施工企业在工程施工中所耗用的构成工程实体的原材料、辅助材料、构配件、零件、其他材料和周转材料的摊销，以及租赁设备等费用。材料费用是工程成本的重要组成部分，其耗用量大、品种多、用途多样，月末应根据不同情况对材料进行归集和分配。

材料费用归集和分配的办法如下。

(1)能点清数量和分清材料核算对象。直接用于工程的材料，应根据领料单、定额领料单等原始凭证直接计入各合同项目成本。

(2)对于领用时可分清材料对象但要集中配料(如玻璃、木材、涂料)的材料，在领料单上注明"工程集中配料"字样，月末根据用料情况，结合材料消耗定额在各成本对象之间分配。对于领用不容易清点数量和用料对象的材料(如砖、沙石)或者几个单位共同使用的材料，可根据月末结存数和本月进料数倒挤本月实际用量，结合材料消耗定额，编制大堆材料耗用计算单，按合同项目所完成的实际工程量及材料定额耗用量分配计入各成本对象。

(3)在施工中可反复使用的周转材料，应采用分期或分次摊销，核算时应编制周转材料摊销计算单，确定摊销额，并根据受益对象分配计入各成本核算对象。

(4)其他不能点清数量的材料，采用适当方法分配计入各成本核算对象。

2. 人工费用的归集和分配

工程施工中的直接人工费用包括直接从事工程施工的建筑安装工人和从事运料、配料的辅助人员的工资、奖金、职工福利、工资性津贴、劳动保护费和社会保险费用等。

如果企业只有一个项目，工程施工成本的人工费用按部门及服务对象进行分配，分别记入"机械作业""工程施工""管理费用"账户。存在多个项目时，需要采用一定的分配方法在各成本对象之间进行分配。分配时的账务处理为借记"工程施工""机械作业"等账户，贷记"应付职工薪酬"账户。

【例8-2】承接【例8-1】，建筑安装工人202×年6月耗用的直接人工费为200 000元，组织建筑施工的管理人员的薪酬为100 000元，则人工费用分配情况如表8-3所示。

表8-3　人工费用分配表

202×年6月　　　　　　　　　　　　　　　　　　　　　　金额单位：元

成本对象		工资总额	其他薪酬	合计
工程施工	合同施工	190 000	10 000	200 000
	间接费用	95 000	5 000	100 000
机械作业		4 800	200	5 000
合计		289 800	15 200	305 000

根据表8-3资料，编制会计分录如下：

借：工程施工——合同成本　　　　　　　　　　　　　　200 000

　　　　　　——间接费用　　　　　　　　　　　　　　100 000

　　机械作业　　　　　　　　　　　　　　　　　　　　　5 000

貸：应付职工薪酬　　　　　　　　　　　　　　　　　　　　　305 000

3. 机械费用的归集和分配

机械费用包括施工过程中使用自有机械所发生的机械使用费和租用施工单位外部机械所产生的租赁费以及施工机械安装、拆卸和进出场费等。

(1)租赁机械而支出的租赁费和进出场费，可根据结算单由会计人员直接列入"工程施工"账户，不通过"机械作业"账户核算。

(2)自有机械的使用费发生时，借记"机械作业"账户，月末从"机械作业"账户贷方分配计入各项工程成本的机械使用费。

(3)机械作业费的分配方法可采用台班、作业量和预算分配法进行。

①按各项合同使用施工的台班数进行分配，计算公式为：

某台(类)机械使用分配率=本月该台(类)机械使用费÷该台(类)机械工作台班(时)

某合同项目应负担的机械费用=∑(该合同项目使用该机械工作台(时)数×

该台(类)机械使用分配率)

②按实际发生的机械使用费与预定的机械使用费比例进行分配，计算公式为：

某合同项目应负担的机械使用费=某合同项目机械使用费的预算额×本月实际发生的

机械使用费÷全部合同项目机械使用费预算总额

对于不便计算机械使用台时(班)或无机械台时(班)记录的中小型机械，可采用预算分配法，如几个项目共同使用挖土机。

③按各合同项目接受机械所完成的作业量进行分配，计算公式为：

某机械作业量的单位成本=该机械实际发生的机械使用费÷该机械实际完成的作业量

某合同项目应负担的机械使用费=∑(该合同项目使用该机械作业量×

该机械作业量单位成本)

对于能计算完成作业量的单台或某类机械，如挖方的运输，可采用作业量分配法。

【例8-3】202×年6月，联海建筑公司悦和项目施工队使用自有砂浆搅拌机进行施工，本月发生的有关费用包括：支付工资2 000元，支付电费500元，领用润滑油400元，计提折旧2 500元，支付修理费500元，领用替换配件360元。

根据上述业务，编制会计分录如下。

借：机械作业——砂浆搅拌机　　　　　　　　　　　　6 260

　　贷：应付职工薪酬　　　　　　　　　　　　　　　　　　2 000

　　　　库存材料——润滑油　　　　　　　　　　　　　　　400

　　　　　　　　——机械配件　　　　　　　　　　　　　　360

　　　　累计折旧　　　　　　　　　　　　　　　　　　　2 500

　　　　银行存款　　　　　　　　　　　　　　　　　　　1 000

4. 其他直接费用的归集和分配

施工过程中发生的材料二次搬运、临时设施的摊销、生产工具用具使用费、检验试验费、工程定位复测费和场地清理费等可归集到其他直接费用进行核算。其他直接费用仅是指预算定额外单独使用的费用。在实际工作中，施工企业的水、电、风、气或者由外单位负责供应，或者由本单位内部不实行单独核算的辅助生产车间提供。在会计核算中，由外单位供应和辅助生产车间供应两种情况应采取不同的核算方法。

其他直接费用如能明确归集对象，可直接计入该合同成本；若不能确定归集对象，则先通过"工程施工——间接费用"账户的借方进行归集，月末采用适当的方法分配计入合同项目的工程成本。

5. 间接费用的归集和分配

间接费用包括各施工单位为组织和管理工程施工所发生的全部支出：施工单位管理人员工资、奖金、职工福利、行政管理用固定资产折旧费及修理费、物料消耗、低值易耗品摊销、水电费、办公费、差旅费、财产保险费、检验试验费、工程保修费、劳动保护费、排污费等。

【例8-4】202×年6月，联海建筑公司发生以下管理费用：办公设备计提折旧20 000元，分配管理人员薪酬100 000元，固定资产维修1 000元，报销差旅费20 000元，购买防暑饮料2 500元，检验试验费800元。

根据以上资料，编制会计分录如下。

借：工程施工——间接费用	144 300
贷：应付职工薪酬	100 000
累计折旧	20 000
银行存款	24 300

通过"工程施工——间接费用"账户归集的费用，月末按选定的分配标准分配计入各合同工程项目工程成本，分配对冲结平该明细账户。

间接费用的分配一般分两次：第一次是以人工费或直接费用为基础，将全部费用在不同类别的工程以及对外销售之间进行分配；第二次分配则是将第一次分配到各工程成本和产品费用再分配到各成本核算对象中。分配标准为：建筑工程以直接费用为标准；安装工人以人工为标准；产品（劳务、作业）的分配以直接费或人工为标准。

间接费用的分配方法包括直接费用比例法和人工费比例法两种，计算公式为：

间接费用分配率=本期实际发生的全部间接费用÷各合同项目本期发生的直接费用和

某合同项目应负担间接费用=该合同项目本期实际发生的直接费用×间接费用分配率

6. 未完施工工程的计算

建筑安装工程的施工周期较长，成本核算不能等到合同项目完全竣工以后进行，必须按月及时计算已完工工程的实际成本和预算成本，以便正确及时反映工程成本的情况。同时也要正确、及时地计算月度未完施工的实际成本。

期末确定未完工工程施工成本的方法包括按预算成本计价和按预算成本比例分配计算。

（1）未完施工工程成本按预算成本计价。施工企业在期末应对未完施工进行盘点，将未完施工工程名称、已完工序及数量定额填入未完施工盘点单。按预算定额规定的工序，折合成已完分部分项工程量，然后根据分部分项工程的预算单价计算期末未完施工成本，计算公式为：

未完工程成本=预算单价×未完工程量×完工程度=未完工程预算造价×完工程度

（2）未完施工工程成本按预算成本比例分配计算。在获得已完施工工程预算成本的前提下，可按预算成本核算比例进行分配，计算公式为：

实际成本分配率=（期初未完施工工程实际成本+本期实际施工成本）÷

（本期已完工工程预算成本+期末未完施工工程预算成本）

期末未完施工成本一般不负担管理费，但期末未完施工成本数额较大，并且期初、期末的数量相差很多的，则应分摊管理费。

对于未完工程量占合同工程比例很小或者期初、期末的数量相差不大的，可以不计算未完施工成本。

7. 已完工程实际成本的计算

本期已完工程实际成本可通过期初未完施工成本、本期实际发生的生产费用和期末未完施工成本计算得到，计算公式为：

本月已完工工程的实际成本=月初未完施工成本+本月施工费用-月末未完施工成本

采用按完工百分比法结算工程价值的工程，企业应按工程进度计算结转已完工程成本；采用竣工后一次结算或分段结算工程价值的工程，应按合同规定的工程价款结算期，计算结转已完工程成本。

根据各成本核算对象的实际成本，填写已完工成本表中的"实际成本"栏，以此来结转本月已完工程成本，将已完工程的实际成本从"工程施工——合同成本"账户的贷方转入"主营业务成本"账户的借方。

【例8-5】联海建筑公司施工的悦和小区1号楼和2号楼施工工程，期初未完施工成本600 000元，202×年6月1号楼全部竣工，工程当月发生费用1 800 000元；2号楼完工率40%，2号楼的预算成本为4 000 000元。计算本月已完工工程的实际成本。

公司未完施工成本按预算成本计价，已完工工程明细如表8-4所示。

表8-4 已完工工程明细表

202×年6月

金额单位：元

成本对象	月初未完工	已完工程度	预算造价	未完工程成本
工程施工——1号楼	600 000	100%	1 800 000	0
工程施工——2号楼		40%	4 000 000	2 400 000

月末未完施工成本=4 000 000×（1-40%）=2 400 000（元）

本月已完工程成本=600 000+5 800 000-2 400 000=4 000 000（元）

依据上述资料，编制会计分录如下。

借：主营业务成本　　　　　　　　　　　　　　4 000 000

　　贷：工程施工——合同成本　　　　　　　　　　　　4 000 000

根据上述分录，将工程的本月已完工程实际成本计入工程施工明细并结转到"主营业务成本"账户。

8.2　商品流通企业成本核算

8.2.1　商品流通企业概述

商品流通企业是指在社会再生产过程中组织商品流通的企业，具体包括商业、粮食物资供销、供销合作社、对外贸易、医药商业、石油、图书发行等企业，它们主要是通过低价购进商品、高价出售商品的形式实现商品进销差价，以进销差价弥补企业的各项费用及支出，并获得利润。

在商品流通中，各企业扮演的角色存在一定的差别，有从事商品批发的企业，也有从事商品零售的企业，还有兼营的企业。按商品流通企业在社会再生产中的作用可把企业分为批发企业和零售企业。

批发企业主要从事批发业，使商品从生产领域进入流通领域，在流通领域中继续流转或进入生产性消费领域，但随着电子商务的发展，批发企业的作用逐渐减弱。零售企业主要从事零售业务，使商品从生产领域或流通领域进入非生产性领域。此外，还有从事批发业务与零售业务的批零兼营企业。

8.2.2　商品流通企业的成本费用

商品流通企业没有产品生产过程，不存在产品生产成本的归集与分配问题，其成本计算应解决商品购进成本的确定和已销商品成本的计算与结转问题。同时，商品流通企业在经营过程中，还会发生经营费用、管理费用和财务费用，这些费用统称为商品流通费用。

8.2.2.1　商品采购成本

商品采购成本是指商品采购到商品入库前所发生的全部支出，包括国内购进商品进价成本和国外购进商品进价成本。

1. 国内购进商品进价成本

国内购进商品进价成本一般包括以下几种情形。

(1)国内采购的一般商品以进货原价(即增值税专用发票上所列的价款)作为采购成本。

(2)国内采购的农副产品以进货原价和收购不含税产品时所支付的税费作为采购成本。

(3)小规模纳税人支付的增值税计入商品购进成本。

需要注意，购进商品所发生的进货费用均作为当期损益计入销售费用。如果存在出口商品退税款，其数额应抵扣当期出口销售商品的进价成本。

2. 国外购进商品进价成本

国外购进商品进价成本是指进口商品到达目的地港口以前所发生的各种支出。

(1)国外购进商品进价，即进口商品按对外承付货款日市场外汇牌价结算的到岸价格(CIF)，如果进口合同价格不是到岸价，在到达目的地港口以前由企业以外汇支付的运费、保险费和佣金等应计入进价。

(2)进口税费，即商品进口报关时应缴纳的进口关税、进口消费税。进口环节所缴纳的增值税不计入采购成本。

(3)委托代理单位进口商品的采购成本为实际支付给代理单位的全部价款。

对于购进商品发生的购货折扣、折让、退回和购进商品发生的经确认的索赔收入应冲减商品采购进价。

8.2.2.2　商品存货成本和加工成本

购进商品的存货成本一般计入商品采购成本，存货成本额应按一定的存货计价方法确定。数额较大的进货费用及存货费用，按商品存销比例进行分摊，商品存货所分摊的费用应作为存货成本的构成部分。

企业对购进产品进一步加工制成成品的全部支出，具体包括加工时的辅助材料、人工和间接费用等。

8.2.2.3　商品销售成本

商品销售成本是指已销商品的进价成本和存货变现损失，按存货的计价方法确定。商品流通企业对库存商品的核算方法不同，商品销售成本的核算也会不同，一般采用数量进价金额法、数量售价金额法、售价金额法和进价金额法。

8.2.2.4　其他业务成本

除商品销售以外，其他销售或提供劳务发生的直接人工、直接材料、其他直接费用和税金及附加，计入其他业务成本。

商品流通企业设置特殊账户"商品进销差价"，该账户是资产类账户，用来核算采用售价金额法核算企业的商品售价与进价之间的差额。借方登记销售商品已实现的差价；贷方登记售价大于进价的差价；余额表示实际"库存商品"的进销差价。

8.2.3　商品流通企业的成本核算

批发商品与零售商品在经营上有着不同的特点，它们的核算方法也不尽相同。批发企业的成本核算法主要有数量进价金额法、数量售价金额法；零售企业的核算方法主要包括进价金额法、售价金额法和数量金额法。

8.2.3.1　批发企业的成本核算

批发企业以批发销售业务为主，其业务具有经营规模大、商品储存多、经营网络分散、交易次数多、购销方式多样等特点。

1. 批发企业库存商品的核算方法

根据批发企业的特点，对库存商品采用数量进价金额法或数量售价金额法核算。数量进价金额法是指以商品的数量和进价金额反映和控制商品的交易活动，实时掌握各类商品购进、销售和储存情况。

（1）商品数量进价金额核算：总分类账、明细账统一按进价记账；库存商品明细账采用数量金额式的格式，明细账按商品的编号、品种、规格、等级分户，采用永续盘存制记账；设置类目账，按商品大类分户，控制明细账；除会计部门外，在业务、仓储部门再设调拨账和保管账；定期计算和结转已销商品的进价成本。商品数量进价金额核算流程如图8-1所示。

图 8-1　商品数量进价金额核算流程

（2）商品数量售价金额核算：总分类账、明细分类账统一按售价记账；设置"商品进销差价"账户，用来登记商品进价与销价之间的差额；定期分摊进销差价，计算已销商品进销差价和库存商品进价。

需要注意，该核算方法适用于小型批发商店和需要控制贵重商品数量的零售企业。

2. 批发企业成本核算

商品购进、支付货款和费用构成商品购进的主要经济业务。

【例8-6】202×年6月，兴伟批发商采购商品10 000元，增值税1 300元，全部价款通过转账支付，商品验收入库。

根据资料，编制会计分录如下。

借：物资采购　　　　　　　　　　　　　　　　　　　　　　10 000
　　应交税费——应交增值税（进项税额）　　　　　　　　　1 300
　　　贷：银行存款　　　　　　　　　　　　　　　　　　　　　　11 300

商品验收入库时：

借：库存商品　　　　　　　　　　　　　　　　　　　　　　10 000
　　　贷：物资采购　　　　　　　　　　　　　　　　　　　　　　10 000

商品销售过程的核算主要业务包括发出商品、收回货款。

【例8-7】202×年6月，兴伟批发商销售A商品12 000元，增值税1 560元，货已发出，货款通过银行转账收讫，销售成本为9 500元。

根据资料，编制会计分录如下。

借：主营业务成本　　　　　　　　　　　　　　　　　　　　9 500
　　　贷：库存商品——A商品　　　　　　　　　　　　　　　　9 500

假设本月没有影响商品销售成本的其他业务，月末结转"主营业务成本"账户借方，编制以下会计分录。

借：本年利润　　　　　　　　　　　　　　　　　　　　　　9 500
　　　贷：主营业务成本　　　　　　　　　　　　　　　　　　　9 500

3. 批发企业数量进价金额核算法下商品销售成本的核算

采用数量进价金额法核算成本时，应重点解决两个基本问题：已销商品进价单价的确定和商品成本核算顺序的确定。

（1）已销商品进价单价的确定。由于进货批次不一，商品单价不尽相同。按现行制度规定，库存商品的单价可以采用加权平均法、先进先出法、移动加权平均法、个别计价法和毛利率法确定。

> **小贴士**
>
> 　加权平均法只需在月末计算一次单价，比较方便，但只能在期末确定存货成本，无法随时从账面上提供存货的结存金额，不利于加强存货的日常管理，而且这种方法在实地盘存制下才可用。先进先出法是根据存货购进的先后顺序计算存货单价的方法，如果进货批次多，则计算工作量大。

移动加权平均法是期初存货成本与本期购进存货成本之和除以期初存货数量与本期购进存货数量之和，计算公式为：

加权平均单价＝（期初存货金额＋本期购货金额）÷（期初存货数量＋本期购货数量）
本次发出存货成本＝本次发出存货数量×加权平均单价

毛利率法是根据上期实际（或本期计划）毛利率乘以本期销售净额计算得到的本期销售毛利、发出存货和期末存货成本的一种方法，计算公式为：

$$毛利率＝（销售毛利÷销售净额）×100\%$$

$$销售净额＝商品销售收入－销售退回与折让$$

$$销售成本＝销售净额－销售毛利$$

$$期末存货成本＝期初存货成本＋本期购货成本－本期销售成本$$

【例8-8】202×年6月1日，兴伟批发商有A存货9 000元，本月购进6 000元，本月销售收入12 000元，上季度A商品的毛利率20.8%，则本月已销商品和期末库存商品的核算：

本月销售收入＝12 000（元）

销售毛利＝12 000×20.8%＝2 500（元）

本月销售成本＝12 000－2 500＝9 500（元）

库存商品成本＝9 000＋6 000－9 500＝5 500（元）

毛利率法是与季度关联的核算方法，季度末必须采用先进先出法、加权平均法等进行调整，以保证季度商品销售成本和结存商品成本数据的准确性。

（2）商品成本核算顺序的确定。在确定已销商品的单价后，也可确定已销商品成本和期末库存商品成本，但两者的确定可采用顺算成本法，也可采用倒算成本法。

先确定本期商品销售成本，再确定期末库存商品成本，称为顺算成本法。其计算公式为：

$$本期商品销售成本＝本期商品销售数量×进货单价$$

$$期末库存商品成本＝期初库存商品成本＋本期购进商品成本－本期商品销售成本$$

先确定期末库存商品成本，再确定本期商品销售成本，称为倒算成本法。其计算公式为：

$$期末库存商品成本＝期末商品数量×进货单价$$

本期商品成本＝期初库存商品成本＋本期购进商品成本－本期非销售付出的商品成本－

期末库存商品成本

4. 批发企业成本的结转

商品批发企业采用适当方法确定商品销售成本后，应对相应的商品购销业务的成本进行结转。期末将"主营业务收入""主营业务成本""销售费用""管理费用""财务费用"账户中的余额结转到"本年利润"账户。商品销售成本的结转方法包括分散结转和集中结转。

（1）分散结转是按每一商品的明细账户分别计算商品销售成本和期末库存商品成本后，在每一账户付出金额栏内逐一结转商品销售成本，并将结存金额列入结存栏内，各明细销售成本累计就是总账的结转额。这种方法的特点是采用顺算成本法结账，逐步计算商品销售成本和期末结存金额，编制会计分录如下：

借：主营业务成本——A商品

　　　　　　——B商品

　　贷：库存商品——A商品

　　　　　　——B商品

（2）集中结转只在库存商品总分类账及二级账上登记商品销售成本，库存商品明细账上不登记已销商品成本。这种结转方法的特点是在商品明细账上不计算销售成本，只结出库存金额，然后将各类商品的库存金额汇总转入总分类账或类账目，然后在总分类账或类账目上采用倒挤成本法计算销售成本，编制会计分录如下。

借：主营业务成本——A类商品

贷：库存商品——A类商品

8.2.3.2 零售企业的成本核算

商品零售企业经营的商品品种繁多，交易频繁，数量不确定，消费对象范围广，销售时一般采用钱货两清的方式，并不一定要填制销货凭证。

1. 零售企业库存商品的成本核算

根据零售企业购销活动特点和经营管理要求，库存商品核算一般采用售价金额来反映商品进销存情况，库存商品账上只记金额，不记数量。

商品售价金额核算是一种售价记账与商品实物相结合的核算制度，按这种方法处理的商品销售成本中包含了已实现的商品毛利，即商品进销差价，月末应将已实现的商品进销差价从商品销售成本中转出，从而使"主营业务成本"账户上反映的是已销商品的进价成本。因此，采用售价金额法核算零售企业成本的重点是对已销商品进销差价的核算。

零售企业确定已销商品的进销差价的方法有进销差价率法和实地盘存差价法。

(1)进销差价率法。该方法是一种按商品的存销比例分摊商品进销差价的方法，计算公式为：

进销差价率＝月末"商品进销差价"账户余额÷（月末"库存商品"账户余额＋

本月"主营业务成本"账户借方发生额）×100%

本月已销商品应分摊的进销差价＝本月"主营业务成本"×进销差价率

由于进销差价的范围不同，进销差价率可分为综合进销差价率和分类进销差价率。综合进销差价率按企业销售的全部商品计算，计算较为方便，但结果的准确度不高，适用于所经营商品的进销差价大致相当的企业。分类进销差价率是按各类商品分别计算得到的商品进销差价率，工作量大，但计算结果准确度高，适用于经营商品种类较少的企业。

(2)实地盘存差价法。该方法是期末盘点库存商品的实际数，据此计算出结存商品应包含的进销差价，再倒推出已销商品进销差价的方法。这种方法计算的结果比进销差价率法要准确，但月末需要进行实物盘点，工作量较大。

2. 采用售价金额法核算零售商品

【例8-9】202×年6月末，锦华零售企业"商品进销差价"账户的余额为367 285元，"库存商品"账户的余额为582 673元，本月销售额（不含税）为688 733元，计算已销商品的进销差价。

根据上述资料，已销商品应分摊的进销差价为：

进销差价率＝367 285÷(582 673+688 733)×100%＝28.89%

已销商品应分摊的进销差价＝688 733×28.89%＝198 974.96（元）

采用售价金额法，锦华零售企业须在月末把计算出的应分摊已销商品实现的进销差价冲减多转出销售成本和已实现差价，编制会计分录如下。

借：商品进销差价 198 974.96

贷：主营业务成本 198 974.96

假设本月没有影响已销商品成本的其他业务，月末结转"主营业务成本"账户借方余额到"本年利润"账户。

【例8-10】202×年9月30日，华田零售企业对库存电视柜进行了实地盘点，盘点结果如表8-5所示。该柜组年末"库存商品"账户余额为69 800元，"商品进销差价"账户余额为28 000元。

表8-5　商品盘存及进销价格计算表
202×年9月30日　　　　　　　　　　　　　金额单位：元

商品种类	盘存数量	购进价		零售价	
		单价	金额	单价	金额
甲	20/张	600	12 000	700	14 000
乙	30/张	700	21 000	850	25 500
丙	40/张	400	16 000	500	20 000
丁	90/个	100	900	120	10 800
合　计			49 900		70 300

根据表8-5所列资料，可计算已销商品应分摊的进销差价。

库存商品进销差价=70 300−49 900=20 400（元）

已销商品应分摊的进销差价=28 000−20 400=7 600（元）

根据以上资料可编制以下会计分录。

借：商品进销差价　　　　　　　　　　　　　　　　　　7 600

　　贷：主营业务成本　　　　　　　　　　　　　　　　　　　7 600

假设本月没有影响已销商品成本的其他业务，月末结转"主营业务成本"账户借方余额到"本年利润"账户。

8.3　公立医院的成本核算

公立医院是指在中华人民共和国境内各级各类执行政府会计准则制度且开展成本核算工作的医院，包括综合医院、中医院、中西医结合医院、民族医院、专科医院、门诊部（所）、疗养院等，不包括城市社区卫生服务中心、乡镇卫生院等基层卫生医疗机构。

8.3.1　公立医院成本核算体系与特点

为了满足内部管理和外部管理的特定需求，公立医院须对其业务活动中发生的各种耗费，如人力资源、材料、产品和房屋及建筑的消耗，按照规定的成本核算对象和成本项目进行归集、分配，计算确定各成本核算对象的总成本、单位成本等，其成本核算具有较完善的体系，并呈现较为特殊的特征。

8.3.1.1　公立医院成本核算体系

根据核算对象，公立医院成本核算可分为科室成本核算、医疗服务项目成本核算、病种成本核算、床日成本核算和诊次成本核算。近年,随着社会基本医疗支付方式的改革,医院在以科室、诊次和床日为基础上完善健全了以医疗服务项目、病种为核算对象的成本核算体系。成本核算体系的健全便于政府向医院提供合理的财政补助,制定医疗服务价格和动态调整机制,以及医保按病种付费提供全面客观的成本核算信息。公立医院成本核算体系如图8-2所示。

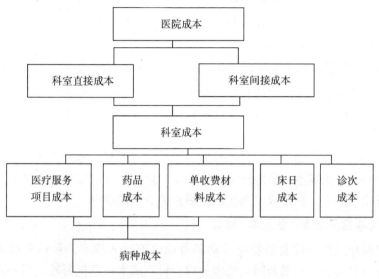

图8-2 公立医院以核算对象划分的成本核算体系

根据核算目的来分,公立医院成本核算可分为医疗业务成本、医疗成本、医疗全成本和医院全成本等层次,如图8-3所示。其中医疗业务成本是指医院业务科室展开医疗服务活动自身发生的各种耗费,不含医院行政及后勤管理部门的耗费,财政项目补贴支出和科教项目支出形成的固定资产折旧、无形资产摊销,领用发出的库存物资等。医疗成本是指医院在开展医疗服务活动中,各业务科室和行政、后勤部门发生的各种耗费,不含财政项目补贴支出和科教项目支出形成的固定资产折旧、无形资产摊销,领用发出的库存物资等。医疗全成本是指为开展医疗服务活动,医院各科室、行政部门和后勤各部门自身发生

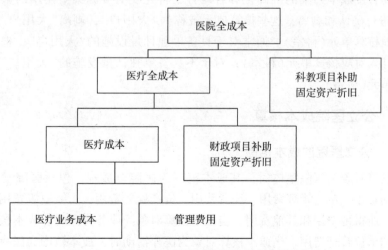

图8-3 公立医院以核算目的划分的成本核算体系

的各种耗费，财政项目补贴支出形成的固定资产折旧、无形资产摊销，以及领用发出的库存物资等。医院全成本是指为开展医疗服务活动，医院各业务科室、行政部门和后勤各部门自身发生的各种耗费，科教项目支出形成的固定资产折旧、无形资产摊销，以及领用发出的库存物资等。

8.3.1.2 公立医院成本核算特点

医院的主要业务活动是医疗业务服务，而医疗业务服务成本是以科室为单位进行核算的。医院成本核算有自身的特点。

1. 医疗活动是基本的成本核算对象

公立医院的业务活动按其职能目标一般包括医疗、教学、科研和预防活动，医疗活动属于基本业务，这些业务应作为基本成本核算对象。具备条件的医院可以核算教学、科研和预防活动的成本。

医疗活动可以进一步划分成本核算对象，包括科室成本、医疗服务项目成本、病种成本和疾病诊断相关分组成本。医院应当核算科室、诊次、床日成本，具备条件的医院可以核算医疗服务项目成本、病种成本和疾病诊断相关分组成本等。

2. 医院成本核算采用"全成本"核算

医院提供医疗过程中耗费的物化劳动和劳动全部计入成本，包括变动成本和固定成本。成本核算分直接成本归集和间接成本分摊。科室成本核算把财政项目补助支出形成的固定资产折旧和无形资产的摊销纳入成本核算范围，形成医疗全成本；将科教项目支出形成的固定资产折旧和无形资产的摊销纳入成本核算范围，形成医院全成本。

3. 医院成本以科室为核算单元进行归集

医院应根据内部组织结构合理确定成本核算单元(科室)，各成本核算单元(科室)基于业务性质及管理需要而划分成本核算基础单位，每个核算单元(科室)应能单独归集各项成本费用。医院成本核算单元(科室)按其服务对象可分为直接成本核算单元(科室)和间接成本核算单元(科室)。

为了提高直接成本归集的准确性和合理性，首先要对资源集中使用的重点核算单元(科室)成本进行确认和剥离，这些核算单元被称为"大用户"，剥离"大用户"后，剩余成本归集到其他核算单元(科室)。通常对于具备单独计量设施的"大用户"，根据计量结果将成本直接计入对应核算单元(科室)；对于不具备单独计量设施的"大用户"，将成本计入对应核算单元(科室)。

8.3.2 公立医院成本核算

8.3.2.1 公立医院的成本范围

当成本核算对象为医院整体时，其成本范围为医院全成本，包括医院发生的全部费用：业务活动费用、单位管理费用、经营费用、资产处置费用、上缴上级费用、对附属单位辅助费用、所得税费用和其他费用。当成本核算对象为业务对象时，成本核算范围为业务活动费用和单位管理费用。当成本核算对象为医疗活动时，成本范围为医疗全成本，包括业务活动成本与开展医疗活动相关的全部消耗。

医院成本范围可以根据成本信息需要进行调整，如为满足医疗服务价格监督，制定医保支付标准等需求，应当在医疗全成本基础上，按规定调减不符合有关法律法规规定的费用、有财政资金补偿的费用等。

8.3.2.2　公立医院成本的归集与分配

公立医院应根据成本信息需求，对业务活动相关成本核算对象选择完全成本法或制造成本法进行成本归集与分配。在完全成本法下，应当把业务活动费用、单位管理费用各自归集、分配到成本核算对象。

在完全成本法下，医院业务活动成本归集与分配的一般流程如图8-4所示。

(1)"业务活动费用"账户中本期发生额按活动类型、成本项目归集到直接开展业务活动的部门及辅助部门；"单位管理费用"账户归集行政管理和后勤保障等部门本期发生额成本项目。

(2)单位管理费用可以直接分配业务部门、辅助部门，再随辅助部门的费用归集到业务部门。

(3)将业务部门归集的费用采用合理的分配方法分配至成本核算对象。

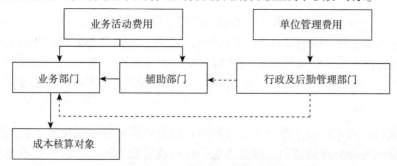

图8-4　医院业务活动成本归集与分配一般流程

采用科室归集和分配医疗活动费用的医院，应将开展医疗活动的科室划分为：①直接开展医疗活动的临床服务类科室；②直接开展医疗活动，同时也为临床服务类科室提供服务或产品的医疗技术类科室；③为临床服务类科室和医疗技术类科室提供服务或产品的医疗辅助类科室；④开展行政管理及后勤保障等的行政后勤类科室。医院应当在科室分类的基础上，将业务活动费用归集和分配到临床服务类、医疗技术类和医疗辅助类科室，将单位管理费用归集和分配至各行政后勤类科室。

行政及后勤管理部门归集的费用一般采用参数分配法进行分配，参数可以是人员数量、工作量和房屋面积等。

分配率=行政及后勤管理部门费用总额÷各科室分配参数之和

某科室应分配的行政及后勤管理部门费用=该科室分配参数×分配率

医院辅助部门的费用一般采取参数分配法进行分配，参数可以为工作量、收入和房屋面积等。医院辅助部门之间相互提供服务、产品，可以根据相互提供服务或产品的金额、差异程度及医院核算条件选择直接分配法、交互分配法等分配费用。采用实际成本法核算的医院，一般采用顺序分配法，即按受益多少的顺序进行费用分配，受益少的先分配，受益多的后分配，先分配的科室不承担后分配科室的费用。

8.3.3 科室成本核算

科室成本核算是指医院业务活动中所发生的各种耗费以科室为核算对象进行归集与分配，计算科室成本的过程。

8.3.3.1 科室成本核算步骤

1. 确定医院成本核算单元

医院成本核算单元(科室)按服务对象分为直接成本核算单元(科室)和间接成本核算单元(科室)；按服务性质可分为临床服务类、医疗技术类、医疗辅助类和行政后勤类科室，其中临床服务类包括门诊科室、住院科室等，医疗技术类包括放射、超声、检验、血库、手术、麻醉、药事和实验室等科室，医疗辅助类包括动力、消毒供应、病案、材料库房、门诊挂号收费和住院结算等核算科室，行政后勤类包括行政、后勤和科教管理等科室。

2. 直接成本归集

按确定的成本核算单元(科室)将医院发生的全部成本费用，通过直接计入或计算计入的方式归集到科室，形成科室的直接成本。

直接计入成本是指在会计核算中能直接追溯到各科室的医疗业务成本，如人员支出、卫生材料、药品和固定资产折旧以及其他费用中的差旅费、办公费等直接归集的费用。计算计入指由于计量条件所限无法直接追溯到核算科室，需要采用一定的分配方式计入的直接成本，如提取医疗风险基金、水费、电费、供暖费、物业管理费、工会经费和福利费等。

3. 间接成本分担

根据相关性、成本效益关系及重要性原则将各类核算科室的间接成本按照阶梯分摊法原理，采用分项逐级分布结转的三级分摊法，将行政后勤类科室、医疗技术类科室和医疗辅助类科室进行分摊，最终将所有成本转移到临床服务类科室，医院科室成本核算三级分摊流程如图8-5所示。

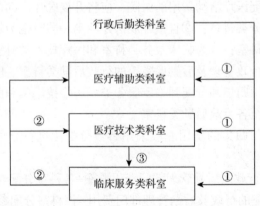

图8-5 医院科室成本核算三级分摊流程

间接成本分摊的步骤如下。

(1)一级分摊。这主要是行政后勤类科室的费用分摊。将行政后勤类科室的费用按人员比例或按占用面积向临床服务类科室、医疗技术类科室和医疗辅助类科室分摊，并采用分项结转。按人员比例分摊的计算公式为：

$$\text{临床类、医疗类和辅助类科室分摊} \atop \text{某项行政后勤类科室费用} = \frac{\text{该科室人数}}{\text{全院职工人数} - \text{行政后勤类科室总人数}} \times \frac{\text{当期行政后勤类}}{\text{科室某项费用}}$$

（2）二级分摊。这主要是医疗辅助类科室的成本分摊。将该类科室成本（含该类科室直接成本和第一级分摊的部分）向临床服务类科室和医疗技术类科室分摊，并实行分项结转。分摊比例可采用工作量比重、占用面积比重或人员比例等。其中工作量分为对外服务和对内服务计量。对外服务计量主要有门诊人次、出院人次、住院占用床日和医疗设备检查工作量等；内部服务计量主要指医院内供应部门、洗涤部门等提供的工作量明细统计。医院应根据被分摊成本的主要影响因素，结合自身基础工作条件选择适当的分离参数。

（3）三级分摊：医疗技术类科室的成本分摊。将该类科室成本（包含该类科室直接成本和一、二级分摊的部分）向临床服务类科室分摊，分摊后形成门诊、住院临床的成本。分摊比例可采用收入比例，对于没有收入的医疗技术类科室分摊比例可采用按门诊、住院工作量的方式。

8.3.3.2　诊次与床日成本核算

诊次与床日成本核算是以诊次、床日为核算对象，将科室成本进一步分摊到门诊人次、住院床日中，计算初诊次成本、床日成本。

诊次成本核算是根据上述科室成本核算过程中确认的门诊科室成本，以门诊人次为核算对象，将成本分摊到每人次的过程。计算公式为：

$$\text{某门诊科室诊次成本} = \sum \text{某门诊科室成本} \div \text{该科室门诊人次}$$

$$\text{全院平均诊次成本} = \sum \text{各住院科室成本} \div \sum \text{科室门诊人次}$$

床日成本核算是根据上述科室成本核算过程中确认的住院科室成本，以住院床日为核算对象，将成本分摊到每床日的过程。计算公式为：

$$\text{某住院科室床日成本} = \sum \text{某住院科室成本} \div \text{该科室住院床日}$$

$$\text{全院平均床日成本} = \sum \text{各住院科室成本} \div \sum \text{科室住院床日}$$

8.3.3.3　科室成本核算举例

【例8-11】202×年10月，某医院A科病房直接成本如下：人员经费600 000元，药品费1 200 000元，卫生材料费用60 000元，固定资产折旧30 000元，提取医疗风险金25 000元，其他费用240 000元。求该病房的直接成本。

该A科病房直接成本＝600 000＋1 200 000＋60 000＋30 000＋25 000＋240 000＝2 155 000（元）

【例8-12】202×年10月，某医院有在职职工1 000人，其中行政后勤科室在职200人，内科室病房人数40人。同月该医院归集的行政后勤管理成本为2 000 000元，具体如表8-6所示。医院选择将在职职工比例作为分摊参数。

表8-6　行政后勤类科室成本

202×年10月31日　　　　　　　　　　　　　　　　　金额单位：元

核算科室	合计	人员经费	卫生材料费	药品费	固定资产折旧	无形资产摊销	提取医疗风险基金	其他费用
院长办公室	151 000	80 000	0	0	1 000	0	0	70 000

续表

核算科室	合计	人员经费	卫生材料费	药品费	固定资产折旧	无形资产摊销	提取医疗风险基金	其他费用
总务处	212 000	100 000	0	0	12 000	0	0	100 000
—								
合计	2 000 000	1 400 000	—		40 000			560 000

则某医院内科病房应分摊的行政后勤费用成本计算公式为：

A 科病房应分摊的行政后勤费用成本 = A 科职工人数÷(全院职工人数 – 行政后勤类

科室职工人数)×当期行政后勤类科室费用

得出的 A 科病房应分摊行政后勤费用成本计算结果如表 8-7 所示。

表 8-7　A 科病房应分摊行政后勤费用成本　　　　金额单位：元

核算科室	合计	人员经费	卫生材料费	药品费	固定资产折旧	无形资产摊销	提取医疗风险基金	其他费用
应分摊成本合计	100 000	70 000	0	0	2 000	0	—	28 000
院长办公室	7 550	4 000	0	0	50	0	—	100 000
总务处	10 600	5 000	0	0	600	—		

将上述分摊结果与直接成本汇总，得到 A 科病房一级分摊后成本，如表 8-8 所示。

表 8-8　A 科病室一级分摊后成本　　　　金额单位：元

成本项目分摊级次	合计	人员经费	卫生材料费	药品费	固定资产折旧	无形资产摊销	提取医疗风险基金	其他费用
直接成本	2 155 000	600 000	60 000	1 200 000	30 000	—	25 000	200 000
一级分摊	100 000	70 000	0	0	20 000	—		28 000
合计	2 255 000	670 000	60 000	1 2000 000	50 000	0	25 000	228 000

【例 8-13】202×年 10 月，医院门诊急诊 30 000 人次，出院 3 000 人次，消毒量 200 000 件。A 科病房门急诊 3 000 人次，出院人次 300 人次，消毒量 5 000 件。当月医院辅助类科室成本如表 8-9 所示。

表 8-9　辅助类科室成本

202×年 10 月　　　　金额单位：元

核算科室	合计	人员经费	卫生材料费	药品费	固定资产折旧	无形资产摊销	提取医疗风险基金	其他费用
住院收费部门	100 000	30 000	0	0	2 000	0	0	68 000
消毒供应部门	90 000	10 000	20 000	0	10 000	0	0	50 000
—	—	—	—	—	—	—	0	
合计	—	—	—	—	—	—	0	

医院结合实际情况针对不同成本项目选择适宜分摊方法分摊，最终得到 A 科病房应分摊成本，如表 8-10 所示。

表 8-10　A 科病房分摊成本　　　　　　　金额单位：元

核算科室	合计	人员经费	卫生材料费	药品费	固定资产折旧	无形资产摊销	提取医疗风险基金	其他费用
总分摊成本合计	49 900	15 000	900	—	10 000	—	0	24 000
住院收费部门	10 000	3 000	0	0	200	0	0	6 800
消毒供应部门	2 250	250	500	0	250	0	0	1 250
—							0	—

注：A 科病房分摊住院收费部门成本比率＝A 科病房出院人次÷全院出院人次＝300/3 000＝10%；A 科病房分摊消毒供应部门成本比率＝A 科病房消毒量÷全院消毒量＝5 000/200 000＝2.5%。

A 科病房二级分摊成本如表 8-11 所示。

表 8-11　A 科病房二级分摊成本　　　　　　　金额单位：元

成本项目\分摊级次	合计	人员经费	卫生材料费	药品费	固定资产折旧	无形资产摊销	提取医疗风险基金	其他费用
直接成本	2 155 000	600 000	60 000	1 200 000	30 000	0	25 000	200 000
一级分摊	100 000	70 000	0	0	20 000	0	—	28 000
二级分摊	49 900	15 000	900	0	10 000	0		24 000
合计	2 304 900	685 000	60 900	12 000 000	60 000	0	25 000	252 000

【例 8-14】202×年 10 月，医院医疗技术类服务收入 14 000 000 元，其中放射收入 3 000 000 元，超声类收入 2 000 000 元，检验类收入 4 000 000 元。A 科病房当月开单医疗收入 1 000 000 元，其中放射收入 300 000 元，超声收入 200 000 元，检验收入 500 000 元。当月医院待分摊的医疗技术科室成本如表 8-12 所示。医院选择按收入比重分摊。

表 8-12　医院分摊医疗技术科室成本

2020×年 10 月

金额单位：元

核算科室	合计	人员经费	卫生材料费	药品费	固定资产折旧	无形资产摊销	提取医疗风险基金	其他费用
超声科	860 000	300 000	350 000	0	150 000	0	0	60 000
放射科	1 490 000	400 000	200 000	0	800 000	0	0	90 000
—	—	—	—	—	—	—	—	—
合计							0	

A 科病房采用收入比重分摊医疗技术科室成本，按成本项目分项结转，最终将不同医疗技术科室成本项目分摊，如表 8-13 所示。

表 8-13　A 科病房分摊的医疗技术科室成本　　　　　　　金额单位：元

核算科室	合计	人员经费	卫生材料费	药品费	固定资产折旧	无形资产摊销	提取医疗风险基金	其他费用
总分摊成本合计	560 000	210 000	150 000	—	160 000	—	0	40 000
超声科	86 000	30 000	35 000	0	15 000	0	0	6 000

续表

核算科室	合计	人员经费	卫生材料费	药品费	固定资产折旧	无形资产摊销	提取医疗风险基金	其他费用
放射科	149 000	40 000	20 000	0	80 000	0	0	9 000
—	—	—	—	—	—	—	0	—

注：A科病房分摊超声科成本比率＝A科病房确认超声收入÷全院超声收入＝200 000/2 000 000＝10%；A科病房分摊放射科成本比率＝A科病房确认放射收入÷全院放射收入＝300 000/3 000 000＝10%。

将上述分摊结果汇总，得到A科病房三级分摊后成本，如表8-14所示。

表8-14　A科病房三级分摊后成本　　　　　　　　　　金额单位：元

成本项目分摊级次	合计	人员经费	卫生材料费	药品费	固定资产折旧	无形资产摊销	提取医疗风险基金	其他费用
直接成本	2 155 000	600 000	60 000	1 200 000	30 000	0	25 000	200 000
一级分摊	100 000	70 000	0		20 000	0	—	28 000
二级分摊	49 900	15 000	900	0	10 000		—	24 000
三级分摊	560 000	210 000	150 000	0	160 000		0	40 000
合计	2 864 900	895 000	75 900	12 000 000	220 000	0	25 000	292 000

本章小结

工程施工企业是与房屋、路桥和河道等施工有关的生产经营性企业，其成本核算应与自身的组织特点和承包工程的实际情况相结合。工程施工企业的成本核算是以单位工程为基础的，成本开支受自然影响较大。工程施工企业成本核算需要设置"工程施工""机械作业""工程结算"等账户。施工项目成本核算内容包括材料费用、人工费用、机械使用费和间接费用的归集与分配，建造合同成本转入工程成本清算等。

商品流通企业成本核算是其他行业成本核算的重要内容，商品流通企业主要是通过低价购进商品、高价出售商品的形式实现商品进销差价，以进销差价弥补企业的各项费用及支出，并获得利润。商品流通企业可分为批发企业、零售企业和批零兼营企业。由于批发企业与零售企业各具特点，批发企业一般采取数量进价金额法核算，采用总分类账和明细账并行核算，不需要核算进销差价；零售企业销售时一般采用钱货两清的方式，并不一定要填制销货凭证，通常采用售价金额法进行核算，成本核算需要核算商品进销差价，月末结转"主营业务成本"。

为满足内部管理和外部管理的特定信息需求，公立医院须对其业务活动中发生的各种耗费，按照规定的成本核算对象和成本项目进行归集、分配，计算确定各成本核算对象的总成本、单位成本等。医院采用全成本核算法，以科室为成本核算单元进行成本核算，行政后勤类科室、医疗辅助类科室和医疗技术类科室的成本采用合适的成本分配方法按三级分项摊入各业务类科室。医院可根据实际情况选择合理的分配方法，将业务各科室成本分配至诊次、床日、医疗服务项目、病种等成本核算对象。

关键词

施工企业　　工程施工　　商品流通企业　　商品购销差价　　公立医院

复习思考题

1. 简述工程施工企业成本核算特点和基本账户设置。
2. 简述商品批发企业与商品零售企业成本核算方法的不同点。
3. 简述工程施工企业材料归集与分配过程。
4. 概括商品批发企业成本核算的数量进价金额法应重点解决的基本问题。
5. 简述公立医院实施成本核算的基本流程。

同步自测题

一、单项选择题

1. 下列选项中，不属于施工企业经营特点的是(　　)。

A. 施工过程的流动性　　　　　　　　B. 施工过程的固定性

C. 建筑品的固定性　　　　　　　　　D. 生产经营业务的不稳定性

2. 不属于建筑安装工程成本计算对象的划分方法的是(　　)。

A. 施工企业统一成本计算

B. 施工企业按施工预算图的单位工程成本计算

C. 规模大、工期长的可分为若干部分计算

D. 同一施工地点、同一结构模型和竣工时间相近的工程，可以合并成本计算

3. 施工企业的工程成本按其计入工程成本的方法，可分为直接成本和(　　)。

A. 间接成本　　　　B. 固定成本　　　　C. 变动成本　　　　D. 转嫁成本

4. 毛利率法是按上季度实际毛利率或本季度(　　)分商品类别核算本季度各月商品销售成本和期末结存商品成本的核算方法。

A. 实际毛利率　　　B. 计划毛利率　　　C. 预算毛利率　　　D. 实际毛利

5. 进销差价率法是一种按商品的(　　)分摊商品进销差价的方法。

A. 进销比例　　　　B. 存销比例　　　　C. 存货比例　　　　D. 销售比例

6. 科室的二级成本分摊是指(　　)成本分摊给业务科室。

A. 行政后勤类科室　B. 医疗服务类科室　C. 医疗辅助类科室　D. 其他费用

二、多项选择题

1. 施工企业成本核算的账户包括(　　)。

A. "施工工程"　　　B. "工程施工"　　　C. "机械作业"　　　D. "工程结算"

2. 下列选项中属于采购成本的有(　　)。

A. 购买价格　　　　B. 增值税　　　　　C. 运输费　　　　　D. 营业税金

3. 下列选项中，可用来核算本月批发商品销售成本的有(　　)。

A. 毛利率法　　　　B. 实地盘点法　　　　C. 分组确认法　　　　D. 移动平均法

4. 商品成本核算顺序包括(　　)。

A. 先确定商品销售成本

B. 先确定期末商品存货成本

C. 再确定期末商品存货成本

D. 再确定商品销售成本

5. 公立医院发生全部费用包括(　　)。

A. 业务活动费用　　B. 单位管理费　　C. 资产管理费　　D. 上缴上级费用

6. 下列费用中，属于直接成本的有(　　)。

A. 人工费　　　　B. 材料费用　　　C. 管理人员薪酬　　D. 水电费

三、判断题

1. 工程成本计算对象确定后，可以根据需要更改。（　　）

2. "工程施工"账户按"间接费用""合同毛利"进行明细分类。（　　）

3. 直接用于工程的材料，应按领料单、定额领料单等凭证直接计入各合同项目成本。
（　　）

4. 公立医院的成本报表都是对内报表。（　　）

5. 个性消费、交易频繁和数量零星是批发企业商品经营的重要特点。（　　）

6. 医院成本包括科室直接成本和科室间接成本。（　　）

四、业务训练

(一)目的：施工企业成本核算训练。

(二)资料：202×年10月，越华建筑公司发生的部分成本费用如表8-15所示。

表8-15　成本费用

202×年10月　　　　　　　　　　　　　　　　　　　　　　　　　　　金额单位：元

工程核算对象	人工费用		材料费用			机械作业	
	安装工人	其他职工	钢材	水泥	其他材料	挖土机	搅拌机
甲工程	100 000	20 000	150 000	60 000	12 000	24 000	18 000
乙工程	150 000	30 000	120 000	90 000	15 000	16 000	24 000
合计	250 000	50 000	270 000	150 000	27 000	40 000	42 000

发生的各项间接费用86 000元，按照工程直接成本比例进行分配。

(三)要求：根据表8-15及相关资料，编制费用分配表和会计分录。

第9章 成本控制与成本考核

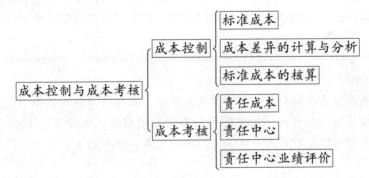

知识目标

1. 理解标准成本控制的内涵和作用
2. 掌握成本差异的计算模式
3. 掌握成本差异的账务处理
4. 理解责任成本的意义与特点

职业目标

1. 掌握标准成本制定的方法
2. 理解成本差异分析
3. 掌握标准成本的核算
4. 掌握责任成本考核的方法

知识结构导图

成本控制与成本考核
- 成本控制
  - 标准成本
  - 成本差异的计算与分析
  - 标准成本的核算
- 成本考核
  - 责任成本
  - 责任中心
  - 责任中心业绩评价

20 世纪 30 年代，美国会计师查特·哈里森出版的《标准成本》一书详细地介绍了分析成本差异的明细公式、配套完成的分类账户以及成本差异分析的方法。至此，"标准成本法"由理论走向应用，其应用对美日等发达国家企业的成本管理实践发挥了重要作用。

我国于 20 世纪 70 年代与 80 年代之交引入标准成本控制体系，由此，国内展开大量有关标准成本法的理论研究和实践，并逐步实现了电算化，为向管理会计迈出了重要一步。

问题思考：标准成本控制在现代成本会计中的地位如何？

9.1　成本控制

成本控制是在企业生产经营过程中，按照既定的成本目标，对产品生产所产生的成本和经营费用进行严格计算、调节和监督，及时发现实际成本、费用与目标成本、费用的差异，采用有效措施保证产品实际成本在预算的标准范围内的一种管理行为。目前，成本控制的方法主要包括标准成本控制法、目标成本控制法、责任成本控制法。本节主要阐述标准成本控制法。

9.1.1　标准成本

9.1.1.1　标准成本控制的含义

标准成本控制是指预先制定标准成本，并将实际成本与标准成本进行比较，揭示成本差异，分析差异原因，明确经济责任，消除差异，并据以采取相应措施，实现对成本有效控制的系统。

小贴士

标准成本系统是泰勒制的一个重要组成部分，泰勒强调提高效率，以运用作业时限规定制定工作标准作为对实际工作评价和考核的根据。哈里森在 1911—1920 年设计世界第一套完整的标准成本系统，往后不断完善，标准成本会计成为广泛使用的成本控制方法。

标准成本控制一般适用于产品品种较少而数量巨大的生产企业，尤其是存货品种变动不大的企业，应用标准成本控制对企业的管理有很高的要求。单件、小批和试制性生产企业因为要反复制定、修改标准成本，得不偿失，较少采用。

9.1.1.2　标准成本控制的作用

标准成本控制是实现成本控制的一种有效手段，主要作用有以下几点。

1．可简化成本核算

材料的收发存、生产工时和人工均以标准成本直接入账，这样大大简化了账务处理工作的难度。期末，将标准成本与成本差异重新组合，便能计算出产品实际成本。

2．便于成本控制

标准成本控制的应用就是一个成本控制过程，标准成本是对成本的初步控制，成本分析则是进一步控制。分析差异原因，有助于找出成本节约或超支的节点，进而加强对成本的控制。

3．为企业经营管理者提供决策依据

标准成本控制可以量化决策，剔除不合理因素，对于选优和鉴别具有重要参考价值。

9.1.1.3　标准成本制定

制定标准成本是标准成本控制的首要环节，应根据企业生产经营的具体条件制定。标准成本的制定通常只是针对产品的生产成本，对管理费用和销售费用一般采用编制预算的方法进行控制。产品的标准成本一般由直接材料、直接人工和制造费用三部分组成，所以标准成本制定就是按用量标准乘以价格标准分别计算各成本项目的标准成本，然后汇总确定产品的标准成本。

1．直接材料标准成本的制定

（1）用量标准。在现有技术条件和管理水平下，单位产品生产所耗用的材料数量，其中包含构成产品的实体材料、生产中必要的损耗和不可避免产生的废品所用的材料。制定材料用量标准时应按各种材料分别计算。

（2）价格标准。以采购合同为基础，综合考虑其他的各种变动因素，确定各材料的价格标准，包含买价、运杂费及合理范围内的损耗。制定价格标准应充分考虑市场环境及其变化趋势、供货单位的报价和最佳批量采购等因素。

根据用量标准和价格标准，直接材料标准成本可表示为：

$$直接材料标准成本＝单位产品的用量标准×材料的价格标准$$

2．直接人工标准成本的制定

直接人工标准是由直接人工工时（用量）标准和工资率标准共同确定的，其计算公式为：

$$直接人工标准成本＝单位产品工时标准×单位工时工资率$$

其中，标准工时是指在现有技术条件和管理水平下，单位产品生产所消耗的生产工时，又称工时定额，一般包含产品加工消耗的人工工时，必要的间歇和停工时间及不可避免的废品生产所耗用的工时。标准工资率是每一标准工时应分配的工资数额，其计算公式为：

$$标准工资率＝预计直接人工标准工资总额÷标准总工时$$

3．制造费用标准成本的制定

制造费用是产品成本中除直接材料费用和直接人工费用以外的所有费用。制造费用的标准成本通常按部门分别编制，然后将同一产品涉及的各部门单位制造费用标准予以汇总，得到该产品的制造费用标准成本。制造费用标准成本的制定可分为变动制造费用标准

成本和固定制造费用标准成本两个部分。

（1）变动制造费用标准成本制定。变动制造费用的用量标准与直接人工标准成本制定中所确定的单位产品工时标准相同。其计算公式为：

变动制造费用标准分配率＝变动制造费用预算总额÷标准总工时

单位产品变动制造费用标准成本＝单位产品工时标准×变动制造费用标准分配率

式中，变动制造费用预算总额应根据企业不同的生产活动水平确定，以便弹性地表现其预算。

（2）固定制造费用标准成本制定。该费用标准成本的制定应视企业的成本计算方法而定。在变动成本法下，固定制造费用属于期间成本，作为边际成本的扣减项目，不存在分配率标准问题。在完全成本法下，产品成本中包含固定制造费用，需要制定其标准成本，具体计算公式为：

固定制造费用标准分配率＝固定制造费用预算总额÷标准总工时

单位产品固定制造费用标准成本＝单位产品工时标准×固定制造费用标准分配率

应注意的是，固定制造费用预算总额与生产活动水平无关。

汇总确定产品的标准成本时，企业可通过编制标准成本卡来反映其产成品标准成本的具体构成。

【例9-1】202×年年初，佛山亿达企业制定的产能标准工时为40 000小时，直接人工工资为280 000元，变动制造费用预算总额为80 000元，固定制造费用预算总额为120 000元。假定甲产品的直接人工工时定额为80小时，直接材料的消耗定额为20千克，材料的标准单价为30元。

甲产品的标准成本计算过程：

工资标准＝280 000÷40 000＝7（元/小时）

变动制造费用分配率＝80 000÷40 000＝2（元/小时）

固定制造费用分配率＝120 000÷40 000＝3（元/小时）

编制甲产品的标准成本卡，如表9-1所示。

表9-1　甲产品的标准成本卡

成本项目	价格标准	用量标准	标准成本
直接材料	30元/千克	20千克	600元
直接人工	7元/小时	80小时	560元
变动制造费用	2元/小时	80小时	160元
固定制造费用	3元/小时	80小时	240元
单位产品标准成本			1 560元

9.1.2　成本差异的计算与分析

在标准成本控制下，成本差异是反映有关责任中心的工作质量和业绩的重要信号，对其产生原因和责任的分析，以及相应措施的采取构成了成本控制的重要内容。

9.1.2.1　成本差异的含义及分类

1. 成本差异的含义

成本差异是指产品实际成本与标准成本的差额。如果实际成本超过标准成本，所形成的差异称为不利差异，用字母 U 表示；如果实际成本低于标准成本，所形成的差异称为有利差异，用字母 F 表示。成本控制必须消除不利差异，发展有利差异，以降低成本。

2. 成本差异的分类

按成本差异形成的原因和性质，成本差异的分类如下。

（1）价格差异和用量差异。价格差异是指实际价格脱离标准价格所形成的差异。价格差异在直接材料差异中称为材料价格差异，在直接人工差异中称为工资率差异，在变动制造费用差异中称为变动制造费用预算差异。价格差异基本计算公式为：

$$价格差异 =（实际价格-标准价格）\times 实际产量下的实际用量$$
$$=价格差 \times 实际产量下的实际用量$$

> **小贴士**
> 计算直接材料价格差异时，价格是指直接材料的单价，用量为直接材料的耗用量；计算直接人工价格差异时，价格是指直接人工工资率，用量为生产产品所需工时；计算变动制造费用预算差异时，价格是指变动制造费用分配率，用量为生产产品所需工时。

用量差异是指实际的单位耗用量脱离标准的单位耗用量所产生的差异。数量差异的计算公式为：

$$数量差异 = 标准价格 \times（实际产量下的实际用量-实际用量下的标准用量）$$
$$= 标准价格 \times 实际产量下的用量差$$

差异分析通用模式如图 9-1 所示。

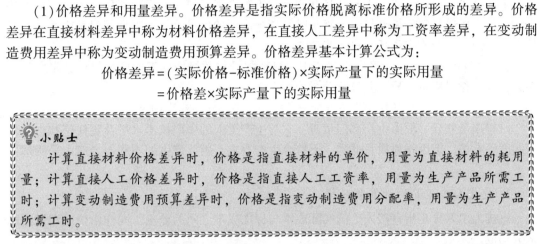

图 9-1 差异分析通用模式

（2）预算差异和能量差异。固定制造费用成本可分为预算差异和能量差异。实际固定制造费用与固定制造费用预算的差异称为预算差异。预算产量标准工时与实际产量标准工时不同所产生的差异称为能量差异，可分为能力差异和效率差异。

> **小贴士**
> 能力差异是因预算产量标准工时与实际产量实际工时不同所产生的成本差异。效率差异是因实际消耗总工时与实际产量应消耗的标准工时不同所产生的成本差异。

9.1.2.2 成本差异的计算与分析

1. 直接材料成本差异的计算与分析

直接材料成本差异是指直接材料的实际成本与标准成本之间的差异。它包括材料价格差异和材料用量差异两个部分。

（1）材料价格差异。实际采购的材料数量按实际价格计算与按标准价格计算之间的差异，称为材料价格差异。其计算公式为：

$$材料价格差异 = 实际数量 \times (实际价格 - 标准价格)$$

式中，实际数量是一定时期的采购数量，非实际耗用量。

采购批量、交货方式、采购数量和购货折价等因素任何一方面脱离标准成本预算的要求时，都会形成材料价格差异。不管是哪种情况出现的价格差异，管理部门都应查明差异的真实原因，以便确定责任，进一步改进工作。

（2）材料用量差异。生产中实践耗用的材料数量与按标准计算的应耗材料数量之间的差异，称为材料用量差异。其计算公式为：

$$材料用量差异 = 标准价格 \times (实际用量 - 标准用量)$$

材料用量差异一般由生产部门负责，它与生产工人的生产技术水平及责任感和材料保管制度等有关。但因材料质量低劣，不符合生产要求，由此产生的不利差异应由采购部门负责。

2. 直接人工差异的计算和分析

直接人工差异是指直接人工的实际成本与标准成本之间的差额，同样由价差和量差两部分构成。

（1）直接人工价格差异。直接人工价格差异也称工资率差异，是指按实际工资率计算的人工成本与按标准工资率计算的人工成本之间的差异。其计算公式为：

$$直接人工工资率差异 = 实际工时 \times (实际工资率 - 标准工资率)$$

产生该种差异的主要原因包括工人调度不当、高工资干低工资的工作、工资率变动后原工资率未修改、工资率的计算方法变更等。上述情形主要发生在生产车间，但也有可能出现在人力资源部门等责任部门。

（2）直接人工用量差异。直接人工用量差异也称人工效率差异，是指标准工资率按实际工时计算的人工成本与按标准工时计算的人工成本之间的差额。其计算公式为：

$$直接人工效率差异 = 标准工资率 \times (实际工时 - 标准工时)$$

人工效率差异产生的主要原因包括生产工人技术水平不熟练、材料或部件供应不及时、设备故障、材料不合用、生产计划安排不当等，造成生产工人的工作偏离预期的标准效率水平。上述原因主要发生在生产车间，但也有可能发生在人力资源部门、材料供应部门等。

【例9-2】202×年年初，佛山恒亿企业某工种加工 A 部件 120 个，实际耗用工时 520 小时，该工种加工 A 部件的标准工时为 4.5 小时，其标准工资率为 7 元，实际工资率为 7.2 元。

直接人工效率差异 = 7×(520-120×4.5) = -140(元)（有利差异）

直接人工工资率差异 = 520×(7.2-7) = 104(元)（不利差异）

直接人工成本差异 = -140+104 = -36(元)（有利差异）

计算结果表明，直接人工成本节约 36 元，其中生产工时的减少节约了 140 元成本，而实际工资率的增加导致成本增加 104 元。

3. 变动制造费用差异的计算与分析

变动制造费用差异是指一定产量产品的实际变动制造费用与标准变动制造费用之间的差额。它由耗用差异和效率差异两部分构成。

（1）变动制造费用耗用差异。变动制造费用耗用差异又称价格差异，是指实际工时按变动制造费用实际分配率与按变动制造费用标准分配率之间的差额。其计算公式为：

变动制造费用耗用差异=实际工时×(变动制造费用实际分配率−变动制造费用标准分配率)

（2）变动制造费用效率差异。它是指按生产实际耗用工时计算的变动制造费用与按标准工时计算的变动制造费用之间的差额。其计算公式为：

变动制造费用效率差异=变动制造费用标准分配率×(实际工时−标准工时)

【例9-3】佛山恒亿企业某生产车间变动制造费用实际发生额为35 420元，实际消耗工时2 450小时，标准生产工时为2 430小时，变动制造费用标准分配率为15元。

变动制造费用差异计算过程：

变动制造费用差异=35 420−2 430×15=−1 030(元)

效率差异=(2 450−2 430)×15=300(元)

耗用差异=2 450×[(35 420÷2 450)−15]=−1 330(元)

计算结果表明，变动制造费用成本节约1 030元，其中生产工时的增加导致成本增加300元，而费用分配率的减少节约成本1 330元。

变动制造费用耗用差异的原因主要是间接材料、间接人工的耗用水平差异，也可能是间接材料的价格、间接人工的工资率水平差异所致；变动制造费用效率差异产生的主要原因在于机器或人工的工作效率。

4. 固定制造费用差异的计算与分析

在完全成本法下，对固定制造费用一般采取固定预算方式进行控制。由于实际耗用工时与预算标准不一致，而固定制造费用的实际发生数与预算数也可能存在出入，因此就产生了固定制造费用差异。其计算公式为：

固定制造费用成本差异=实际固定制造费用−标准固定制造费用

标准固定制造费用=固定制造费用标准分配率×标准工时

固定制造费用标准分配率=预算固定制造费用÷预算工时

固定制造费用成本差异的计算与分析，通常有两因素法和三因素法。

（1）两因素法。两因素法是将固定制造费用成本差异分为预算差异和能量差异。其计算公式为：

预算差异=固定制造费用实际支付数−固定制造费用预算数

能量差异=固定制造费用预算数−固定制造费用标准成本

=固定制造费用标准分配率×(产能标准总工时−实际产量应耗标准工时)

式中，如果预算产量与实际产量一致，此时能量差异为0；如果预算产量与实际产量不一致，就会产生能量差异。若实际产量小于预算产量，能量差异提示管理层，已经发生了损失。

【例9-4】兴旺企业202×年6月固定制造费用预算总额为40 000元，生产A产品，单位产品标准工时3小时，月产能力2 400件，预计应完成机器工时8 000小时。本月实际完成A产品2 380件，实际耗用机器工时7 600小时，实际发生固定制造费用38 900元。

要求：用两因素法计算固定制造费用差异。

固定制造费用差异的计算过程：

总差异=38 900−2 380×3×40 000÷8 000=3 200(元)

预算差异=38 900-40 000=-1 100（元）

能量差异=40 000÷8 000×（8 000-2 380×3）=4 300（元）

计算结果表明，固定制造费用的实际数小于预算额，节约1 100元。但因实际产量应耗标准工时小于产量标准工时，导致成本增加4 300元。

（2）三因素法。在三因素法下，固定费用差异分为耗费差异、效率差异和闲置能量差异三部分。它与两因素法没有实质区别，只是在两因素法下把能量差异分成了效率差异和闲置能量差异两部分。其计算公式为：

耗用差异=固定制造费用实际支付数-固定制造费用预算数

效率差异 =固定制造费用标准分配率×（实际耗用工时-实际产量应耗标准工时）

闲置能量差异=固定制造费用标准分配率×（产能标准总工时-实际耗用工时）

【例9-5】承【例9-4】有关资料，用三因素法计算固定制造费用差异。

固定制造费用差异计算过程：

总差异=38 900-2 380×3×40 000÷8 000=3 200（元）

预算差异=38 900-40 000=-1 100（元）

效率差异=40 000÷8 000×（7 600-2 380×3）=2 300（元）

闲置能量差异=40 000÷8 000×（8 000-7 600）=2 000（元）

计算结果表明，效率差异和闲置能量差异就是能量差异的进一步分解。由于影响固定制造费用的因素较多，上述计算结果不便对每个因素进行控制和考核，因此必须将固定制造费用项目的静态预算与实际发生数进行对比，进一步分析差异原因，以便采取相应应对措施。

9.1.3　标准成本的核算

一个系统性的标准成本控制应是成本核算和成本控制有机结合，其中成本核算包括制定产品的标准成本和处理差异两个核算部分。

> **知识链接**
>
> 企业应在年底为成本计算对象按成本项目制定下一年标准成本，即制定料工费标准价格、工资率和制造费用的小时率等。

9.1.3.1　设置标准成本控制账户

1. 标准成本账户设置

企业应设置"原材料""生产成本""库存商品"等账户及其明细账进行产品标准生产的日常核算，其借方、贷方金额都按标准成本入账。"生产成本""库存商品"等明细账应按成本项目设置专栏。

2. 设置成本差异账户

为了归集日常核算过程中计算的成本差异，应设置各个成本差异账户进行核算。按具体成本差异的内容设置账户包括两种情形。

（1）按大类成本项目设置差异账户，包括"直接材料成本差异""直接人工成本差异""变动制造费用成本差异""固定制造费用成本差异"等，同时在每个账户下按差异形成的原因设明细账。在变动成本法下，可不设置"固定制造费用成本差异"账户。

（2）按具体差异设置账户，包括"直接材料用量差异""直接材料价格差异""直接人工工资效率差异""直接人工效率差异""变动制造费用效率差异""变动制造费用耗用差异""固定制造费用预算差异""固定制造费用能量差异""固定制造费用效率差异"九个（固定制造费用差异采用三因素法）差异账户。各账户的借方核算发生的不利差异，贷方核算发生的有利差异。

9.1.3.2　成本差异的归集

在标准成本法下，本期发生的成本差异应及时在有关账户上记录。不利差异借记在有关成本差异账户，有利差异贷记在有关成本差异账户。通常，在实际成本发生并计算与分析时作相关的账务处理。

【例9-6】202×年9月，恒方企业生产甲产品，预计月产量1 200件，单位产品标准用量6小时。本月实际投产1 100件，全部完工，月初无在产品和产成品。本月销售1 050件，售价200元。

有关甲产品单位标准成本资料如表9-2所示。

表9-2　甲产品单位标准成本资料

成本项目	标准单价、工资率、分配率	标准用量	标准成本
直接材料	4元	20千克	80元
直接人工	6元	4小时	24元
变动制造费用	3元	4小时	12元
固定制造费用	5元	4小时	20元
单位产品标准成本			136元

恒方企业成本费用预算情况：固定制造费用24 000元，变动制造费用13 200元，固定销售费用6 500元，变动销售费用8元/件，行政管理费用8 000元。

该企业本月发生的有关经济业务有：（1）3日采购一批材料10 000千克，价格3.6元/千克；15日采购一批材料14 000千克，价格4.1元/千克。这两批材料都用于生产甲产品。（2）本月耗用生产工时4 320小时，每小时实际工资率为6.2元。（3）固定制造费用为22 800元，变动制造费用为12 900元。（4）发生固定销售费用5 900元，变动销售费用8 600元，行政管理费用8 200元。

假设采购材料款项全部已通过银行转账支付，工资通过现金支付。

（1）有关原材料购进与发出的账务处理。

3日采购材料成本差异：

借：原材料　　　　　　　　　　　　　　　　　　40 000
　　贷：银行存款　　　　　　　　　　　　　　　　　36 000
　　　　直接材料价格差异[10 000×(4-3.6)]　　　　4 000

15日采购材料：

借：原材料　　　　　　　　　　　　　　　　　　56 000
　　直接材料价格差异[14 000×(4-4.1)]　　　　　1 400
　　贷：银行存款　　　　　　　　　　　　　　　　　57 400

发出材料的处理：

借：生产成本——基本生产成本　　　　　　　　　　　88 000

　　　直接材料用量差异［4×(24 000-22 000)］　　　　8 000

　　　　贷：原材料　　　　　　　　　　　　　　　　　　96 000

(2)有关直接人工的账务处理。

实际支付人工费用：

借：应付职工薪酬——工资等(4 320×6.2)　　　　　26 784

　　　　贷：库存现金　　　　　　　　　　　　　　　　　26 784

人工费用计入产品成本：

借：生产成本——基本生产成本　　　　　　　　　　　26 400

　　　直接人工工资率差异［4 320×(6.2-6)］　　　　　864

　　　　贷：应付职工薪酬——工资等　　　　　　　　　26 784

　　　　　直接人工效率差异[6×(4 320-4 400)]　　　　480

(3)制造费用的账务处理。

实际发生制造费用：

借：变动制造费用　　　　　　　　　　　　　　　　　12 900

　　　固定制造费用　　　　　　　　　　　　　　　　　22 800

　　　　贷：累计折旧等　　　　　　　　　　　　　　　35 700

变动制造费用计入产品成本：

借：生产成本——基本生产成本　　　　　　　　　　　13 200

　　　　贷：变动制造费用耗费差异[12 900-4 320×3]　　60

　　　　　变动制造费用效率差异[3×(4 320-4 400)]　　240

　　　　　变动制造费用　　　　　　　　　　　　　　　12 900

固定制造费用计入产品成本：

借：生产成本——基本生产成本　　　　　　　　　　　22 000

　　　固定制造费用闲置能量差异[5×(4 800-4 320)]　　2 400

　　　　贷：固定制造费用耗费差异(22 800-24 000)　　1 200

　　　　　固定制造费用效率差异[3×(4 320-4 400)]　　400

　　　　　固定制造费用　　　　　　　　　　　　　　　22 800

(4)产品的入库账务处理。

借：库存商品(136×1 100)　　　　　　　　　　　　149 600

　　　　贷：生产成本——基本生产成本　　　　　　　149 600

(5)产品销售收入与结转产品销售成本的账务处理。

产品销售收入取得时：

借：银行存款　　　　　　　　　　　　　　　　　　210 000

　　　　贷：主营业务收入　　　　　　　　　　　　　210 000

结转销售成本时：

借：主营业务成本　　　　　　　　　　　　　　　　142 800

　　　　贷：库存商品　　　　　　　　　　　　　　　142 800

（6）销售及行政管理费用的账务处理。

借：变动销售费用   8 600

    固定销售费用   5 900

    管理费用   8 200

    贷：各有关账户   22 700

9.1.3.3 期末成本差异的账务处理

会计期末对本期的成本差异的账务处理主要有直接处理法和递延法两种。

1. 直接处理法

该方法将本期发生的各种成本差异全部计入销售成本，全部从利润收入项下扣减，不再分配给期末在产品和完工产成品。采用该法的依据在于本期差异体现了本期成本控制的业绩，要在本期利润上予以反映，把各种差异视同销售成本，符合权责发生制要求。

【例9-7】沿用【例9-6】的有关资料，采用直接处理法进行差异处理。月末，根据各成本差异账户，编制成本差异汇总表，如表9-3所示，将各成本差异相互抵减后净额作为产品销售成本的调整项目。

表9-3 成本差异汇总表   金额单位：元

账户名称	借方（不利差异）	贷方（有利差异）
直接材料价格差异	1 400	4 000
直接材料用量差异	8 000	
直接人工工资率差异	864	
直接人工效率差异		480
变动制造费用耗用差异		60
变动制造费用效率差异		240
固定制造费用耗用差异		1 200
固定制造费用效率差异		400
固定制造费用闲置能量差异	2 400	
合计	12 664	6 380
差异净额	6 284	

将已发生的差异转入9月产品销售成本：

借：主营业务成本   6 284

    直接材料价格差异   4 000

    直接人工效率差异   480

    变动制造费用效率差异   240

    变动制造费用耗用差异   60

    固定制造费用效率差异   400

    固定制造费用耗用差异   1 200

        贷：直接材料价格差异   1 400

        直接材料用量差异   8 000

| 直接人工工资率差异 | 864 |
| 固定制造费用闲置能量差异 | 2 400 |

2. 递延法

递延法是将本期的各种成本差异按标准成本的比例分配给期末的在产品、产成品和已销售产品。此方法强调成本差异的产生与存货、销货都有关联，不应全由销售产品负担，应有一部分随期末存货转入下期。这种方法可以确定实际成本，但计算复杂，西方国家一般采用直接处理法。

9.2 成本考核

成本考核是指在财务报告期结束后，通过报告期的实际成本与定额指标、预算指标进行对比，以此来评价成本管理工作绩效，并促进改善管理的一项工作。成本考核是成本管理的最后一个环节，考核的方法很多，如成本归口管理、班组分级管理和责任成本等，其中，责任成本会计考核是当前较为流行的成本考核和评价方法。

9.2.1 责任成本

9.2.1.1 责任成本的含义

将企业的经营责任层层落实到各责任中心，然后对各责任中心所发生的耗费进行核算，以客观、准确地反映各责任中心的经营绩效。这种以责任中心进行归集的成本就成为责任成本，责任成本是随着责任会计的产生与发展而兴起的。

9.2.1.2 责任成本的分类

责任成本计算需要确定可控成本和不可控成本，前者是考核的基础，但可控与不可控只是一个相对概念，在一定条件下是可以转换的。

1. 可控成本

可控成本是指在责任中心内部能为该责任中心控制及为其工作的优劣所影响的成本，它是责任成本的关键部分，不受发生区域的影响。可控成本的确定应满足三个条件：一是责任中心清楚将发生耗费的性质；二是责任中心能对发生的耗费进行计量；三是责任中心有能力对耗费进行控制。

2. 不可控成本

不可控成本是责任中心不能直接控制和调节的，不受该中心生产经营活动和日常管理工作影响的成本。这是无法选择或不存在选择余地的成本，如责任中心的上一层次转来的固定资产折旧费、人工费用等。

不可控成本与可控成本的区分与责任中心所处的管理层次、管理权限和控制范围相关，对于整个企业来说，所有成本都是可控的，但对于分厂、车间和班组来说各自的专属成本是可控的，而对于来自上层统一管理的劳动统一用工费用等是不可控的。所以，区分可控成本与不可控成本是界定责任中心的成本责任范围并进行责任中心的成本控制和业绩考核的基础。

9.2.2　责任中心

责任中心是责任会计的核算单位,内部根据管理权限承担一定的经济责任,并享有一定权利的企业内部(责任)单位,是实施责任会计的前提和基础。按中心的管理权限范围来分,责任中心可分为成本中心、利润中心和投资中心三种类型。

1. 成本中心

成本中心是指只对成本或费用负责的责任中心。成本中心的范围很广,只要有成本费用的地方都可以建立成本中心,从而在企业内部形成层层控制、层层负责的成本中心体系,包括技术性成本中心和酌量性成本中心。

> **小贴士**
>
> 技术性成本是指发生的数额通过技术分析可以相对可靠地估算出来的成本,如产品生产过程中发生的直接材料、直接人工、间接制造费用等。酌量性成本是否发生以及发生数额的多少是由管理人员的决策所决定的,主要包括各种管理费用和某些间接成本项目。

成本中心的主要特征是只考虑耗费,只对可控成本承担责任,控制和降低责任成本是其工作的核心。成本中心的目标是在保证质量完成生产任务或做好管理工作的基础上,控制及降低成本费用。

成本中心在进行成本控制时需要对成本的合理性进行评判,因此制定一套标准成本作为判断尺度成为成本中心的最大特点。成本中心经理对产出耗用的成本和数量负责,同时设立时间和质量标准。典型的成本中心存在于制造企业的生产部门,因为在制造过程中,直接费用的投入能与产出形成明确的比例关系,可以建立标准成本中心。当然,对于不能明确投入与产出的部门,也可建立成本中心,即费用中心。制造企业的成本中心构成如图9-2所示。

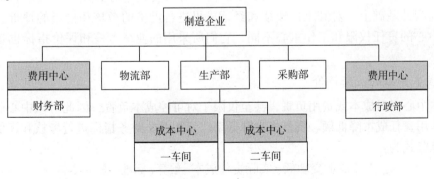

图9-2　制造企业的成本中心构成

2. 利润中心

利润中心是不仅对成本负责,也对收入和利润负责的责任中心。该中心具有独立或相对独立的收入和生产经营决策权,但没有责任或权力决定中心资产投资的水平,因而可以根据利润来评价该中心的业绩。

利润中心最大的特点是考核可控利润，即责任利润。利润中心包括自然利润中心和人为利润中心两种类型。自然利润中心是直接向公司外销售产品或提供劳务取得实际收入，给企业带来利润的责任中心。人为利润中心是在企业内部按内部结算价格将本部门的产品或劳务提供给本企业其他责任中心取得收入，实现内部利润的责任中心。一般来说，只要能够制定合理的内部转移价格，就可以将企业大多数生产半成品或提供劳务的成本中心改造成人为利润中心。

3. 投资中心

投资中心是指对成本、收入、利润及投资效果都负责的责任中心，它是比利润中心更高层次的责任中心。

与利润中心相比，投资中心有投资决策权，考核时须考虑所占资产的投资报酬率，如集团公司的子公司、分公司和事业部等。可以这样说，投资中心是利润中心的一般形式，其所获利润与其所使用的创造利润的资产相关联，它拥有最大的决策权，责任也是最大的。投资中心必然是利润中心，但利润中心并不一定是投资中心。成本中心、利润中心和投资中心关系如图9-3所示。

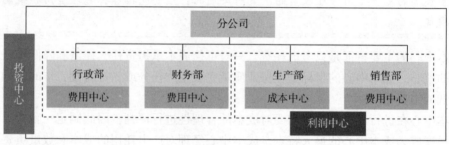

图9-3　成本中心、利润中心和投资中心关系

9.2.3　责任中心业绩评价

为确保责任中心的各项事宜得到有效贯彻，有关责任中心必须在正确核算责任成本和责任利润的基础上，对其工作成绩和经营成果进行严格的考核和恰当的评价。由于不同责任中心的责任权限和工作重心不同，它们所采用的业绩考核和评价指标也是存在差异的。

1. 成本中心的业绩评价

成本中心只对成本或费用负责，甚至仅限于对可控成本负责，因此对该中心业绩的评价主要采用责任成本降低额、责任成本降低率以及相关非财务指标进行考核和评价。考核评价计算公式为：

$$责任成本变动额 = 实际责任成本 - 预算（标准）责任成本$$
$$责任成本变动率 = 责任成本变动额 \div 预算（标准）责任成本$$

【例9-8】202×年8月，佛山亿达企业有甲、乙两个成本中心，其有关标准责任成本和本期发生的可控成本如表9-4所示。

表9-4　责任成本相关数据表　　　　　金额单位：元

成本中心		标准责任成本	实际责任成本	责任成本变动额	责任成本变动率
甲	直接材料	300 000	290 000	−10 000	−3.3%
	直接人工	160 000	165 000	5 000	3.1%
	变动制造费用	50 000	48 000	−2 000	−4%
	固定制造费用	70 000	70 000	0	0%
	合计	580 000	573 000	−7 000	−1.2%
乙	直接材料	240 000	250 000	10 000	4.2%
	直接人工	120 000	118 000	−2 000	−1.7%
	变动制造费用	30 000	28 000	−2 000	−6.7%
	固定制造费用	50 000	56 000	6 000	12%
	合计	440 000	452 000	8 000	1.8%

从表9-4可以看出，甲成本中心的实际责任成本比标准责任成本减少了1.2%，乙成本中心的实际责任成本比标准责任成本超出了1.8%，由此可见，甲成本中心更好地完成了预算。其中甲、乙成本中心的材料耗用量、变动制造费用是造成两个成本中心完成情况相差的最重要原因，应采取积极措施纠正偏差。

2. 利润中心的业绩评价

利润是利润中心考核的主要指标，是组织单位经济成果的反映，但并不是所有经济效果的体现。由于不同类型、不同层次的利润中心可控范围不尽相同，由此，各利润中心的业绩评价指标也不尽相同，通常采用的指标有边际贡献、部门可控边际贡献和部门营业利润。

（1）边际贡献。边际贡献是在成本习性基础上，销售收入减去变动成本的余额，而销售收入、变动成本是利润中心管理者能够控制的两个因素。其计算公式为：

$$边际贡献=销售收入-变动成本$$
$$=固定成本+利润$$

由此可见，边际贡献是一个与固定成本有关的概念，增加固定成本支出可以增加边际贡献，如果仅用边际贡献来评价利润中心的业绩，则不足以体现该中心盈利能力的。

【例9-9】承【例9-8】，若甲、乙两个成本中心有对应的利润中心丙和丁，有关数据如表9-5所示。

表9-5　利润中心的有关数据　　　　　金额单位：元

项目	利润中心丙	利润中心丁
销售收入	725 000	620 000
减：变动成本	503 000	402 000
边际贡献	222 000	218 000

从表9-5可以看出，利润中心丙的边际贡献大于利润中心丁，也就说明丙能为佛山亿达企业创造更高的边际贡献。但是仅仅依据边际贡献来评价两大利润中心的业绩是不够全面的，其中两个利润中心的管理者可能控制某些固定成本，为了提高边际贡献，它们会更

倾向增加固定成本的支出而减少变动成本，虽然总成本不变，但会影响业绩。

（2）部门可控边际贡献。为避免利润中心的管理者可能增加固定成本支出而减少变动成本支出以提高边际贡献的做法，用利润中心剔除可控固定成本的结果，即部门可控边际贡献。其计算公式为：

部门可控边际贡献＝边际贡献－可控固定成本

【例9-10】承【例9-9】，利润中心丙和丁的部门可控边际贡献的计算如表9-6所示。

表9-6　部门可控边际贡献计算表　　　　　　　　　　金额单位：元

项目	利润中心丙	利润中心丁
销售收入	725 000	620 000
减：变动成本	503 000	402 000
边际贡献	222 000	218 000
减：可控固定成本	65 000	49 000
部门可控边际贡献	157 000	169 000

通过表9-6可以发现，利润中心丁的部门可控边际贡献大于丙，反映出在其权限和控制范围内，利润中心丁的管理者使用资源的能力强于利润中心丙。采用部门可控边际贡献的缺点是可控固定成本与不可控固定成本区分较为困难。

（3）部门营业利润。部门可控边际贡献只是减去可控固定成本，而不可控固定成本没有剔除，尚不能很好地反映利润中心的营业利润，因此采用部门营业利润（即部门可控边际贡献减去不可控固定成本的余额）来评价利润中心对企业利润和管理费用的贡献。

【例9-11】承【例9-10】，利润中心丙和丁的部门营业利润计算如表9-7所示。

表9-7　部门营业利润计算表　　　　　　　　　　金额单位：元

项目	利润中心丙	利润中心丁
销售收入	725 000	620 000
减：变动成本	503 000	402 000
边际贡献	222 000	218 000
减：可控固定成本	65 000	49 000
部门可控边际贡献	157 000	169 000
减：不可控固定成本	5 000	3 000
部门营业利润	152 000	166 000

从表9-7可以看出，利润中心丁的部门营业利润大于利润中心丙。采用营业利润作为利润中心的业绩评价可以更加合理地考核和评价该部门对公司利润和管理费用的贡献，但不适用于对部门管理者的贡献评价。

3. 投资中心的业绩评价

投资中心是层次最高的责任中心，适用于企业集团的分公司、子公司，它们拥有最大的经营决策权，也要承担最大的责任。评价投资中心业绩的主要财务指标通常包括部门投资报酬率和剩余收益两个指标。

（1）部门投资报酬率。部门投资报酬率是指部门营业利润除以该部门所拥有的资产额，是考核和评价投资中心的最常见指标。其计算公式为：

$$部门投资报酬率=部门营业利润÷部门平均资产$$

$$部门平均资产=(部门期初资产+部门期末资产)÷2$$

【例9-12】佛山伊达公司有两个投资中心A、B，有关数据如表9-8所示。

表9-8　投资中心数据表　　　　　　　金额单位：元

项目	投资中心A	投资中心B
部门营业利润	152 000	166 000
平均总资产	600 000	540 000
部门投资报酬率	25.3%	30.7%

从表9-8可知，投资中心A的投资报酬率低于投资中心B。

部门投资报酬率根据现有资料计算得出，比较客观，可用于部门之间及不同行业之间的比较。投资人和管理者比较关注投资报酬率，用这个指标来评价部门的业绩，利于本部门的投资报酬率提高，从而改善整个企业的投资报酬率。但利用该指标评价也存在一些不足，部门管理者会偏向于选择资本成本高于目前投资报酬率的机会，使本部门获得好评，但会影响公司的整体战略。

(2)剩余收益。投资中心获得的利润，扣除投资额(净资产占用额)按规定的最低收益率计算的投资收益后的余额称为剩余收益，即部门的营业利润超过最低预期收益的部分。其计算公式为：

$$剩余收益=部门营业利润-净资产最低收益$$

$$=部门营业利润-部门平均总资产×最低收益率$$

【例9-13】承【例9-12】有关数据如表9-9所示。

表9-9　投资中心剩余收益计算表　　　　　　金额单位：元

项目	投资中心A	投资中心B
部门营业利润	152 000	166 000
平均总资产	600 000	540 000
最低投资报酬率	18.3%	23.7%
部门剩余收益	42 200	38 020

从表9-9可知，虽然投资中心A的营业利润小于投资中心B，而且投资中心B的部门投资报酬率也高于投资中心A，但由于投资中心B的净资产最低收益率高于投资中心A，由此导致投资中心A的剩余收益大于投资中心B，投资中心A在投资中心业绩评价中将处于有利地位。

显而易见，剩余收益指标的评价更利于让投资中心业绩评价与公司的整体目标保持一致，倒逼部门管理者采用高于公司资本成本的决策。剩余收益指标是部门投资报酬率指标的重要补充，可以防止本位主义，但有些投资中心为了取得好的业绩评价，不可避免会出现人为操弄数据现象，所以该指标不适合部门之间的业绩对比。

综合上述，各类责任中心的业绩考核和评价主要是基于财务指标的，如果仅采用以上方法进行考核和评价，责任中心的评价结果就会显得很不准确，所以在选定关键财务指标外，还应考虑多种非财务指标，诸如市场占有率、产品质量、顾客满意度、员工满意度、顾客流失率和市场成长率等。基于财务指标结合非财务指标对责任中心的业绩进行评价，才有可能对责任中心的业绩准确评价。

本章小结

标准成本控制是指预先制定标准成本，从而达到既定成本目标的一种成本控制系统。

标准成本控制主要包括制定标准成本、计算与分析成本差异以及处理成本差异三个环节，其核心思想是用标准成本去度量实际成本，分析和处理成本差异，加强成本管理。

标准成本的制定包括直接材料、直接人工和制造费用的标准成本制定，其中制造费用标准成本制定包括变动制造费用标准成本和固定制造费用标准成本制定。

成本差异的计算与分析包括直接材料价格差异和直接材料用量差异、直接人工工资率差异和直接人工效率差异、变动制造费用耗用差异和变动制造费用效率差异。

期末成本差异的账务处理主要包括直接处理法和递延法两种，通常采用的方法是直接处理法。

成本考核是成本管理的最后一个环节，考核的方法很多，其中责任成本会计考核是当前较为流行的成本考核和评价方法。

责任成本会计中关键要弄清楚责任成本和责任中心两个概念，责任中心可分为成本中心、利润中心和投资中心三大类，每类中心都有其考核的财务指标和非财务指标。

关键词

成本控制　　成本考核　　标准成本　　责任成本　　责任中心

复 习 思 考 题

1. 简述标准成本法账务处理的特点。
2. 简述成本差异的含义及期末成本差异的账务处理方法。
3. 论述成本差异的通用模式。
4. 简述责任成本的概念与分类。

同 步 自 测 题

一、单项选择题

1. 下列关于标准成本的说法中，正确的是(　　)。
A. 等同于计划成本　　　　　　　　　B. 是事先制定的目标成本
C. 是一种定额成本　　　　　　　　　D. 适用于大多数企业
2. 标准成本控制的适用范围是(　　)。
A. 适用于产品品种较多的大批量生产企业

B. 适用于产品品种较少的大批量生产企业

C. 适用于小批量、单件产品生产的企业

D. 适用于品种类别较多的多步骤生产的企业

3. 直接材料价格差异是材料价格差与(　　　)的乘积。

A. 实际产量下的实际用量　　　　　　B. 计划产量下的计划用量

C. 标准产量下的标准用量　　　　　　D. 计划产量下的标准用量

4. 单位耗用量脱离标准的单位耗用量所产生的差异称为(　　　)。

A. 用量差异　　　　B. 价格差异　　　　C. 能量差异　　　　D. 工资率差异

5. 固定制造费用差异账户包括"固定制造费用耗用差异""固定制造费用闲置能量差异"和(　　　)账户。

A. "固定制造费用效率差异"　　　　　B. "固定制造费用能量差异"

C. "固定制造费用预算差异"　　　　　D. "固定制造费用价格差异"

6. 在直接处理法下，期末成本差异都转入(　　　)。

A. 管理费用　　　B. 销售费用　　　C. 在产品　　　D. 主营业务成本

7. 剩余收益是(　　　)。

A. 营业利润减去营业成本　　　　　　B. 营业利润减去最低收益

C. 营业利润减去最低收益率　　　　　D. 营业利润减去净资产最低收益

8. 部门可控边际贡献等于(　　　)。

A. 边际贡献减去可控成本　　　　　　B. 边际贡献减去可控固定成本

C. 边际贡献减去可控变动成本　　　　D. 边际贡献减去责任成本

二、多项选择题

1. 期末成本差异的处理方法主要有(　　　)。

A. 直接处理法　　　　　　　　　　　B. 递延法

C. 定额法　　　　　　　　　　　　　D. 不计算成本差异法

2. 在两因素分析法下，固定制造费用可分为(　　　)。

A. 固定制造费用耗用差异　　　　　　B. 固定制造费用能量差异

C. 固定制造费用预算差异　　　　　　D. 固定制造费用闲置能量差异

3. 直接人工标准成本的制定包括(　　　)。

A. 工资率标准　　　　　　　　　　　B. 生产工时标准

C. 耗费标准　　　　　　　　　　　　D. 人工效率标准

4. 成本差异形成的主要因素包括(　　　)。

A. 价格　　　　B. 用量　　　　C. 数量　　　　D. 环境

5. 责任中心包括(　　　)。

A. 成本中心　　　B. 利润中心　　　C. 投资中心　　　D. 财务中心

三、判断题

1. 在变动成本法下，固定制造费用都视为期间费用，因此单位产品的标准成本中不包含固定制造费用的标准成本。（　　）

2. 标准成本卡主要是用来反映实际成本和标准成本的具体构成的。（　　）

3. 标准成本便于加强成本控制，但是核算工作较烦琐。（　　）

4. 标准成本法是对成本计划和控制的有效工具。（　　）

5. 利润中心必然是投资中心，投资中心一定是利润中心。 （　　）

四、业务训练

（一）目的：编制商品产品成本表。

（二）资料：202×年，丁烯工厂生产丁产品的标准成本卡如表9-10所示。

表9-10　标准成本卡

成本项目	标准单价、工资率、分配率	标准用量	标准成本
直接材料	4元	15千克	60元
直接人工	6元	4小时	24元
变动制造费用	3元	4小时	12元

9月实际发生的业务有：采购原材料5 000千克，实际支付19 600元；生产丁产品共领用原材料4 800千克，产量330件；耗用直接人工1 280小时，实际支付直接人工成本8 000元；消耗变动制造费用3 900元。

（三）要求：根据以上资料计算直接材料价格差异、直接材料用量差异、直接人工工资率差异、直接人工效率差异、变动制造费用耗费差异及变动制造费用能量差异。

第 10 章　成本报表与成本分析

知识目标

1. 理解成本报表的概念、分类和设置要求
2. 熟悉几种主要成本报表的结构和编制方法、要求
3. 掌握成本报表分析的基本方法和一般过程

职业目标

1. 正确编制产品生产成本表、主要产品成本表和各种费用报表
2. 选择恰当的方法分析成本报表
3. 熟练运用主要产品单位成本计划完成情况分析和成本项目变动原因分析

知识结构导图

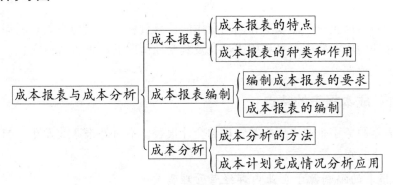

佛山万华铝材是一家专注铝材设计、生产、销售和技术服务的企业，年生产能力达 50 万吨，在国内外拥有多家生产基地和分公司。近年，公司力图通过良性扩张，实现全球销售网络布局。2017—2019 年，公司毛利率分别为 11.9%、10.8% 和 10.27%，略呈现下降态势，主营业务收入增长率分别为 13%、16.8% 和 14.4%，主营业务成本增长率为 13.6%、17.9% 和 14.4%。对比可以发现，生产成本呈现上升趋势。然而近年来(尤其是 2021 年)的原材料涨价、人工成本上升和激烈的市场竞争，让企业生产成本暴增，企业成本风险明显增加。

为加强公司财务成本管理，公司自 2019 年起实施了内部审计制度，公司成本管理的基本面有所改善，频频更换成本主管经理的现象基本纠正；公司内部的 ERP 管理系统进销存管理得到进一步加强。同时，公司也在改变以往统一对外报价的制度，从 2020 年 7 月起开始将报价分为多个结算项目，公司以工程为主要报价对象，报价实现保密制度，铝原材料的采购决策由老板决定。一系列制度强化让万华铝材成本控制得到明显加强，但由于企业所有者过多的非程式化干预，公司的成本管理很难从根本上实现规范化。

问题思考：规范化的成本管理应该包括哪些流程？成本分析如何得到贯彻？

10.1　成本报表

成本报表是根据企业产品成本和期间费用的核算资料以及其他有关资料编制，用来反映企业一定时期内成本费用水平和构成情况及其变动情况的一种报告性文件，它是会计报表体系的重要组成部分。

10.1.1　成本报表的特点

成本报表是服务于企业内部成本管理的会计报表，不对外报送或发布，与对外财务报表相比，有如下特点。

1. 成本报表的编制源于企业内部经营管理需要

成本报表是为企业内部经营管理需要而编制的，服务于企业管理者、成本责任者，其所提供的成本信息属于企业商业秘密，一般不对外报送。正确编制成本报表便于管理者分析、考核成本的计划执行情况，为成本预测、决策和修订成本计划提供依据。因此，源于企业内部经营管理需要而编制是成本报表的主要特点。

2. 成本报表种类、内容和格式更具灵活性

为了适应不同的管理要求，成本报表编制实质重于形式。企业会计部门除了定期编制全面反映成本计划完成情况的报表外，还可根据某一问题或业务编制成本报表，以便进行

重点分析。报表格式灵活多样，内容、指标也可多样。

3. 成本报表提供的成本信息反映企业各方面的工作质量

企业产品数量多少，产品质量高低，材料、燃料等的节约与浪费，工人劳动效率和工资水平，固定资产利用程度，以及生产单位的节约与浪费，都会直接或间接反映到成本费用的成本指标上来。成本报表提供的成本信息可以综合反映企业生产经营管理的工作质量。

4. 成本报表要求更强的时效性

成本报表不仅要反映一定时期内成本费用的计划完成情况，还要及时反馈成本工作中存在的问题和技术经济指标变动对成本的影响，以便发挥成本报表对生产的指导作用。因此，除定期编制一些成本报表外，企业还可根据需要采用日报、周报或旬报的形式，定期或不定期要求有关部门编制不同经济内容的成本报表。

> **小贴士**
>
> 成本报表的特点简要归纳为：针对性更强；灵活性更大；时效性更强。

10.1.2　成本报表的种类和作用

10.1.2.1　成本报表的种类

成本报表的格式和种类不是按照国家统一会计制度规定的，而是根据企业自身需要决定的，具有灵活性和多样性的特点。但就生产性企业而言，一般可以按编制时间和经济内容等标准进行分类。

1. 按成本报表反映的经济内容分类

成本报表按反映的经济内容，一般可分为反映产品成本水平及构成的报表、反映费用水平及构成情况的报表和反映生产经营情况的报表三大类。

(1)反映产品成本水平及构成情况的报表主要有商品生产成本表或产品生产成本及销售成本表、主要产品单位成本表。这类成本报表侧重揭示企业生产一定种类和一定数量产品所支出的生产费用是否达到预期目标，通过成本分析比较，找出差距，并寻求改进办法，以便挖掘降低成本的有效路径。

(2)反映费用水平及构成情况的成本报表主要有制造费用明细表、管理费用明细表、销售费用明细表和财务费用明细表。这类报表侧重揭示费用支出的合理程度和变动趋势，以便企业管理部门正确制定费用的预算及考核各项消耗和指标的完成情况等。

(3)反映生产经营情况的报表主要有材料耗用表、材料差异分析表和质量成本表等。这类报表主要揭示产品质量和产品生产成本的某些特定、重要问题，一般根据实际情况灵活编制。

2. 按编制的时间分类

成本报表在报送时间上具有很大灵活性，一般可分为定期报表和不定期报表两类。定期报表可分为日报、周报、旬报、月报、季报、半年报和年报。不定期报表是根据企业需要随时编报的，成本费用表就属于此类。成本报表分类如图10-1所示。

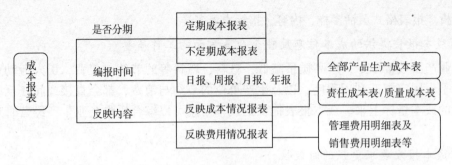

图 10-1　成本报表分类

10.1.2.2　成本报表的作用

成本报表对各项产品成本指标的列报不仅可反映一定时期内企业的经营成果，也便于企业正确评价和考核各成本环节的业绩，并为企业成本预测、决策提供重要依据。

1. 综合反映企业在一定时期内的产品成本情况

商品生产成本表、产品生产成本表或销售表、主要单位产品成本表和责任成本表等都会直接或间接地反映报告期内的产品生产成本水平。通过分析，企业管理部门或成本单位能够及时发现企业在生产、技术、质量和管理等方面取得的成绩和存在的问题，不断改进，以提高企业生产效率。

2. 反映企业成本计划的完成情况

利用各成本报表提供的有关资料，揭示成本差异对产品成本升降的影响，找出成本差异化的原因和相关责任，有利于正确评价和考核各环节和相关负责人的业绩，同时也可明确成本控制和管理的目标。

3. 为企业成本预测、决策提供依据

成本报表提供的资料是企业制订下期生产成本计划的重要参考资料，同时也为管理部门对未来的成本预测和经营决策提供必要的依据。

10.2　成本报表编制

成本报表所包含的内容虽具有较大灵活性，但一般可以从三个角度进行编制：按产品种类汇总反映产品总成本和产品单位成本；按成本项目反映全部产品总成本；按费用项目明细反映费用总额和各明细项目数额。

10.2.1　编制成本报表的要求

为提高成本报表的信息质量，充分发挥其在经济管理中的作用，企业应按一定要求编制各类成本报表。

1. 数字真实

成本报表的数字真实可靠才便于企业管理层和责任单位进行成本分析和成本决策。因此，企业在编制报表前，应仔细核对各类账簿，做到账账相符、账实相符；编制完毕后，还应检查各报表的数字是否一致。

2. 计算准确

成本报表中的各项指标数据应按照企业设置报表的规定计算方法计算，报表中的各种数据应当一致，不同报表之间、同一报表不同项目之间具有钩稽关系的数据应当一致。

3. 内容完整

企业应根据自身管理需要编制种类完整、充分反映成本费用水平及结构的成本报表；同一报表的各个项目内容完整，口径一致；计算方法如有变动，应当在附注中说明。对于定期编制的主要成本报表，应对成本费用的增减情况等进行文字材料说明。

4. 编制及时

不管是定期编制还是不定期编制的成本报表，都必须根据企业管理部门需要迅速提供，以便及时发现问题、解决问题。要做好这点，要求企业做好成本日常核算工作，收集整理历史成本资料、同行业成本资料和企业有关统计资料等。

> **小贴士**
>
> 编制成本报表的主要依据包括：报告期的成本核算资料(总账、明细账等)；本期成本计划及费用预算资料等；以前年度的会计报表资料；企业有关的统计资料和其他资料等。

10.2.2 成本报表的编制

【任务导入 10-1】佛山弘毅鞋业有限公司(下称"佛山弘毅公司")是一家生产、销售各类运动鞋的企业。202×年 12 月末，该公司甲、乙、丙三种产品的生产情况及相关资料如表 10-1 所示。

表 10-1 生产情况及相关资料

202×年 12 月

金额单位：元

产品名称	计量单位	本月产量	本年累计产量	上年实际平均单位成本	本年计划单位成本	本月实际单位成本	本月实际成本	本年累计实际成本
甲产品	双	1 000	9 000	10	10.3	10.2	10 200	91 200
乙产品	双	800	10 000	9.1	9.2	9	7 200	89 400
丙产品	双	500	4 000	—	12	12.4	6 200	47 000
合计		2 300	23 000	—	—	—	23 600	227 600

表 10-1 中，甲、乙、丙三种产品本年累计消耗间接费用分别为 30 000 元、32 000 元和 21 000 元。

思考题：甲、乙产品称为什么产品？其产品成本降低情况怎样？出现这些情况的原因是什么？

限于篇幅，下面以产品成本报表、主要产品单位成本表、制造费用明细表和责任成本表为例说明成本报表的编制过程。

10.2.2.1 产品成本报表的编制

产品成本报表可按可比产品和不可比产品两类分别反映单位成本和总成本。表中所需数据为报告期内需编报产品的实际成本、计划成本、产量及以前年度或上年度的实际平均单位成本等。

> 💡 **小贴士**
>
> 可比产品是指企业以前年度或上年度生产过的产品；不可比产品是指企业以前年度尚未生产过的产品。

1. 产品成本报表(按产品品种反映)结构和编制方法

(1)结构。产品成本表的结构包括基本报表和补充资料两部分，其中，基本报表部分按可比产品和不可比产品分别填列，补充资料部分只列示本年累计实际数，如表10-2所示。

(2)编制方法。

①"产品名称"栏根据企业的产品主次品类分别填列，每项应注明该产品的名称、计量单位等。

②"实际产量"栏根据成本计算单等记录本月和本年初到本月末各产品的累计实际产量填列。

③"单位成本"栏根据上年度或以前年度的报表资料、本年度的计划资料、本月发生的实际成本或本年初到本月末的累计实际成本平均成本分栏填列。

④"本月总成本"栏根据上年实际单位成本计算的总成本、本年计划单位成本计算的总成本，以及本月成本计算单或明细账的有关记录分栏填列。

⑤"本年累计总成本"栏根据年初到本月末止的本年累计产量分别乘以上年实际单位成本、本年计划单位成本和实际单位成本的积分栏填列。

⑥补充资料部分一般包括可比产品成本降低额及降低率、计划成本降低额和降低率等。

$$可比产品成本降低额=按上年实际平均单位成本计算的可比产品总成本-$$
$$本年可比产品实际总成本$$

$$可比产品成本降低率=\frac{可比产品成本降低额}{按上年实际平均单位成本计算的可比产品成本}\times100\%$$

编制单位：佛山弘毅公司　　　　　表10-2　产品成本表（按产品种类反映）　　　　　　　　金额单位：元

202×年12月

产品名称	实际产量		单位成本				本月总成本			本年累计总成本		
	本月	本年累计	上年实际平均	本年计划	本月实际	本年累计实际平均	按上年实际年际计算	按本年计划单位成本计算	本月实际	按上年实际单位成本计算	按本年计划单位成本计算	本年累计实际
	1	2	3	4	5=9/1	6=12/2	7=1×3	8=1×4	9=1×5	10=2×3	11=2×4	12
可比产品合计							17 280	17 660	17 400	181 000	184 700	180 600
其中：甲产品	1 000	9 000	10.0	10.3	10.2	10.13	10 000	10 300	10 200	90 000	92 700	91 200
乙产品	800	10 000	9.1	9.2	9.0	8.94	7 280	7 360	7 200	91 000	92 000	89 400
不可比产品合计								6 000	6 200		48 000	47 000
丙产品	500	4 000		12	12.4	11.75		6 000	6 200		48 000	47 000
产品成本合计								23 660	23 600		232 700	227 600

补充资料（本年累计实际数）：

1. 可比产品成本降低额 400 元；
2. 可比产品成本降低率 0.22%；
3. 计划降低额 5 100 元；
4. 计划降低率 2.2%。

表10-2中，补充资料各项数据计算过程：

可比产品成本降低额＝181 000－180 600＝400（元）

可比产品成本降低率＝400÷181 000×100%＝0.22%

计划降低额＝232 700－227 600＝5 100（元）

计划降低率＝5 100÷232 700×100%＝2.2%

2. 产品成本报表（按成本项目反映）结构和编制方法

（1）结构。企业在一定时期内全部产品的生产总产本也可按直接材料、直接人工和制造费用等成本项目编制产品成本表。

按成本项目反映的产品成本表可分为"生产费用合计""在产品、自制半成品的期初和期末余额""产品生产成本合计"等项目。生产费用项按费用的用途分为直接材料、直接人工等成本项目。产品生产成本项是生产费用项加上期初、期末在产品和自制半成品成本净余额，如表10-3所示。

表10-3 产品成本表（按成本项目反映）

编制单位：佛山弘毅公司　　　　　　　202×年12月　　　　　　　金额单位：元

项目	上年实际	本年计划	本月实际	本年累计实际
生产费用				
直接材料				
其中：原材料				
燃料及动力				
直接人工				
制造费用				93 000
生产费用合计	181 000	232 700	23 600	227 600
加：在产品、自制半成品期初余额				
减：在产品、自制半成品期末余额				
成品生产成本合计	181 000	232 700	23 600	227 600

注：本表数据不考虑期初、期末在产品和自制半成品成本。

（2）编制方法。

①"上年实际"栏应根据上年实际平均单位成本乘以本年累计产量之积填列。

②"本年计划"栏应根据成本计划有关资料填列。

③"本月实际"栏根据各种产品成本明细账所记录的本月生产成本合计数填列。

④"本年累计实际"栏应根据本月实际生产成本加上上月累计实际生产成本填列。

⑤"在产品、自制半成品期初余额"和"在产品、自制半成品期末余额"，应根据各种产品成本的期初、期末在产品明细账和各种自制半成品明细账的期初、期末余额填列。

10.2.2.2　主要产品单位成本表的编制

主要产品单位成本表是反映企业在一定时期内主要产品单位成本结构及水平和主要技术经济指标计划执行情况的报表，是商品产品成本表的补充报表。

1. 结构

主要产品单位成本表可按主要产品单个编制，也可统一编制。按主要产品单个编制的主要产品单位成本表分为上、下两部分，上半部分列示主要产品的基本情况，下半部分按成本项目及主要技术经济指标的历史先进水平、上年实际平均、本年计划、本月实际和本年累计实际平均的产品单位成本列示，其结构和部分内容如表10-4所示。

表10-4　主要产品单位成本表

编制单位：弘毅公司　　　　　　　202×年12月　　　　　　　　本月实际产量：900
产品名称：乙产品　　　　　　　　　　　　　　　　　　　　本年累计产量：10 000
产品规格：　　　　　　　　　　　计量单位：双　　　　　　　　　销售单价：
　　　　　　　　　　　　　　　　　　　　　　　　　　　　　　金额单位：元

成本项目	历史先进水平 （2020年）	上年实际平均	本年计划	本月实际	本年累计实际平均
直接材料	5.4	5.6	5.8	5.7	5.73
直接人工	2	2.3	2.5	2.4	2.4
制造费用	1.4	1.8	1.7	1.7	1.65
其他直接费用	0.2	0.3	0.3	0.4	0.35
产品单位成本	9	10	10.3	10.2	10.13

主要技术 经济指标	计量单位	消耗量	消耗量	消耗量	消耗量	消耗量
A材料	千克					
B材料	千克					

注：假定2020年乙产品单位成本为历史先进水平，其值为9元/双。

2. 编制方法

（1）"本月实际"和"本年累计实际平均"应根据产品成本明细账或产品成本汇总表填列；"销售单价"根据产品销售定价表填列。

（2）"产品单位成本"栏："历史先进水平"应根据该产品以前年度的实际平均单位成本最低水平填列；"上年实际平均"应根据上年度该产品的累计实际单位成本填列；"本年计划"按本年计划单位成本资料填列；"本月实际"按本月成本计算单或明细账填列；"本年累计实际平均"按该产品明细账从年初到报告期末完工入库产品总成本除以本年累计产量计算填列。

（3）"主要技术经济指标"栏根据业务技术核算资料填列。

上述各项成本项目填列的数字应与产品成本表（按产品品种反映）有关数字一致。

10.2.2.3　制造费用明细表的编制

制造费用明细表是一种用来反映报告期内企业生产部门为组织和管理生产所发生的制

造费用水平及构成情况的费用报表。

该表一般按制造费用项目分别反映企业各项费用的本年计划数、上年同期实际数、本月实际数和本年累计实际数。该表制造费用明细项目可根据企业的具体情况增减，但不宜经常变动，以保持各报告期报表中相关数据之间的可比性。若报告期使用的明细项目与上期不同，应按报告期标准调整上期有关明细项目，如表10-5所示。

表 10-5　制造费用明细表

编制单位：佛山弘毅公司　　　　　　　　202×年12月　　　　　　　　金额单位：元

项目	本年计划数	上年同期实际数	本月实际数	本年累计实际数
职工薪酬				
折旧费				
修理费				
办公费				
水电费				
机物料消耗				
低值易耗品摊销				
劳动保护费				
季节性停工损失				
保险费				
其他				
合计				

（1）"本年计划数"栏应根据制造费用的计划数填列。

（2）"上年同期实际数"栏应根据上年同期该表的本月实际数填列。

（3）"本月实际数"栏应根据制造费用总账所属各基本生产车间制造费用明细账的本月合计数填列。

（4）"本年累计实际数"栏应根据本年累计数和本月实际数汇总合计填列。

费用报表除制造费用明细表外，还包括管理费用明细表、销售费用明细表和财务费用明细表。其结构与制造费用明细表类似，本章不作赘述。

> **小贴士**
>
> 制造费用明细表的作用：①便于了解报告期内制造费用的支出水平；②便于考核制造费用的计划完成情况；③动态把握制造费用的变化趋势。

10.2.2.4　责任成本报表的编制

责任成本报表是指实行责任成本预算和核算的企业应根据成本中心（车间或部门）的日常责任成本预算和核算资料编制的，用以反映和考核责任成本预算完成情况的报表。此表应以责任成本中心为单位逐级按月或旬编报。

1. 结构和内容

成本中心的责任成本报表可按各责任成本中心的可控成本分别列示预算数、预算调整数、实际数、差异。

此表的内容应以在各成本中心控制成本的责任范围内满足各级成本管理人员的信息需求为目标，核心是揭示差异及考核成本中心对责任成本控制的绩效。假如预算数小于实际数，称为"不利差异"，表示可控成本超支，通常在差异前用"+"或差异后用"U"表示；假如预算数大于实际数，称为"有利差异"，表示可控成本节约，通常在差异前用"-"或差异后用"F"表示。其结构和内容如表10-6所示。

2. 编制方法

(1)"预算"栏按相应成本中心的责任成本填列。

(2)"调整预算"栏按实际产量、标准单耗量和标准单价计算填列。

(3)"实际"栏按相应成本中心的成本和有关明细账填列。

(4)"业务量差异"和"耗用、效率差异"栏分别根据"调整预算"减去"预算"、"实际"减去"调整预算"计算填列。

表10-6　加工车间I责任成本报表

202×年12月　　　　　　　　　　　　　　　　　　金额单位：元

项目	预算 ①	调整预算 ②	实际 ③	业务量差异 ④=②-①	耗用、效率差异 ⑤=③-②
直接材料：B材料	4 200	4 500	4 300	300(U)	
材料耗用量差异					200(F)
直接人工：	2 600	2 400	2 430	200(F)	
效率差异					40(F)
费用率差异					70(U)
变动制造费用：	3 000	3 200	3 100	200(U)	
效率差异					40(F)
费用率差异					60(F)
变动成本合计	9 800	10 100	9 830	300(U)	270(F)
可控固定成本：					
管理人员工资	500	500	500	0	0
折旧费用	2 200	2 200	2 400	0	200(U)
合计	2 700	2 700	2 900	0	200(U)
加工车间I可控成本合计	12 500	12 800	12 730	300(U)	70(F)

10.3　成本分析

成本分析是企业利用成本核算及其他有关资料，运用特定的分析方法，分析企业生产成本水平及构成的变动情况，揭示成本升降的原因及影响因素，寻找降低成本、节约费用的途径等的一项专门工作。成本分析是编制成本计划和制定经营决策的重要依据，是成本会计的重要部分。

10.3.1　成本分析的方法

选取适当的成本分析方法是完成成本分析工作的重要前提，常用的成本分析方法有比较分析法、比率分析法和因素分析法。

10.3.1.1　比较分析法

比较分析法亦称对比分析法，是将两个或两个以上相关的、可比的经济指标进行比较，从数量上确定差异的方法。比较分析法可用于各种绝对数的比较，亦可用于各种比率或百分数的比较，是最基本的分析方法。

在进行成本分析时，分析者应根据成本分析目的选择比较基数，可以选用企业本期和历史各期的数据，也可选择计划数、实际数或本企业的历史先进水平等。

1. 报告期实际数与计划（预算）数对比

这种方法可用来查明报告期生产成本、费用的计划完成情况，并找出实际脱离计划的差异及出现差异的原因。对比公式为：

$$实际较计划增减数额=报告期指标实际数-报告期指标的计划数$$

$$实际脱离计划的差异率=\frac{实际较计划增减数额}{报告期指标的计划数}\times100\%$$

实际较计划增减数额大于零时，表明成本或费用出现超支，反之称为成本的降低或费用的节约。超支时，实际脱离计划的差异率为正，反之为负。当差异率过大时，应检查预算数的合理性。

2. 报告期实际数与基期实际数对比

这种方法可用来分析企业成本、费用变动趋势，以便找出差距并改进企业成本管理工作。这里的基期实际数可以是上期数、上年同期数或历史最先进水平。常见的对比公式为：

$$实际成本降低额=按上年实际平均单位成本计算的总成本-实际总成本$$

$$实际成本降低率=\frac{实际成本降低额}{按上年实际平均单位成本计算的总成本}\times100\%$$

3. 报告期实际数与同行先进企业的同期实际数对比

这种方法可以用来衡量报告期企业成本、费用的实际数与同行先进企业实际数的差距，确定企业成本管理水平在同行业中的位置。使用该方法时，应注意指标间的可比性和口径的一致性。

10.3.1.2 比率分析法

比率分析法是指通过计算各指标之间的相对数，亦即比率，来反映企业成本管理活动的相对效益的一种分析方法。此方法的常见形式如下。

1. 相关比率分析法

相关比率分析法是将两个性质不同而又相关的指标相比，得到相应比率，用以反映企业成本管理活动效益的一种分析方法。在实际工作中，由于企业规模不同等原因，仅以绝对数来衡量企业的经济效益难以取信，如果能利用计算成本或销售收入的相对数，可以较好地反映企业的效益。相关比率公式为：

相关比率＝一项经济指标的绝对数值/另一项关联经济指标的绝对数值×100%

例如，产值成本比率可以表示为在一定时期内产品生产总成本与商品产值的比率。

2. 构成比率分析法

构成比率分析法亦称结构比率分析法，是通过计算某项经济指标的各个组成部分占总体的比重，用以分析指标的内容构成变化的一种方法。其计算公式为：

$$某指标的构成比率=\frac{某项经济指标的部分数值}{某项经济指标的总体数值}\times100\%$$

运用此方法可以把可比性不强的企业变为可比企业，从而为成本管理活动内外决策提供比较分析数据。

> **小贴士**
>
> 趋势比率分析法是将几个时期的同类指标进行对比，用以揭示成本、费用增减变动趋势的一种分析方法。反映趋势的常用指标有定基发展速度和环比发展速度。

10.3.1.3 因素分析法

因素分析法是分析经济指标与其影响因素之间的关系，通过一定的技术方法，确定各因素对所分析经济指标影响程度的一种分析方法。连环替代法是因素分析法最常见形式，其运算原理是根据各因素之间内在关系，按一定顺序替代各影响因素的基数，用以测定各因素变动对经济指标差异影响程度。连环替代法的一般程序如下。

1. 确定综合性经济指标的构成因素

根据综合性经济指标的特点和分析目的，将其分解成相互联系的若干因素，并建立关系式。例如，分析一定时期内的产品生产总成本时，可把它分解成产品产量与产品单位成本的乘积，关系式为：

产品生产总成本＝产品产量×产品单位成本

2. 按序排列各因素

将综合性经济指标的影响因素按其相互依存关系排序。在实际工作中，一般将反映数量关系的因素排在前，反映质量关系的因素排在后；将反映实物量和劳动量的因素排在前，反映价值量的因素排在后。例如，影响产品直接材料费用的因素有产品产量、单位产品材料耗用量和材料单价，排序关系为：

直接材料费用＝产品产量×单位产品材料耗用量×材料单价

3. 确定比较标准

各因素的本期计划数或前期实际数可用作比较标准，亦即作为各因素的基期数值。然后，依次用各因素的本期实际数替代该因素的标准值，每次替代实际数被保留下来，有几个因素就替代几次，直到最后计算出该经济指标的实际数。

4. 确定各因素对分析指标的影响程度

每次替代后的数值减去前一个数值，其差额即为该因素变动对分析指标的影响程度。

5. 检验分析结果

汇总各影响因素的替代结果的差额，亦即正负数相抵后，其结果应等于实际数与标准数的差额。需要注意：

(1)分析指标分解成的各因素一定具有相关性，即有内在联系。

(2)分析相同问题时要按确定的同一替代顺序进行，以确保计算结果的可比性。

(3)计算程序要连贯，避免间隔替代等现象。

(4)因素分析法是在假定其他不变的情况下进行的，因此计算结果是在某种假设条件下的结果。

【例10-1】佛山弘毅公司202×生产甲产品的有关产品产量、单位产品材料 B 耗费和材料 B 单价资料如表10-7所示。

表10-7　材料 B 消耗情况资料

产品：甲产品　　　　　　　　　　　　　　　　202×年12月

项目	计量单位	计划数	实际数	差异
产品产量	双	9 500	9 000	−500
单位产品材料 B 消耗	千克	1.2	1.3	+0.1
材料 B 单价	元	3	2.9	−0.1
材料 B 总成本	元	34 200	33 930	−270

根据上述资料，分析过程如下。

(1)分析指标分解及关系确认排序。

材料 B 总成本＝产品产量×单位产品材料 B 消耗量×材料 B 单价

(2)确定分析对象。

分析对象：33 930−34 200＝−270(元)

(3)分析各因素变动对材料 B 费用变动的影响。

①以计划数为标准数　　　　　　　　　　9 500×1.2×3＝34 200(元)

②第一次替代　　　　　　　　　　　　　9 000×1.2×3＝32 400(元)

②-①产量变动影响　　　　　　　　　　−1 800(元)

③第二次替代　　　　　　　　　　　　　9 000×1.3×3＝35 100(元)

③-②单位产品材料 B 消耗量变动影响　　+2 700(元)

④第三次替代　　　　　　　　　　　　　9 000×1.3×2.9＝33 930(元)

④-③材料 B 单价变动影响　　　　　　　−1 170(元)

合计　　　　　　　　　　　　　　　　　−270(元)

分析结果：单位产品材料 B 的消耗量增加导致材料 B 总成本超支2 700元，但由于产品产量减少和材料 B 单价降低，材料 B 总成本节约 2 970 元，两方面相互抵减，最终材料 B 总成本节约了 270 元，与材料 B 费用的总差异相等。

成本分析方法可用图 10-2 来理解记忆。

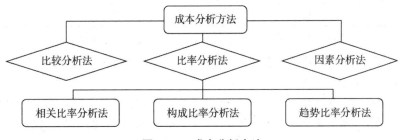

图 10-2 成本分析方法

10.3.2 成本计划完成情况分析应用

成本计划完成情况分析是将在一定时期内企业生产成本的计划数与实际数进行对比，用以反映企业生产成本的完成情况。在实际工作中，这种分析的重点是产品成本计划降低额任务的分析，即与计划成本比较的成本降低额、与计划成本比较的成本降低率的分析，必要时还需对成本降低计划完成情况进行因素分析，其分析对象包括全部产品成本、可比产品成本和产品单位成本等。

10.3.2.1 全部产品成本计划完成情况的分析

全部产品成本计划完成情况的分析主要是根据产品成本表所反映的内容，针对成本计划完成情况进行的分析，具体可按产品类别和成本项目分别进行。

1. 按产品类别分析

该类分析既要分析全部产品的计划完成情况，也要分析每种产品成本计划情况。其分析思路为：

首先，将成本计划中的产品计划总成本换算成按实际产量与计划单位成本相乘计算的总成本；然后，同产品成本表中实际总成本进行对比。计算公式为：

$$与计划比较的成本降低额 = 实际产量 \times (实际单位成本 - 计划单位成本)$$

$$与计划比较的成本降低率 = \frac{与计划比较的成本降低额}{实际产量 \times 计划单位成本} \times 100\%$$

【例 10-2】根据表 10-2，编制佛山弘毅公司 202×年全部产品的计划和实际总成本的资料如表 10-8 所示。

表 10-8 全部产品成本计划完成情况分析表

编制单位：佛山弘毅公司　　　　　　　202×年12月　　　　　　　金额单位：元

产品名称	计划总成本	实际总成本	实际比计划降低额	实际比计划降低率/%
可比产品合计	184 700	180 600	−4 100	−2.2
其中：甲产品	92 700	91 200	−1 500	−1.6
乙产品	92 000	89 400	−2 600	−2.8
不可比产品合计	48 000	47 000	−1 000	−2.1

产品名称	计划总成本	实际总成本	实际比计划降低额	实际比计划降低率/%
其中：丙产品	48 000	47 000	-1 000	-2.1
合计	232 700	227 600	-5 100	-2.2

分析表 10-8 数据可知，该企业全部产品总成本实际比计划降低 5 100 元，降低率 2.2%，说明企业全部产品成本都已经完成计划。可比产品成本实际比计划降低 4 100 元，降低率 2.2%，其中甲产品成本实际比计划降低 1 500 元，降低率 1.6%；乙产品成本实际比计划降低 2 600 元，降低率 2.8%。不可比产品成本实际比计划降低 1 000 元，降低率 2.1%。综合上述，该企业全部产品成本完成计划是由节约可比产品成本和不可比产品成本共同实现的。

2. 按成本项目分析

该分析是将产品成本表（按成本项目反映）汇总，确定每个成本项目实际比计划的降低额和降低率并进行分析。

在实际工作中，可以根据表 10-3 中的数值进行分析。将该表的本年累计实际数与本年计划数进行对比，即可求得各成本项目实际比计划的降低额和降低率。如果计算结果小于零，表明成本项目成本实现计划任务；反之，则未实现计划任务。

10.3.2.2　可比产品成本降低计划的完成情况分析

企业成本计划除了规定计划单位成本和计划总成本外，还要规定与上年比较的成本降低任务，即产品成本降低额和降低率。一般情况下，全部产品成本中可比产品成本的比重较大，因此产品成本降低计划完成情况的分析重点是可比产品成本降低计划的完成情况分析。

1. 可比产品成本降低计划完成情况的分析

可比产品成本降低计划指标一般反映在企业的成本计划中，是以上年平均单位成本为依据制定的，具体指标包括降低额和降低率。

可比产品成本降低计划完成情况的分析公式为：

$$\text{可比产品成本计划降低额} = \sum \left[\text{计划产量} \times \left(\text{上年实际平均单位成本} - \text{本年计划单位成本} \right) \right]$$

$$\text{可比产品成本计划降低率} = \frac{\text{可比产品成本计划降低额}}{\sum (\text{计划产量} \times \text{上年实际平均单位成本})} \times 100\%$$

【例 10-3】佛山弘毅公司 202×年甲、乙产品的计划产量分别为 9 200 双、9 300 双。根据表 10-2 资料，可计算出可比产品成本降低额和降低率，如表 10-9 所示。

表 10-9　可比产品成本降低计划完成情况分析表

编制单位：佛山弘毅公司　　　　　　　　202×年 12 月　　　　　　　　金额单位：元

可比产品名称	计划成本降低任务		实际成本降低任务	
	降低额	降低率/%	降低额	降低率/%
甲产品	-2 760	-3	-1 200	-1.3
乙产品	-930	-1	1 600	1.8

续表

可比产品名称	计划成本降低任务		实际成本降低任务	
	降低额	降低率/%	降低额	降低率/%
合　计	-3 690	-2.1	400	0.2

由表10-9可知，该公司可比产品成本计划降低额为-3 690元，降低率为-2.1%，最终却未能完成降低计划，导致这种情况的主要原因是甲产品的降低计划完成不佳，应进一步分析其原因。

计划降低额比较如图10-3所示。

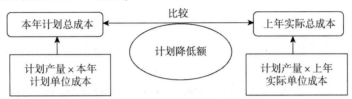

图10-3　计划降低额比较

2. 可比产品成本降低计划完成情况的因素分析

影响可比产品成本降低计划完成的因素包括产品产量、品种结构和产品单位成本。

(1)产品产量变动的影响。产品产量变动是假设产品品种结构和产品单位成本不变，此时产品产量变动只影响成本降低额，而不影响成本降低率。因为当品种结构不变时，在计算成本降低率过程中，分子、分母都具有相同的产量增减比例而不变。

产品产量变动对成本降低额影响的计算公式为：

$$\text{产品产量变动对成本降低额的影响} = \left[\sum (\text{实际产量} \times \text{上年实际单位成本}) - \sum (\text{计划产量} \times \text{上年实际单位成本}) \right] \times \text{计划成本降低率}$$

假定佛山弘毅鞋业公司201×年甲、乙产品的计划产量都为实际产量的80%，根据表10-2资料计算，得到：

产品产量变动对成本降低额的影响=(181 000-144 800)×(-2.04%)=-738.48(元)

(2)品种结构变动的影响。实际上，报告期内的各种可比产品成本降低程度不同，亦即产品产量不是按同比例增减时，可比产品成本降低额和降低率或升高或降低。成本降低率大的产品在可比产品中的比重增加，会使成本降低额变大，成本降低利率也随之加大；反之，则成本降低额和降低率会变小。

产品品种结构变动对成本降低额和降低率影响的计算公式为：

$$\text{产品品种结构变动对成本降低额的影响} = \sum \left[(\text{本期实际产量} \times \text{上年实际单位成本})(1 - \text{计划成本降低率}) \right] - \sum (\text{计划产量} \times \text{上年实际单位成本})$$

$$\text{产品品种结构变动对成本降低率的影响} = \frac{\text{产品品种结构变动成本降低额的影响数}}{\sum (\text{本期实际产量} \times \text{上年实际单位成本})} \times 100\%$$

根据表10-2和例10-3资料，可以计算得出：

产品品种结构变动对成本降低率的影响=9 000×10×(1+3%)+10 000×9.1×(1+1%)-9 200×10-9 300×9.1=7 980(元)

$$产品品种结构变动对成本降低率的影响 = \frac{7\ 980}{9\ 000 \times 10 + 10\ 000 \times 9.1} \times 100\% = 4.4\%$$

（3）单位成本变动对成本降低的影响。可比产品成本降低计划和实际完成情况的比较都是以上年实际单位成本或计划单位成本为基础计算的，所以当可比产品本期实际单位成本比本年计划单位成本升高或降低时，必然会导致成本降低额和降低率相应地降低或升高。

可比产品单位成本变动对成本降低额和降低率影响的计算公式为：

$$产品单位成本变动对成本降低额的影响 = \sum \left[实际产量 \times (计划实际单位成本 - 本年实际单位成本) \right]$$

$$产品单位成本变动对成本降低率的影响 = \frac{成本降低额的影响数}{\sum (实际产量 \times 上年实际单位成本)} \times 100\%$$

根据表 10-2 资料，计算如下：

产品单位成本变动对成本降低额的影响 = 9 000 × （10.3 - 10.13）+ 10 000 × （12 - 11.75）= 4 030（元）

$$产品单位成本变动对成本降低率的影响 = \frac{4\ 030}{9\ 000 \times 10 + 10\ 000 \times 9.1} \times 100\% = 2.2\%$$

由以上分析可知，该公司 201× 年由于产量减少，可比产品实际成本降低额为 -738.48 元，实际成本降低率为 -2.04%；由于产品品种结构变动，可比产品实际成本降低额为 7 890 元，降低率为 4.4%；由于产品单位成本变动，可比产品实际成本降低额为 4 030 元，降低率为 2.2%。综合影响结果，产品品种结构和单位产品成本变动对可比产品实际成本降低影响较大，企业应加强这两方面的成本管理。

10.3.2.3　主要产品单位成本计划完成情况的分析

主要产品单位成本计划完成情况的分析采用比较分析法按成本项目逐项计算单位成本实际比计划、比上期等的升降情况。此项任务的目的在于揭示主要产品单位成本和各成本项目的变动情况，尤其是各项消耗定额的执行情况，以及各经济技术指标变动对主要产品单位成本的影响。

1. 主要产品单位成本计划完成情况的分析

【例 10-4】根据表 10-4 资料，佛山弘毅公司 202× 年乙产品单位成本分析如表 10-10 所示。

表 10-10　乙产品单位成本分析表

编制单位：佛山弘毅公司　　　　　　　　202× 年 12 月　　　　　　　　金额单位：元

成本项目	比上年实际数		比计划数	
	降低额	降低率/%	降低额	降低率/%
直接材料	0.13	2.32	-0.07	-1.21
直接人工	0.1	4.35	-0.1	-4
制造费用	-0.15	-8.3	-0.05	-2.94
其他直接费用	0.05	16.67	0.05	16.67
合　计	0.13	1.3	-0.17	-1.65

从表 10-10 可知，该公司乙产品的单位成本较计划、较上年实际数的降低额分别为 -0.17 元和 0.13 元，降低率分别为 -1.65% 和 1.3%。由此看来，乙产品单位成本的升幅不大。从成本项目来看，其他直接费用的降低额不大，但降低率较大。具体原因还应进行因素分析。

2. 主要产品单位成本项目变动分析

为进一步揭示单位成本升降的原因，此任务还必须按成本项目进行因素分析。

（1）直接材料项目分析。由表 10-4、表 10-10 可知，直接材料费用在乙产品成本中的占比较大且超过上年实际单位成本的比率较高，应作为成本项目分析的重点。

影响单位产品材料费用的因素有产量、单位产品的材料消耗量和材料单价，因此在分析直接材料费用项目时，其分解算式为：

$$材料费用总额 = 产量 \times 单位材料消耗量 \times 材料单价$$

【例 10-5】单位材料消耗计划数、实际数分别为 0.5 千克/双、0.489 7 千克/双，计划和实际平均单价分别为 11.6 元/千克、11.7 元/千克。根据表 10-2、表 10-4 等相关资料，对乙产品所耗费材料费用进行因素变动分析。

计划材料费用总额 = 9 300×0.5×11.6 = 53 940（元）

①产量变动的影响 = 10 000×0.5×11.6-53 940 = 4 060（元）

②单位材料消耗量变动的影响 = 10 000×11.6×(0.489 7-0.5) = -1 194.8（元）

③材料单价变动的影响 = 10 000×0.489 7×(11.7-11.6) = 489.7（元）

三项指标变动的影响合计数 = 4 060-1 194.8+489.7 = 3 354.9（元）

从上述分析可知，产量变动使直接材料费用实际比计划增加 4 060 元，单位材料消耗变动量使直接材料费用实际比计划减少 1 194.8 元，材料单价变动使直接材料费用实际比计划增加 489.7 元；三个因素变动共同影响直接材料费用，使实际比计划增加 3 354.9 元。

对直接材料费用的因素进行分析后，单位材料消耗量和材料单价变动原因需进一步分析。

影响直接材料用量变动的原因较多，主要包括：产品设计的改进；产品质量的变化；替代材料的变化；操作技术和流程的变化；加强材料管理，回收利用废料，提高材料的利用率等。

影响直接材料单价变动的因素主要有采购价格、运费、运输途中损耗、采购部门效率和有关税金和采购批量的控制等。

（2）直接人工项目分析。直接人工费用可分为计时工资和计件工资。按前者计算时，影响产品单位成本的因素包含工时数和小时工资率；按后者计算时，影响产品单位成本的因素是计件单位工资。因素分析法主要针对按计时工资计算的情形，其分解算式为：

$$单位产品的直接人工费用 = 单位产品生产工时 \times 小时工资率$$

【例 10-6】单位乙产品生产工时计划数、实际数分别为 5 工时/双、4.5 工时/双，计划和实际平均小时工资率分别为 0.5 元/小时、0.53 元/小时。根据表 10-2、表 10-4 等相关资料，对乙产品进行单位成本中人工费用的因素变动分析。

单位产品计划人工费用 = 5×0.5 = 2.5（元）

①单位产品工时变动的影响 = 4.5×0.5-5×0.5 = -0.25（元）

②单位产品工资率变动的影响 = 4.5×0.53-4.5×0.5 = 0.14（元）

两项指标变动的影响合计 = -0.25+0.14 = -0.11（元）

从以上分析可知，乙产品单位成本中直接人工费用实际比计划降低0.11元，主要是工时变动减少的结果。

在以上分析的基础上，应进一步分析影响工时变动和工资率变动的原因。

影响工时变动的因素有：生产工艺、操作方法及技术熟练程度；设备性能及保养；生产调度及管理水平对劳动生产率的影响；产品质量及配比。

影响工资率变动的原因有：企业的工资制度、激励机制；企业的物质技术条件、管理水平等。

（3）制造费用项目分析。产品单位成本中的制造费用分析，通常分解成单位产品所耗工时变动和每小时制造费用变动两个因素。其分解算式为：

$$单位产品的制造费用 = 单位产品生产工时 \times 每小时制造费用$$

【例10-7】佛山弘毅公司乙产品单位产品制造费用资料如表10-11所示。

表10-11　单位制造费用表

编制单位：佛山弘毅公司　　　　　　　　　202×年12月

项目	计划数	实际数	差异
单位产品消耗工时/小时	5	4.5	-0.5
每小时制造费用/(元·小时$^{-1}$)	0.34	0.367	0.027
单位产品制造费用/元	1.7	1.65	-0.05

根据表10-11有关资料，分析单位产品工时变动和每小时制造费用变动对制造费用的影响。

单位产品计划制造费用 = 5×0.34 = 1.7（元）

①单位产品工时变动的影响 = 4.5×0.34-1.7 = -0.17（元）

②每小时制造费用变动的影响 = 4.5×0.367-4.5×0.34 = 0.12（元）

两项变动合计 = -0.17+0.12 = -0.05（元）

由此可知，乙产品单位成本中制造费用实际比计划降低0.05元，主要是因为单位产品工时缩短。

在实际工作中，还应对影响每小时制造费用的原因进行分析，以此判断公司的产品结构、制造费用的分配标准等是否合理。

本章小结

成本报表是用来反映报告期内企业生产产品的成本、费用水平、结构和变动情况的书面性报告。企业内部报表是财务报表的重要组成部分。

按反映的经济内容，成本报表可分为反映生产成本水平、结构情况的报表，反映费用水平、结构情况的报表，以及反映生产经营状况的报表。

编制成本报表时应做到数字真实、计算准确、内容完整和编报及时。常见的成本报表包括产品成本表、主要产品单位成本表、制造费用明细表、管理费用明细表、销售费用明细表、财务费用明细表及责任成本报表。

成本分析的常用方法包括比较分析法、比率分析法和因素分析法。

成本分析常见的内容包括产品成本计划完成情况分析、可比产品成本降低计划完成情况分析和主要产品单位成本计划完成情况分析。

关键词

成本报表　　内部报表　　成本报表编制　　成本分析　　计划完成情况分析

复习思考题

1. 简述成本报表的概念、分类和特点。
2. 成本报表编制的要求包括哪些？常见成本报表结构的共性是什么？
3. 简述成本报表分析的一般程序。
4. 简述主要产品单位成本计划完成情况分析的基本过程。
5. 简述可比产品成本降低计划完成情况分析的流程。

同步自测题

一、单项选择题

1. 企业成本报表的种类、格式和编制方法(　　)。
   A. 由企业自行确定　　　　　　　　B. 由国家统一规定
   C. 由企业主管部门　　　　　　　　D. 企业主管部门与企业共同确定
2. 反映企业一定时期内生产的各种主要产品单位成本的构成情况和主要经济技术指标的执行情况的报表是(　　)。
   A. 管理费用明细表　　　　　　　　B. 产品成本表
   C. 主要产品单位成本表　　　　　　D. 主要产品表
3. 产品成本表一般按(　　)编制。
   A. 月　　　　　　B. 季度　　　　　　C. 年　　　　　　D. 半年
4. 比较分析法是指通过指标对比，从(　　)上确定差异的一种分析方法。
   A. 数量　　　　　　B. 质量　　　　　　C. 价值量　　　　　　D. 劳动量
5. 责任成本报表反映的是各成本中心的(　　)。
   A. 可控成本　　　　B. 不可控成本　　　　C. 全部成本　　　　D. 单位成本
6. 企业成本报表是(　　)。
   A. 对外报表　　　　　　　　　　　B. 对内报表
   C. 公开报表　　　　　　　　　　　D. 既是对外报表，也是对内报表
7. 企业成本报表分为定期报表和不定期报表，是按(　　)分类的。
   A. 编报时间　　　B. 月份　　　　C. 报告期　　　　D. 经济内容
8. 不属于影响可比产品成本降低率的因素有(　　)。

A. 产品产量　　　B. 产品单位成本　　　C. 产品结构　　　D. 产品数量

9. 把综合指标分解为多个因素，研究各因素变动对综合指标变动的影响程度的分析方法是(　　)。

A. 综合指标法　　　B. 因素分析法　　　C. 趋势分析法　　　D. 比较分析法

10. 产品成本表可以考核(　　)。

A. 全部产品成本和各种主要产品成本计划的执行情况

B. 制造费用、管理费用等的执行情况

C. 主要产品单位成本的执行情况

D. 主要经济技术指标的执行情况

二、多项选择题

1. 成本报表编制的基本要求包括(　　)。

A. 编报及时　　　B. 计算准确　　　C. 内容完整　　　D. 数字真实

2. 影响可比产品成本降低额的因素有(　　)。

A. 产品产量　　　B. 产品价格　　　C. 产品品种构成　　　D. 产品单位成本

3. 主要产品单位成本表反映的单位成本包括(　　)。

A. 本月计划　　　　　　　　　B. 同行业同类产品实际

C. 本年计划　　　　　　　　　D. 上年实际平均

4. 采用因素分析法时，各因素的顺序排列规则是(　　)。

A. 先质量因素后数量因素　　　　　B. 先数量后质量

C. 先实物因素后价值因素　　　　　D. 先主要因素后次要因素

5. 制造企业的成本报表一般包括(　　)。

A. 主要产品成本表　　　　　　　B. 可比产品成本表

C. 产品产品成本表　　　　　　　D. 主要产品单位成本表

6. 连环替代法在应用时应注意(　　)。

A. 分析前提假定性　　　　　　　B. 替代因素的连环性

C. 替代因素的顺序性　　　　　　D. 因素分析的可靠性

7. 期间费用成本表包括(　　)。

A. 制造费用明细表　　　　　　　B. 销售费用明细表

C. 管理费用明细表　　　　　　　D. 财务费用明细表

8. 下列说法中，正确的有(　　)。

A. 责任成本是指各成本中心的可控成本

B. 责任成本报表的核心是揭示差异

C. 责任成本表的详细程度应根据各成本管理人员的需要而定

D. 责任成本表反映的是各成本中心的可控成本

9. 全部产品成本计划完成情况分析应用到的成本报表有(　　)。

A. 单位成本表　　　　　　　　　B. 按成本项目反映的产品成本表

C. 可比产品单位成本表　　　　　D. 按产品类别反映的产品成本表

10. 单纯产品产量变动对可比产品成本降低计划完成情况的影响是(　　)。

A. 使成本降低额增减　　　　　　B. 成本降低率不变

C. 成本降低额不变　　　　　　　D. 使成本降低率升高或降低

三、判断题

1. 比率分析法是最基本的成本分析方法。　　　　　　　　　　　　　(　)

2. 结构分析法是比较分析法的一种分类。　　　　　　　　　　　　　(　)

3. 因素分析法可分为定量的因素分析法和差额分析法。　　　　　　　(　)

4. 影响可比产品成本降低计划的主要因素是产品产量。　　　　　　　(　)

5. 主要产品是指企业大量生产的产品。　　　　　　　　　　　　　　(　)

6. 在任何情况下，产品产量的变动都会影响可比产品成本降低率。　　(　)

7. 由于成本相关指标的特殊性，成本报表只能定期编报。　　　　　　(　)

8. 全部产品成本计划完成情况在分析时，计划成本总额是计划数乘以计划单价。

　　　　　　　　　　　　　　　　　　　　　　　　　　　　　　(　)

四、业务训练

【业务训练一】

(一)目的：编制产品成本表。

(二)资料：佛山弘泰公司202×年基本生产车间生产D、K、P三种产品，其中D、K为可比产品，P为不可比产品，有关资料如表10-12所示。

表10-12　产品情况

编制单位：佛山弘泰公司　　　　　　　　　202×年12月　　　　　　　　　金额单位：元

产品名称	实际产量/双		单位成本		实际总成本	
	12月	本年累计	上年实际平均	本年计划	本月实际	本年累计
D产品	800	9 000	10	11	8 400	93 600
K产品	1 000	11 000	9	8.5	8 600	92 400
P产品	200	2 800	—	15	2 800	2 900

(三)要求：编制产品成本表，如表10-13所示。

表10-13　产品成本表(按产品种类反应)

编制单位：　　　　　　　　　　　202×年12月份　　　　　　　　　　金额单位：元

产品名称	实际产量		单位成本			本月总成本			本年累计总成本		
	本月	本年累计	上年实际	本年计划	本月实际	按上年实际平均单位计算	按本年计划平均单位计算	本月实际	按上年实际平均单位计算	按本年计划平均单位计算	实际成本
	1	2	3	4	5	6=1×3	7=1×4	8=1×5	9=2×3	10=2×4	11
可比产品：											
其中：D产品(双)											
K产品(双)											
不可比产品：											
P产品(双)											
全部产品制造成本											

【业务训练二】

（一）目的：熟悉可比产品成本降低计划完成情况的分析。

（二）资料：202×年12月，佛山腾达工厂可比产品成本资料如表10-14所示。

表10-14 可比产品成本资料

可比产品	计划产量/件	单位成本/(元·件⁻¹)		总成本/元	
		上年	计划	按上年单位成本	按本年计划成本
丙产品	500	400	380	200 000	190 000
丁产品	200	800	780	160 000	156 000
合计				360 000	346 000

（三）要求：(1)计算可比产品成本计划降低额和计划降低率。

(2)计算可比产品成本实际降低额和实际降低率。

 **附件 1** **财政部关于印发《企业产品成本核算制度(试行)》的通知**

财会〔2013〕17 号

国务院有关部委、有关直属机构,各省、自治区、直辖市、计划单列市财政厅(局),新疆生产建设兵团财务局,有关中央管理企业:

为加强企业产品成本核算,保证产品成本信息真实、完整,促进企业和经济社会的可持续发展,根据《中华人民共和国会计法》、企业会计准则等国家有关规定,我部制定了《企业产品成本核算制度(试行)》,现予印发,自 2014 年 1 月 1 日起在除金融保险业以外的大中型企业范围内施行,鼓励其他企业执行。执行本制度的企业不再执行《国营工业企业成本核算办法》。

执行中有何问题,请及时反馈我部。

财政部
2013 年 8 月 16 日

企业产品成本核算制度(试行)

第一章 总 则

第一条 为了加强企业产品成本核算工作,保证产品成本信息真实、完整,促进企业和经济社会的可持续发展,根据《中华人民共和国会计法》、企业会计准则等国家有关规定制定本制度。

第二条 本制度适用于大中型企业,包括制造业、农业、批发零售业、建筑业、房地产业、采矿业、交通运输业、信息传输业、软件及信息技术服务业、文化业以及其他行业的企业。其他未明确规定的行业比照以上类似行业的规定执行。

本制度不适用于金融保险业的企业。

第三条 本制度所称的产品，是指企业日常生产经营活动中持有以备出售的产成品、商品、提供的劳务或服务。

本制度所称的产品成本，是指企业在生产产品过程中所发生的材料费用、职工薪酬等，以及不能直接计入而按一定标准分配计入的各种间接费用。

第四条 企业应当充分利用现代信息技术，编制、执行企业产品成本预算，对执行情况进行分析、考核，落实成本管理责任制，加强对产品生产事前、事中、事后的全过程控制，加强产品成本核算与管理各项基础工作。

第五条 企业应当根据所发生的有关费用能否归属于使产品达到目前场所和状态的原则，正确区分产品成本和期间费用。

第六条 企业应当根据产品生产过程的特点、生产经营组织的类型、产品种类的繁简和成本管理的要求，确定产品成本核算的对象、项目、范围，及时对有关费用进行归集、分配和结转。

企业产品成本核算采用的会计政策和估计一经确定，不得随意变更。

第七条 企业一般应当按月编制产品成本报表，全面反映企业生产成本、成本计划执行情况、产品成本及其变动情况等。

第二章 产品成本核算对象

第八条 企业应当根据生产经营特点和管理要求，确定成本核算对象，归集成本费用，计算产品的生产成本。

第九条 制造企业一般按照产品品种、批次订单或生产步骤等确定产品成本核算对象。

（一）大量、大批、单步骤生产产品或管理上不要求提供有关生产步骤成本信息的，一般按照产品品种确定成本核算对象。

（二）小批、单件生产产品的，一般按照每批或每件产品确定成本核算对象。

（三）多步骤连续加工产品且管理上要求提供有关生产步骤成本信息的，一般按照每种（批）产品及各生产步骤确定成本核算对象。

产品规格繁多的，可以将产品结构、耗用原材料和工艺过程基本相同的产品，适当合并作为成本核算对象。

第十条 农业企业一般按照生物资产的品种、成长期、批别（群别、批次）、与农业生产相关的劳务作业等确定成本核算对象。

第十一条 批发零售企业一般按照商品的品种、批次、订单、类别等确定成本核算对象。

第十二条 建筑企业一般按照订立的单项合同确定成本核算对象。单项合同包括建造多项资产的，企业应当按照企业会计准则规定的合同分立原则，确定建造合同的成本核算对象。为建造一项或数项资产而签订一组合同的，按合同合并的原则，确定建造合同的成本核算对象。

第十三条 房地产企业一般按照开发项目、综合开发期数并兼顾产品类型等确定成本核算对象。

第十四条 采矿企业一般按照所采掘的产品确定成本核算对象。

第十五条 交通运输企业以运输工具从事货物、旅客运输的,一般按照航线、航次、单船(机)、基层站段等确定成本核算对象;从事货物等装卸业务的,可以按照货物、成本责任部门、作业场所等确定成本核算对象;从事仓储、堆存、港务管理业务的,一般按照码头、仓库、堆场、油罐、简仓、货棚或主要货物的种类、成本责任部门等确定成本核算对象。

第十六条 信息传输企业一般按照基础电信业务、电信增值业务和其他信息传输业务等确定成本核算对象。

第十七条 软件及信息技术服务企业的科研设计与软件开发等人工成本比重较高的,一般按照科研课题、承接的单项合同项目、开发项目、技术服务客户等确定成本核算对象。合同项目规模较大、开发期较长的,可以分段确定成本核算对象。

第十八条 文化企业一般按照制作产品的种类、批次、印次、刊次等确定成本核算对象。

第十九条 除本制度已明确规定的以外,其他行业企业应当比照以上类似行业的企业确定产品成本核算对象。

第二十条 企业应当按照第八条至第十九条规定确定产品成本核算对象,进行产品成本核算。企业内部管理有相关要求的,还可以按照现代企业多维度、多层次的管理需要,确定多元化的产品成本核算对象。

多维度,是指以产品的最小生产步骤或作业为基础,按照企业有关部门的生产流程及其相应的成本管理要求,利用现代信息技术,组合出产品维度、工序维度、车间班组维度、生产设备维度、客户订单维度、变动成本维度和固定成本维度等不同的成本核算对象。

多层次,是指根据企业成本管理需要,划分为企业管理部门、工厂、车间和班组等成本管控层次。

第三章 产品成本核算项目和范围

第二十一条 企业应当根据生产经营特点和管理要求,按照成本的经济用途和生产要素内容相结合的原则或者成本性态等设置成本项目。

第二十二条 制造企业一般设置直接材料、燃料和动力、直接人工和制造费用等成本项目。

直接材料,是指构成产品实体的原材料以及有助于产品形成的主要材料和辅助材料。

燃料和动力,是指直接用于产品生产的燃料和动力。

直接人工,是指直接从事产品生产的工人的职工薪酬。

制造费用,是指企业为生产产品和提供劳务而发生的各项间接费用,包括企业生产部门(如生产车间)发生的水电费、固定资产折旧、无形资产摊销、管理人员的职工薪酬、劳动保护费、国家规定的有关环保费用、季节性和修理期间的停工损失等。

第二十三条 农业企业一般设置直接材料、直接人工、机械作业费、其他直接费用、间接费用等成本项目。

直接材料,是指种植业生产中耗用的自产或外购的种子、种苗、饲料、肥料、农药、燃料和动力、修理用材料和零件、原材料以及其他材料等；养殖业生产中直接用于养殖生产的苗种、饲料、肥料、燃料、动力、畜禽医药费等。

直接人工，是指直接从事农业生产人员的职工薪酬。

机械作业费，是指种植业生产过程中农用机械进行耕耙、播种、施肥、除草、喷药、收割、脱粒等机械作业所发生的费用。

其他直接费用，是指除直接材料、直接人工和机械作业费以外的畜力作业费等直接费用。

间接费用，是指应摊销、分配计入成本核算对象的运输费、灌溉费、固定资产折旧、租赁费、保养费等费用。

第二十四条 批发零售企业一般设置进货成本、相关税费、采购费等成本项目。

进货成本，是指商品的采购价款。

相关税费，是指购买商品发生的进口关税、资源税和不能抵扣的增值税等。

采购费，是指运杂费、装卸费、保险费、仓储费、整理费、合理损耗以及其他可归属于商品采购成本的费用。采购费金额较小的，可以在发生时直接计入当期销售费用。

第二十五条 建筑企业一般设置直接人工、直接材料、机械使用费、其他直接费用和间接费用等成本项目。建筑企业将部分工程分包的，还可以设置分包成本项目。

直接人工，是指按照国家规定支付给施工过程中直接从事建筑安装工程施工的工人以及在施工现场直接为工程制作构件和运料、配料等工人的职工薪酬。

直接材料，是指在施工过程中所耗用的、构成工程实体的材料、结构件、机械配件和有助于工程形成的其他材料以及周转材料的租赁费和摊销等。

机械使用费，是指施工过程中使用自有施工机械所发生的机械使用费，使用外单位施工机械的租赁费，以及按照规定支付的施工机械进出场费等。

其他直接费用，是指施工过程中发生的材料搬运费、材料装卸保管费、燃料动力费、临时设施摊销、生产工具用具使用费、检验试验费、工程定位复测费、工程点交费、场地清理费，以及能够单独区分和可靠计量的为订立建造承包合同而发生的差旅费、投标费等费用。

间接费用，是指企业各施工单位为组织和管理工程施工所发生的费用。

分包成本，是指按照国家规定开展分包，支付给分包单位的工程价款。

第二十六条 房地产企业一般设置土地征用及拆迁补偿费、前期工程费、建筑安装工程费、基础设施建设费、公共配套设施费、开发间接费、借款费用等成本项目。

土地征用及拆迁补偿费，是指为取得土地开发使用权（或开发权）而发生的各项费用，包括土地买价或出让金、大市政配套费、契税、耕地占用税、土地使用费、土地闲置费、农作物补偿费、危房补偿费、土地变更用途和超面积补交的地价及相关税费、拆迁补偿费用、安置及动迁费用、回迁房建造费用等。

前期工程费，是指项目开发前期发生的政府许可规费、招标代理费、临时设施费以及水文地质勘察、测绘、规划、设计、可行性研究、咨询论证费、筹建、场地通平等前期费用。

建筑安装工程费，是指开发项目开发过程中发生的各项主体建筑的建筑工程费、安装工程费及精装修费等。

基础设施建设费，是指开发项目在开发过程中发生的道路、供水、供电、供气、供暖、排污、排洪、消防、通信、照明、有线电视、宽带网络、智能化等社区管网工程费和环境卫生、园林绿化等园林、景观环境工程费用等。

公共配套设施费，是指开发项目内发生的、独立的、非营利性的且产权属于全体业主的，或无偿赠予地方政府、政府公共事业单位的公共配套设施费用等。

开发间接费，指企业为直接组织和管理开发项目所发生的，且不能将其直接归属于成本核算对象的工程监理费、造价审核费、结算审核费、工程保险费等。为业主代扣代缴的公共维修基金等不得计入产品成本。

借款费用，是指符合资本化条件的借款费用。

房地产企业自行进行基础设施、建筑安装等工程建设的，可以比照建筑企业设置有关成本项目。

第二十七条　采矿企业一般设置直接材料、燃料和动力、直接人工、间接费用等成本项目。

直接材料，是指采掘生产过程中直接耗用的添加剂、催化剂、引发剂、助剂、触媒以及净化材料、包装物等。

燃料和动力，是指采掘生产过程中直接耗用的各种固体、液体、气体燃料，以及水、电、汽、风、氮气、氧气等动力。

直接人工，是指直接从事采矿生产人员的职工薪酬。

间接费用，是指为组织和管理厂(矿)采掘生产所发生的职工薪酬、劳动保护费、固定资产折旧、无形资产摊销、保险费、办公费、环保费用、化(检)验计量费、设计制图费、停工损失、洗车费、转输费、科研试验费、信息系统维护费等。

第二十八条　交通运输企业一般设置营运费用、运输工具固定费用与非营运期间的费用等成本项目。

营运费用，是指企业在货物或旅客运输、装卸、堆存过程中发生的营运费用，包括货物费、港口费、起降及停机费、中转费、过桥过路费、燃料和动力、航次租船费、安全救生费、护航费、装卸整理费、堆存费等。铁路运输企业的营运费用还包括线路等相关设施的维护费等。

运输工具固定费用，是指运输工具的固定费用和共同费用等，包括检验检疫费、车船使用税、劳动保护费、固定资产折旧、租赁费、备件配件、保险费、驾驶及相关操作人员薪酬及其伙食费等。

非营运期间费用，是指受不可抗力制约或行业惯例等原因暂停营运期间发生的有关费用等。

第二十九条　信息传输企业一般设置直接人工、固定资产折旧、无形资产摊销、低值易耗品摊销、业务费、电路及网元租赁费等成本项目。

直接人工，是指直接从事信息传输服务的人员的职工薪酬。

业务费，是指支付通信生产的各种业务费用，包括频率占用费、卫星测控费、安全保卫费、码号资源费、设备耗用的外购电力费、自有电源设备耗用的燃料和润料费等。

电路及网元租赁费，是指支付给其他信息传输企业的电路及网元等传输系统及设备的租赁费等。

第三十条　软件及信息技术服务企业一般设置直接人工、外购软件与服务费、场地租赁费、固定资产折旧、无形资产摊销、差旅费、培训费、转包成本、水电费、办公费等成本项目。

直接人工，是指直接从事软件及信息技术服务的人员的职工薪酬。

外购软件与服务费，是指企业为开发特定项目而必须从外部购进的辅助软件或服务所发生的费用。

场地租赁费，是指企业为开发软件或提供信息技术服务租赁场地支付的费用等。

转包成本，是指企业将有关项目部分分包给其他单位支付的费用。

第三十一条 文化企业一般设置开发成本和制作成本等成本项目。

开发成本，是指从选题策划开始到正式生产制作所经历的一系列过程，包括信息收集、策划、市场调研、选题论证、立项等阶段所发生的信息搜集费、调研交通费、通信费、组稿费、专题会议费、参与开发的职工薪酬等。

制作成本，是指产品内容制作成本和物质形态的制作成本，包括稿费、审稿费、校对费、录入费、编辑加工费、直接材料费、印刷费、固定资产折旧、参与制作的职工薪酬等。电影企业的制作成本，是指企业在影片制片、译制、洗印等生产过程所发生的各项费用，包括剧本费、演职员的薪酬、胶片及磁片磁带费、化妆费、道具费、布景费、场租费、剪接费、洗印费等。

第三十二条 除本制度已明确规定的以外，其他行业企业应当比照以上类似行业的企业确定成本项目。

第三十三条 企业应当按照第二十一条至第三十二条规定确定产品成本核算项目，进行产品成本核算。企业内部管理有相关要求的，还可以按照现代企业多维度、多层次的成本管理要求，利用现代信息技术对有关成本项目进行组合，输出有关成本信息。

第四章 产品成本归集、分配和结转

第三十四条 企业所发生的费用，能确定由某一成本核算对象负担的，应当按照所对应的产品成本项目类别，直接计入产品成本核算对象的生产成本；由几个成本核算对象共同负担的，应当选择合理的分配标准分配计入。

企业应当根据生产经营特点，以正常生产能力水平为基础，按照资源耗费方式确定合理的分配标准。

企业应当按照权责发生制的原则，根据产品的生产特点和管理要求结转成本。

第三十五条 制造企业发生的直接材料和直接人工，能够直接计入成本核算对象的，应当直接计入成本核算对象的生产成本，否则应当按照合理的分配标准分配计入。

制造企业外购燃料和动力的，应当根据实际耗用数量或者合理的分配标准对燃料和动力费用进行归集分配。生产部门直接用于生产的燃料和动力，直接计入生产成本；生产部门间接用于生产(如照明、取暖)的燃料和动力，计入制造费用。制造企业内部自行提供燃料和动力的，参照本条第三款进行处理。

制造企业辅助生产部门为生产部门提供劳务和产品而发生的费用，应当参照生产成本项目归集，并按照合理的分配标准分配计入各成本核算对象的生产成本。辅助生产部门之间互相提供的劳务、作业成本，应当采用合理的方法，进行交互分配。互相提供劳务、作业不多的，可以不进行交互分配，直接分配给辅助生产部门以外的受益单位。

第三十六条 制造企业发生的制造费用，应当按照合理的分配标准按月分配计入各成本核算对象的生产成本。企业可以采取的分配标准包括机器工时、人工工时、计划分配率等。

季节性生产企业在停工期间发生的制造费用，应当在开工期间进行合理分摊，连同开工期间发生的制造费用，一并计入产品的生产成本。

制造企业可以根据自身经营管理特点和条件，利用现代信息技术，采用作业成本法对不能直接归属于成本核算对象的成本进行归集和分配。

第三十七条　制造企业应当根据生产经营特点和联产品、副产品的工艺要求，选择系数分配法、实物量分配法、相对销售价格分配法等合理的方法分配联合生产成本。

第三十八条　制造企业发出的材料成本，可以根据实物流转方式、管理要求、实物性质等实际情况，采用先进先出法、加权平均法、个别计价法等方法计算。

第三十九条　制造企业应当根据产品的生产特点和管理要求，按成本计算期结转成本。制造企业可以选择原材料消耗量、约当产量法、定额比例法、原材料扣除法、完工百分比法等方法，恰当地确定完工产品和在产品的实际成本，并将完工入库产品的产品成本结转至库存产品科目；在产品数量、金额不重要或在产品期初期末数量变动不大的，可以不计算在产品成本。

制造企业产成品和在产品的成本核算，除季节性生产企业等以外，应当以月为成本计算期。

第四十条　农业企业应当比照制造企业对产品成本进行归集、分配和结转。

第四十一条　批发零售企业发生的进货成本、相关税金直接计入成本核算对象成本；发生的采购费，可以结合经营管理特点，按照合理的方法分配计入成本核算对象成本。采购费金额较小的，可以在发生时直接计入当期销售费用。

批发零售企业可以根据实物流转方式、管理要求、实物性质等实际情况，采用先进先出法、加权平均法、个别计价法、毛利率法等方法结转产品成本。

第四十二条　建筑企业发生的有关费用，由某一成本核算对象负担的，应当直接计入成本核算对象成本；由几个成本核算对象共同负担的，应当选择直接费用比例、定额比例和职工薪酬比例等合理的分配标准，分配计入成本核算对象成本。

建筑企业应当按照《企业会计准则第15号——建造合同》的规定结转产品成本。合同结果能够可靠估计的，应当采用完工百分比法确定和结转当期提供服务的成本；合同结果不能可靠估计的，应当直接结转已经发生的成本。

第四十三条　房地产企业发生的有关费用，由某一成本核算对象负担的，应当直接计入成本核算对象成本；由几个成本核算对象共同负担的，应当选择占地面积比例、预算造价比例、建筑面积比例等合理的分配标准，分配计入成本核算对象成本。

第四十四条　采矿企业应当比照制造企业对产品成本进行归集、分配和结转。

第四十五条　交通运输企业发生的营运费用，应当按照成本核算对象归集。

交通运输企业发生的运输工具固定费用，能确定由某一成本核算对象负担的，应当直接计入成本核算对象的成本；由多个成本核算对象共同负担的，应当选择营运时间等符合经营特点的、科学合理的分配标准分配计入各成本核算对象的成本。

交通运输企业发生的非营运期间费用，比照制造业季节性生产企业处理。

第四十六条　信息传输、软件及信息技术服务等企业，可以根据经营特点和条件，利用现代信息技术，采用作业成本法等对产品成本进行归集和分配。

第四十七条　文化企业发生的有关成本项目费用，由某一成本核算对象负担的，应当直接计入成本核算对象成本；由几个成本核算对象共同负担的，应当选择人员比例、工时比例、材料耗用比例等合理的分配标准分配计入成本核算对象成本。

第四十八条 企业不得以计划成本、标准成本、定额成本等代替实际成本。企业采用计划成本、标准成本、定额成本等类似成本进行直接材料日常核算的，期末应当将耗用直接材料的计划成本或定额成本等类似成本调整为实际成本。

第四十九条 除本制度已明确规定的以外，其他行业企业应当比照以上类似行业的企业对产品成本进行归集、分配和结转。

第五十条 企业应当按照第三十四条至第四十九条规定对产品成本进行归集、分配和结转。企业内部管理有相关要求的，还可以利用现代信息技术，在确定多维度、多层次成本核算对象的基础上，对有关费用进行归集、分配和结转。

第五章　附　则

第五十一条 小企业参照执行本制度。

第五十二条 本制度自 2014 年 1 月 1 日起施行。

第五十三条 执行本制度的企业不再执行《国营工业企业成本核算办法》。

附件 2　公立医院成本报表

序号	编号	报表名称	报表类型
1		科室成本报表	
1-1	科室 01 表	医院科室直接成本表(医疗成本)	对外报表
1-2	科室 02 表	医院科室直接成本表(医疗全成本和医院全成本)	对外报表
1-3	科室 03 表	医院临床服务类科室全成本表(医疗全成本)	对外报表
1-4	科室 04 表	医院临床服务类科室全成本表(医疗全成本和医院全成本)	对外报表
1-5	科室 05 表	医院临床服务类科室全成本构成分析表	对外报表
1-6	科室 06 表	医院科室成本分摊汇总表	对内报表
2		诊次成本报表	
2-1	诊次 01 表	医院诊次成本构成表	对内报表
2-2	诊次 02 表	医院科室诊次成本表	对内报表
3		床日成本报表	
3-1	床日 01 表	医院床日成本构成表	对内报表
3-2	床日 02 表	医院科室床日成本表	对内报表
4		医疗服务项目成本表	
4-1	项目 01 表	医院医疗服务项目成本汇总表	对内报表
4-2	项目 02 表	医院医疗服务项目成本明细表	对内报表
5		病种成本报表	
5-1	病种 01 表	医院病种成本明细表	对内报表
5-2	病种 02 表	医院病种成本构成明细表	对内报表
5-3	病种 03 表	医院服务单元病种成本构成明细表	对内报表
6		DRG 成本报表	
6-1	DRG01 表	医院 DRG 明细表	对内报表
6-2	DRG02 表	医院 DRG 构成明细表	对内报表
6-3	DRG03 表	医院服务单元 DRG 成本构成明细表	对内报表

参 考 文 献

[1]徐伟丽. 成本会计学[M]. 2版. 上海：立信会计出版社，2018.

[2]李延莉，上官敬芝，张淑云. 成本会计[M]. 南京：南京大学出版社，2017.

[3]谭文伟，张晓燕. 成本会计学[M]. 天津：天津大学出版社，2018.

[4]财政部，企业会计准则——应用指南，2006.

[5]孙明涛. 从零开始做成本管理与控制[M]. 北京：中国铁道出版社，2021.

[6]陈宗智，张咏梅，徐春梅. 成本会计实务[M]. 广州：广东经济出版社，2014.

[7]毛波军. 成本会计[M]. 3版. 北京：高等教育出版社，2020.

[8]庞碧霞. 成本会计学[M]. 北京：经济科学出版社，2015.

[9]程明娥，王志红. 成本会计学[M]. 3版. 北京：高等教育出版社，2021.

[10]企业会计准则编审委员会. 企业会计准则及应用指南实务详解[M]. 北京：人民邮电出版社，2020.

[11]查尔斯·T. 亨格瑞. 会计学[M]. 北京：中国人民大学出版社，2003.

[12]财政部. 事业单位成本核算具体指引——公立医院，2021.

[13]财政部会计司. 企业会计准则第9号——职工薪酬[M]. 北京：经济科学出版社，2014.

[14]王晨明，苏红，王瑜，等. 医院会计：案例解析与实务操作指南[M]. 上海：立信会计出版社，2020.